全国机械行业职业教育优质规划教材（高职高专）
经全国机械职业教育教学指导委员会审定
国家精品课程配套教材

数控加工编程及操作

主　编　刘　虹
参　编　钟富平　易　军　陈　智
主　审　杨华骥

机 械 工 业 出 版 社

本书是全国机械行业职业教育优质规划教材，经全国机械职业教育教学指导委员会审定。

本书主要介绍了数控加工与编程的基本内容及各类常用数控设备的基本编程方法。本书按数控加工设备类型的不同，划分为数控车床的编程及加工、数控铣床/加工中心的编程及加工、数控线切割机床的编程及加工3个学习模块，共计12个学习任务，每个任务都包括任务引入、任务分析、相关知识介绍、任务实施、训练等内容。

本书紧扣数控加工工艺实施、数控编程、数控机床操作等职业岗位标准，突出职业教育特色，注重实用性，对传统的数控编程教学内容及课程进行了调整。教材内容丰富，各模块内容相对独立，学习任务由简单到复杂，可按模块方式组织教学，以适应当前多种形式、不同层次办学的需要。

本书可作为高等职业院校、高等专科院校、成人高等教育院校及本科院校举办的二级职业技术学院数控技术专业的教材，也可作为机电一体化技术、机械制造类专业的教学用书，同时也可供从事相关工作的工程技术人员参考。

图书在版编目（CIP）数据

数控加工编程及操作/刘虹主编．—北京：机械工业出版社，2011.7（2022.7重印）
全国高等职业教育示范专业规划教材．数控技术专业　国家精品课程配套教材　国家示范建设院校课程改革成果
ISBN 978-7-111-34505-3

Ⅰ.①数…　Ⅱ.①刘…　Ⅲ.①数控机床-程序设计-高等职业教育-教材
Ⅳ.①TG659

中国版本图书馆CIP数据核字（2011）第136715号

机械工业出版社（北京市百万庄大街22号　邮政编码100037）
策划编辑：郑　丹　责任编辑：王英杰　武　晋
版式设计：霍永明　责任校对：李　婷
封面设计：鞠　扬　责任印制：常天培
固安县铭成印刷有限公司印刷
2022年7月第1版第9次印刷
184mm×260mm·15.5印张·381千字
标准书号：ISBN 978-7-111-34505-3
定价：39.80元

凡购本书，如有缺页、倒页、脱页，由本社发行部调换

电话服务	网络服务
服务咨询热线：010-88379833	机 工 官 网：www.cmpbook.com
读者购书热线：010-88379649	机 工 官 博：weibo.com/cmp1952
	教育服务网：www.cmpedu.com
封面无防伪标均为盗版	金 书 网：www.golden-book.com

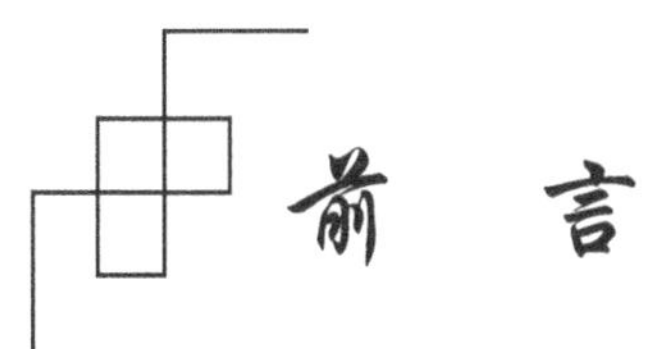

前　言

本书是国家级精品课程的配套教材，按照以就业为导向，以岗位能力为本位，以数控编程及加工工作过程为引导，紧扣数控加工工艺实施、数控编程、数控机床操作等职业岗位标准，精选课程内容。本书彻底打破传统的学科式课程设计思路，构造以工作任务模块为核心的课程体系，重点突出了完成工作任务与所需相关知识的密切联系，强调课程内容与职业岗位标准的相关性，强化学生知识应用、综合技能、设计能力和创新能力等方面的培养。

本书按数控加工设备类型的不同，划分为数控车床的编程及加工、数控铣床/加工中心的编程及加工、数控线切割机床的编程及加工3个学习模块。其中，每一个学习模块按零件加工的复杂程度，以2~6个典型零件为载体，形成任务化的学习内容。每个任务都包括任务引入、任务分析、相关知识介绍、任务实施、训练等内容，是相对完整的一个系统。

本书从培养高等职业技能型人才的目的出发，介绍了数控加工与编程的基本内容和基本知识。全书共分3个学习模块，12个学习任务，内容包括：阶梯轴类零件的数控编程及加工、成形曲面轴类零件的数控编程及加工、螺纹轴类零件的数控编程及加工、轴类综合零件的数控编程及加工、套类综合零件的数控编程及加工、车削组合件的数控编程及加工、平面凸廓类零件的数控编程及加工、平面型腔类零件的数控编程及加工、孔盘类零件的数控编程及加工、铣削组合件的数控编程及加工、冲裁模具凸模类零件的数控编程及加工、冲裁模具凹模类零件的数控编程及加工。各学习任务均附有训练习题，供教学参考。通过12个学习任务由简单到复杂，由单一到综合，由工艺设计、程序编制到机床操作加工的学习和训练，学生不仅能够掌握数控编程知识，而且能够掌握完成零件数控加工工艺设计、程序编制和机床加工的方法。

本书由重庆工业职业技术学院刘虹主编，任务1~6由刘虹编写，任务7由钟富平、刘虹、易军编写，任务8~9由刘虹、钟富平、陈智编写，任务10由刘虹、钟富平编写，任务11由刘虹、易军编写，任务12由刘虹编写。主审杨华骥高级工程师为本书提供了宝贵的意见和建议，在此表示衷心感谢。

因编者的水平和经验有限，书中难免存在一些错误和不妥，恳请读者批评指正。

编　者

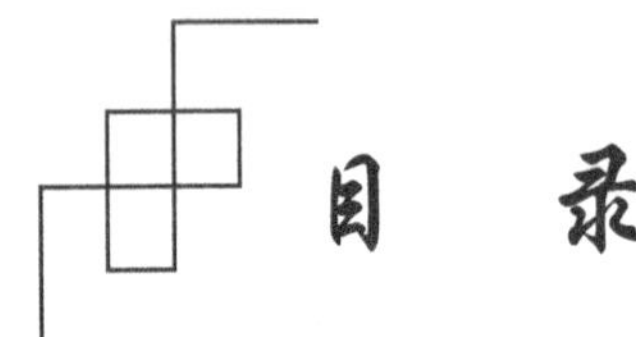

目　录

模块1　数控车床的编程及加工

任务1　阶梯轴类零件的数控编程及加工

学习目标

1. 明确数控编程的概念与分类
2. 知道数控编程的方法
3. 会建立数控机床的坐标系
4. 会确定对刀点、走刀路线和加工余量
5. 能选择合适的刀具和切削用量
6. 掌握常用M代码及F、S、T代码的使用方法
7. 理解G00、G01等代码的含义及用法
8. 掌握棒料车削加工中固定循环功能的应用
9. 掌握简单阶梯轴类零件的数控编程及加工

一、任务引入

使用数控车床加工零件，一般要经过四个主要的工作环节，即确定零件的数控加工工艺方案、编写加工程序、数控加工、零件检测。图1-1所示为阶梯轴零件，材料为45钢，试拟订该零件的数控加工工艺，编写数控加工程序，并在数控车床上进行加工。本任务主要学习简单阶梯轴类零件的数控车削加工工艺制订和程序编制。

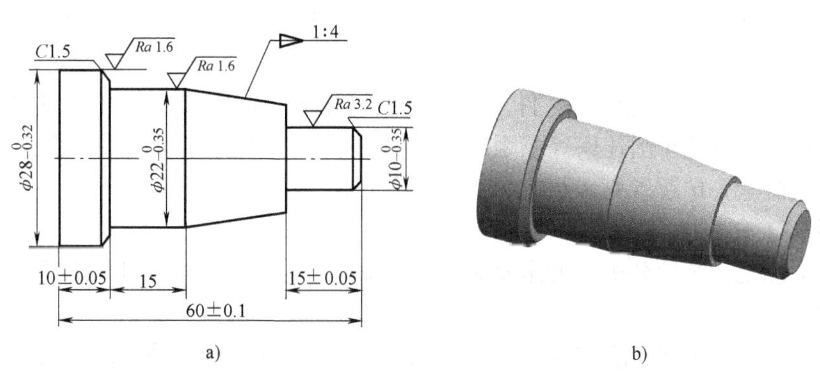

图1-1 阶梯轴类零件

a）零件图　b）立体图

二、任务分析

本任务是数控车削加工的基本内容，要完成该工作任务，需掌握数控车削加工工艺、数控编程的基本知识，掌握车削刀具的选用及安装、数控车床的基本操作。

三、相关知识介绍

（一）数控车削工艺

数控车床是目前使用最广泛的数控机床之一。数控车床主要用于轴类、套类等回转体零件的加工。通过运行数控加工程序，数控车床可自动完成内、外圆柱面，圆锥面，成形表面，螺纹和端面等的切削加工，并能进行车槽、钻孔、扩孔、铰孔等工作。工艺分析是数控车削加工的前期准备工作。工艺制订得合理与否，对程序编制、机床的加工效率和零件的加工精度都有重要的影响。因此，应遵循一般的工艺原则，并结合数控车床的特点，认真而详细地制订零件的数控加工工艺。

1. 数控车削的主要加工对象

（1）要求高的回转体零件

1）精度要求高的零件。由于数控车床的刚性好，制造和对刀精度高，能方便和精确地进行人工补偿甚至自动补偿，所以它能够加工尺寸精度要求高的零件。

2）表面粗糙度好的回转体。因为数控车床的刚性和制造精度高，它还具有恒线速度切削功能，因此数控车床能加工出表面粗糙度值低的零件。

（2）超精密、超低表面粗糙度值的零件　磁盘、录像机磁头、激光打印机的多面反射体、复印机的回转鼓、照相机等光学设备的透镜及其模具，以及隐形眼镜等要求超高的轮廓精度和超低的表面粗糙度值，它们适合于在高精度、高功能的数控车床上加工。数控车床超精加工的轮廓精度可达0.1μm，表面粗糙度值可达0.02μm，超精加工所用数控系统的最小设定单位应达到0.01μm。

（3）表面形状复杂的回转体零件　由于数控车床具有直线和圆弧插补功能，部分车床的数控装置还有某些非圆曲线插补功能，所以可以车削由任意直线和平面曲线组成的形状复杂的回转体零件和难以控制尺寸的零件。

（4）带横向加工的回转体零件　带有键槽或径向孔，或端面有分布的孔系以及有曲面的盘套或轴类零件，如带法兰的轴套、带有键槽或方头的轴类零件等，宜选择用车削加工中心加工。

（5）带一些特殊类型螺纹的零件　传统车床只能车等螺距的米制和寸制直螺纹和锥螺纹，而数控车床不但能车削任何等螺距的直螺纹、锥螺纹和端面螺纹，而且能车削增螺距、减螺距，以及要求等螺距、变螺距之间平滑过渡的螺纹和变径螺纹。

2. 零件图工艺分析

数控车削加工工艺性分析，就是要对加工对象进行深入分析。对于数控车削加工，应考虑以下几方面：

（1）构成零件轮廓的几何条件应充分、完整　在车削加工中手工编程时，要计算每个基点或节点坐标；在自动编程时，要对构成零件轮廓的所有几何元素进行定义。因此，在分析零件图时应注意：

1）零件图是否漏掉某尺寸，使其几何条件不充分，影响到零件轮廓的构成。

2）零件图上的图线位置是否模糊或尺寸标注不清，使编程无法下手。

3）零件图上给定的几何条件是否不合理，造成数学处理困难。

4）零件图上尺寸标注方法应适应数控车床加工的特点，应以同一基准标注尺寸或直接给出坐标尺寸。

（2）尺寸精度要求　分析零件图样尺寸精度的要求，以判断能否利用车削工艺达到，并确定控制尺寸精度的工艺方法。

（3）形状和位置精度的要求　零件图样上给定的几何公差是保证零件精度的重要依据。加工时，要按照其要求确定零件的定位基准和测量基准，还可以根据数控车床的特殊需要进行一些技术性处理，以便有效地控制零件的形状和位置精度。

（4）表面粗糙度要求　表面粗糙度是保证零件表面微观精度的重要要求，也是合理选择数控车床、刀具及确定切削用量的依据。

（5）材料与热处理要求　零件图样上给定的材料与热处理要求是选择刀具、数控车床型号、确定切削用量的依据。

3. 数控车削加工工艺过程的拟订

（1）工序的划分

1）按所用刀具划分工序。采用这种方式可提高车削加工的生产率。

2）按粗、精加工划分工序。采用这种方式可保持数控车削加工的精度。如图1-2所示的零件，应先切除整个零件的大部分余量，再将表面精车一遍，以保证加工精度和表面粗糙度要求。

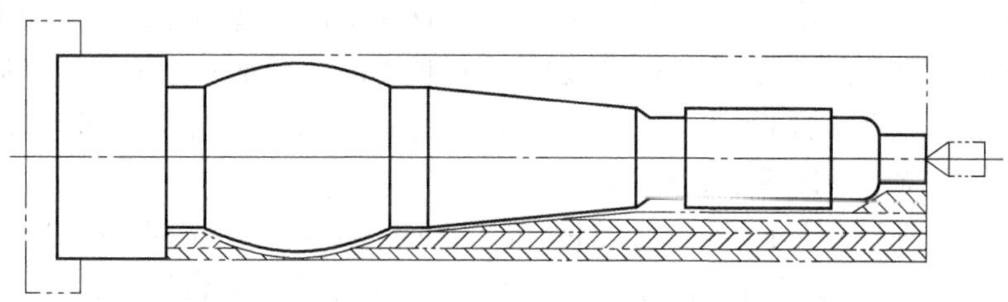

图1-2　车削加工的零件

（2）零件装夹方法的确定　数控车床上的零件安装方法与普通车床一样，要尽量选用已有的通用夹具装夹，且应注意减少装夹次数，尽量做到在一次装夹中能把零件上所有要加工表面都加工出来。零件的定位基准应尽量与设计基准重合，以减少定位误差对尺寸精度的影响。

4. 夹具选择

数控车床多采用自定心卡盘夹持工件，轴类工件还可采用尾座和顶尖夹持工件。由于数控车床的主轴转速极高，为便于工件夹紧，多采用液压高速动力卡盘，因为它在生产厂已通过了严格平衡，具有高转速（极限转速可达4000～6000r/min）、高夹紧力（最大推拉力为2000～8000N）、高精度、调爪方便、通孔、使用寿命长等优点。此外，还可使用软爪夹持工件。软爪弧面由操作者随机配制，可获得理想的夹持精度。通过调整液压缸压力，可改变卡盘夹紧力，以满足夹持各种薄壁和易变形工件的特殊需要。为减少细长轴加工时受力变形，提高加工精度，以及在加工带孔的轴类工件内孔时，可采用液压自动定心中心架，其定心精度可达0.03mm。

（1）用于轴类零件的夹具 用于轴类零件的夹具有自动夹紧拨动卡盘、拨齿顶尖、三爪拨动卡盘和快速可调万能卡盘等。数控车床加工轴类零件时，工件装夹在主轴顶尖和尾座顶尖之间，由主轴上的拨盘或拨齿顶尖带动旋转。这类夹具在粗车时可以传递足够大的转矩，以适应于主轴的高速旋转车削。

（2）用于盘类零件的夹具 用于盘类零件的夹具主要有可调卡爪式卡盘和快速可调卡盘。这类夹具适用于无尾座的卡盘式数控车床。

5. 加工顺序的确定

数控车削的加工顺序一般遵循以下原则：

（1）先粗后精原则 为了提高生产率并保证零件的精加工质量，在切削加工时，应先安排粗加工工序，在较短的时间内，将精加工前大量的加工余量（图1-3所示的双点画线内部分）去掉，同时尽量满足精加工的余量均匀性要求。

当粗加工工序安排完后，应接着安排换刀后进行的半精加工和精加工。其中，当粗加工后所留余量的均匀性满足不了精加工要求时，则可安排半精加工作为过渡性工序，以便使精加工余量小而均匀。

在安排可以一刀或多刀进行的精加工工序时，其零件的最终轮廓应由最后一刀连续加工而成。这时，加工刀具的进退刀位置要考虑妥当，尽量不要在连续的轮廓中安排切入和切出或换刀及停顿，以免因切削力突然变化而造成弹性变形，致使光滑连接的轮廓表面划伤、形状突变或产生滞留刀痕等。

（2）先近后远加工，减少空行程时间的原则 这里所说的远与近，是按加工部位相对于对刀点的距离而言的。在一般情况下，特别是在粗加工时，通常安排离对刀点近的部位先加工，离对刀点远的部位后加工，以便缩短刀具移动距离，减少空行程时间。对于车削加工，先近后远有利于保持毛坯件或半成品件的刚性，改善其切削条件。

例如，当加工图1-4所示零件时，如果按ϕ38mm→ϕ36mm→ϕ34mm的次序安排车削，不仅会增加刀具返回对刀点所需的空行程时间，而且还可能使台阶的外直角处产生毛刺（飞边）。对这类直径相差不大的台阶轴，当第一刀的背吃刀量（图1-4中最大背吃刀量可为3mm左右）未超限时，宜按ϕ34mm→ϕ36mm→ϕ38mm的次序先近后远地安排车削。

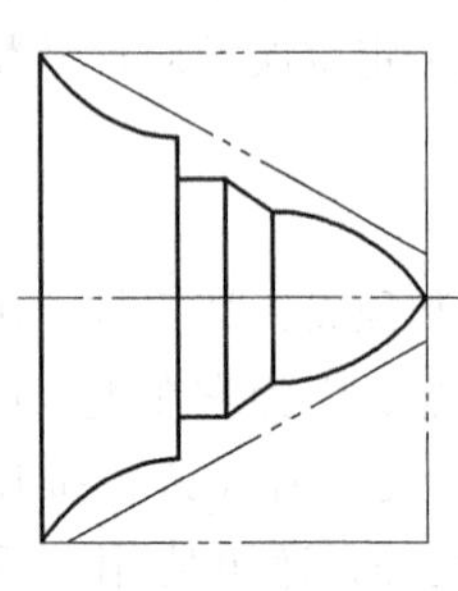

图1-3 先粗后精示例

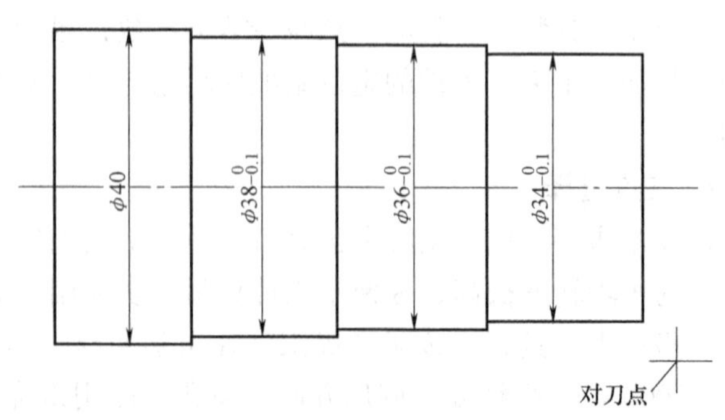

图1-4 先近后远示例

（3）内外交叉原则　对既有内表面（内型腔），又有外表面需加工的零件，安排加工顺序时，应先进行内、外表面粗加工，后进行内、外表面精加工。切不可将零件上一部分表面（外表面或内表面）加工完毕后，再加工其他表面（内表面或外表面）。

（4）基面先行原则　用作精基准的表面应优先加工出来，因为定位基准的表面越精确，装夹误差就越小。例如轴类零件加工时，总是先加工中心孔，再以中心孔为精基准加工外圆表面和端面。

上述原则并不是一成不变的，对于某些特殊情况，则需要采取灵活可变的方案。如有的工件就必须先精加工后粗加工，才能保证其加工精度与质量。这些都有赖于编程者实际加工经验的不断积累与学习。

6. 数控车削加工工进给路线的确定

确定进给路线时，首先必须保证被加工零件的尺寸精度和表面质量，其次考虑数值计算简单、走刀路线尽量短、效率较高等。因精加工的进给路线基本上都是沿其零件轮廓顺序进行的，因此确定进给路线的工作重点是确定粗加工及空行程的进给路线。

（1）进给路线与加工余量的关系　在数控车床还未达到普及使用的条件下，一般应把毛坯件上过多的余量，特别是含有锻、铸硬皮层的余量安排在普通车床上加工。如必须用数控车床加工时，则要注意程序的灵活安排，安排一些子程序对余量过多的部位先作一定的切削加工。

1）对大余量毛坯进行阶梯切削时的进给路线。图 1-5 所示为车削大余量工件的两种进给路线，图 1-5a 所示是错误的阶梯切削路线，图 1-5b 所示为按 1→5 的顺序切削，每次切削所留余量相等，是正确的阶梯切削路线。因为在相同背吃刀量的条件下，按图 1-5a 所示方式加工所剩的余量过多。

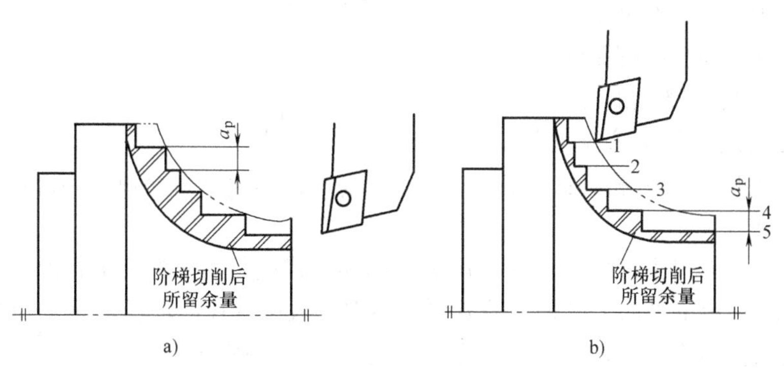

图 1-5　车削大余量毛坯的阶梯路线
a）错误的切削路线　b）正确的切削路线

根据数控加工的特点，还可以放弃常用的阶梯车削法，改用依次从轴向和径向进给、顺工件毛坯轮廓走刀的路线（如图 1-6 所示）。

2）分层切削时刀具的终止位置。当某表面的余量较多，需分层多次进给切削时，从第二刀开始就要注意防止走刀到终点时背吃刀量的猛增。如图 1-7 所示，设以 90°主偏角车刀分层车削外圆，合理的安排应是每一刀的切削终点依次提前一小段距离 e（例如可取 $e=0.05$mm）。如果 $e=0$，则每一刀都终止在同一轴向位置上，主切削刃就可能受到瞬时的重负荷冲击。当刀具的主偏角大于90°，但仍然接近90°时，也宜作出层层递退的安排。经验表明，这对延长粗加工刀具的寿命是有利的。

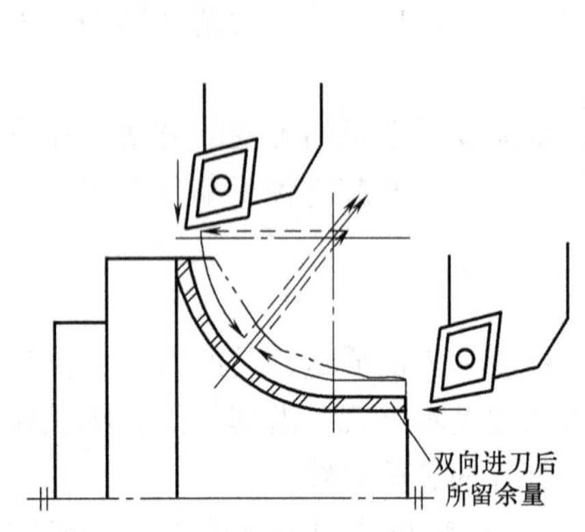

图1-6 双向进刀的走刀路线

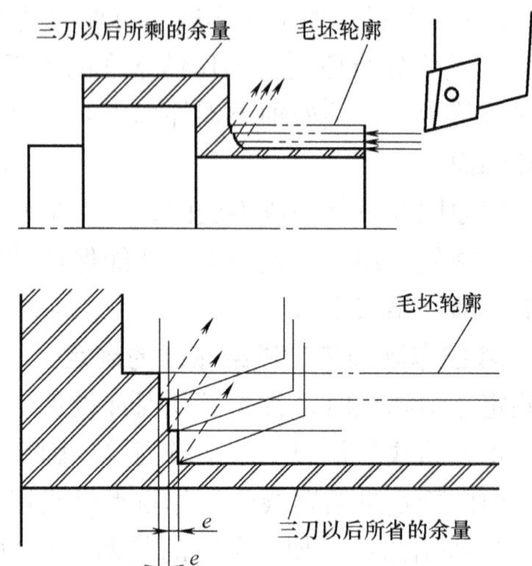

图1-7 分层切削时刀具的终止位置

（2）刀具的切入、切出　在数控机床上进行加工时，要安排好刀具的切入、切出路线，尽量使刀具沿轮廓的切线方向切入、切出。尤其是车削螺纹时，必须设置增速段 δ_1 和降速段 δ_2，如图1-8所示，这样可避免因车刀进给速度的升降而影响螺距的稳定。

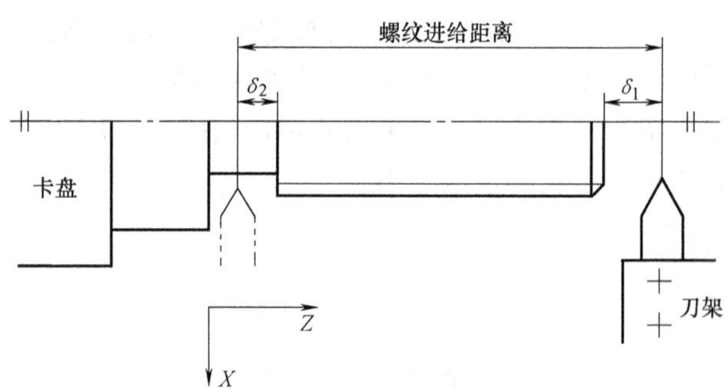

图1-8 车削螺纹时的引入和切出距离

（3）最短空行程路线的确定　确定最短的走刀路线，除了依靠大量的实践经验外，还应善于分析，必要时辅以一些简单计算。

1）巧用起刀点。图1-9a所示为采用矩形循环方式进行粗车的一般情况示例。其起刀点 A 的设定是考虑到精车等加工过程中需方便地换刀，故设置在离坯料较远的位置处，同时将起刀点与其对刀点重合在一起，按三刀粗车的走刀路线安排如下：

第一刀为 $A\to B\to C\to D\to A$；

第二刀为 $A\to E\to F\to G\to A$；

第三刀为 $A\to H\to I\to J\to A$。

图1-9b所示则是将起刀点与对刀点分离，并将起刀点设于 B 点位置，仍按相同的切削用量进行三刀粗车，其走刀路线安排如下：

起刀点与对刀点分离的空行程为 $A\to B$；

第一刀为 $B\to C\to D\to E\to B$；

第二刀为 $B\to F\to G\to H\to B$；

第三刀为 $B\to I\to J\to K\to B$。

显然，图 1-9b 所示的走刀路线短。

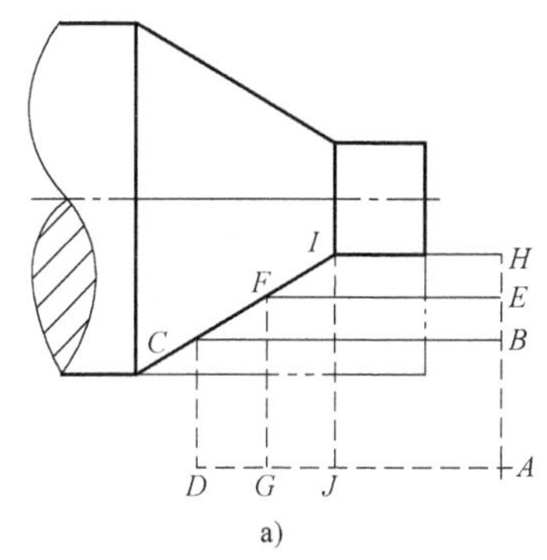

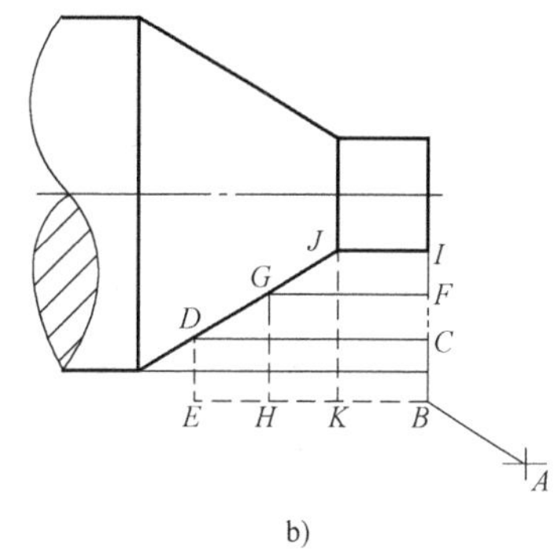

图 1-9　巧用起刀点
a）起刀点对刀点重合　b）起刀点对刀点分离

2）巧设换刀点。为了考虑换（转）刀的方便和安全，有时将换（转）刀点也设置在离坯件较远的位置处（如图 1-9 所示 A 点），那么，当换第二把刀后，进行精车时的空行程路线必然也较长；如果将第二把刀的换刀点也设置在图 1-9b 所示的 B 点位置上，则可缩短空行程距离。

3）合理安排“回零”路线。在手工编制较复杂轮廓的加工程序时，为使其计算过程尽量简化，既不易出错，又便于校核，编程者（特别是初学者）有时将每一刀加工完后的刀具终点通过执行“回零”（即返回对刀点）指令，使其全都返回到对刀点位置，然后再进行后续程序。这样会增加进给行程，从而大大降低生产率。因此，在合理安排“回零”路线时，应使其前一刀终点与后一刀起点间的距离尽量减短，或者为零，即满足走刀路线为最短的要求。

（4）最短切削进给路线的确定　切削进给路线短，可有效提高生产率，降低刀具损耗等。在安排粗加工或半精加工的切削进给路线时，应同时兼顾到被加工零件的刚性及加工的工艺性等要求，不要顾此失彼。

图 1-10 所示为粗车工件时几种不同切削进给路线的安排示例。其中，图 1-10a 所示为利用数控系统具有的封闭式复合循环功能而控制车刀沿着工件轮廓进行的走刀路线；图 1-10b所示为利用其程序循环功能安排的三角形走刀路线；图 1-10c 所示为利用其矩形循环功能而安排的矩形走刀路线。

对以上三种切削进给路线经分析和判断后可知，矩形循环进给路线的进给长度总和为最短，因此在同等条件下，其切削所需时间（不含空行程）为最短，刀具的损耗小。另外，矩形循环加工的程序段格式较简单，所以这种进给路线的安排在制订加工方案时应用较多。

7. 数控车削刀具

（1）对刀具的要求　数控车床能兼作粗、精车削。为使粗车时有大背吃刀量、大进给量，要求粗车刀具强度高、寿命长；而精车首先是保证加工精度，所以要求刀具的精度高、寿命长。为减少换刀时间和方便对刀，应尽可能多地采用机夹刀具。数控车床还要求刀片寿命的一致性好，以便于使用刀具寿命管理功能。

（2）对刀座（夹）的要求　刀（刃）具很少直接装在数控车床的刀架上，它们之间一

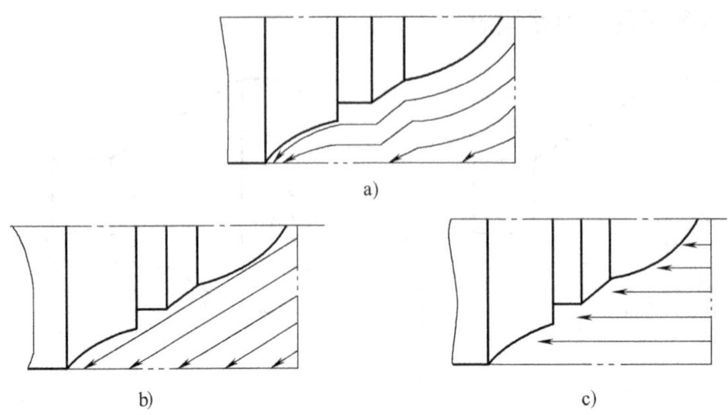

图 1-10 走刀路线示例
a）沿工件轮廓的走刀路线 b）三角形走刀路线 c）矩形走刀路线

般用刀座（也称刀夹）作为过渡。刀座的结构主要取决于刀体的形状、刀架的外形和刀架对主轴的配置方式这三个因素。现今刀座的种类繁多，标准化程度很低。机夹刀体的标准化程度比较高，所以种类和规格并不太多，刀架对机床主轴的配置方式总共只有几种，唯有刀架的外形（主要是指与刀座联接的部分）形式太多。用户在选型时，应尽量减少种类和形式，以利管理。

8. 切削用量的选择

切削用量（a_p、f、v）的选择是否合理，对于能否充分发挥机床潜力与刀具切削性能，能否实现优质、高产、低成本和安全操作具有很重要的作用。粗车时，首先考虑选择一个尽可能大的背吃刀量 a_p，其次选择一个较大的进给量 f，最后确定一个合适的切削速度 v。增大背吃刀量 a_p 可使进给次数减少，增大进给量 f 有利于断屑。因此，根据以上原则选择粗车切削用量对于提高生产率，减少刀具消耗，降低加工成本是有利的。

精车时，加工精度和表面粗糙度要求较高，加工余量不大且较均匀，因此选择精车切削用量时，应着重考虑如何保证加工质量，并在此基础上尽量提高生产率。因此，精车时应选用较小（但不太小）的背吃刀量 a_p 和进给量 f，并选用切削性能高的刀具材料和合理的几何参数，以尽可能提高切削速度 v。

（1）背吃刀量 a_p 的确定 在工艺系统刚度和机床功率允许的情况下，尽可能选取较大的背吃刀量，以减少进给次数。当零件精度要求较高时，则应考虑留出精车余量，其所留的精车余量一般比普通车削时所留余量小，常取 0.1 ~ 0.5mm。

（2）进给量 f（有些数控车床用进给速度 v_f） 进给量 f 的选取应该与背吃刀量和主轴转速相适应。在保证工件加工质量的前提下，可以选择较高的进给速度（2000mm/min 以下）。在切断、车削深孔或精车时，应选择较低的进给速度。当刀具空行程特别是远距离“回零”时，可以设定尽量高的进给速度。

粗车时，一般 $f=0.3 \sim 0.8$mm/r，精车时 $f=0.1 \sim 0.3$mm/r，切断时 $f=0.05 \sim 0.2$mm/r。

（3）主轴转速的确定 主轴转速应根据零件上被加工部位的直径，并按零件和刀具材料以及加工性质等条件所允许的切削速度来确定。切削速度除了计算和查表选取外，还可以根据实践经验确定。需要注意的是，交流变频调速的数控车床低速时输出的力矩小，因而切削速度不能太低。切削速度确定后，用公式 $n=1000v_c/(\pi d)$ 计算主轴转速 n(r/min)。表1-1

为硬质合金外圆车刀切削速度的参考值。如何确定加工时的切削速度，除了可参考表 1-1 列出的数值外，主要根据实践经验进行确定。

表 1-1　数控车削用量推荐表

工件材料	加工方式	背吃刀量 a_p/mm	切削速度 v_c/(m/min)	进给量 f/(mm/r)	刀具材料
碳素钢 $\sigma_b>600$MPa	粗加工	5～7	60～80	0.2～0.4	YT类
	粗加工	2～3	80～120	0.2～0.4	
	精加工	0.2～0.3	120～150	0.1～0.2	
	车螺纹		70～100	导程	
	钻中心孔		500～800r/min		W18Cr4V
	钻孔		～30	0.1～0.2	
	切断（宽度<5mm）		70～110	0.1～0.2	YT类
合金钢 $\sigma_b=1470$MPa	粗加工	2～3	50～80	0.2～0.4	YT类
	精加工	0.1～0.15	60～100	0.1～0.2	
	切断（宽度<5mm）		40～70	0.1～0.2	
铸铁 200HBS 以下	粗加工	2～3	50～70	0.2～0.4	YG类
	精加工	0.1～0.15	70～100	0.1～0.2	
	切断（宽度<5mm）		50～70	0.1～0.2	
铝	粗加工	2～3	600～1000	0.2～0.4	YG类
	精加工	0.2～0.3	800～1200	0.1～0.2	
	切断（宽度<5mm）		600～1000	0.1～0.2	
黄铜	粗加工	2～4	400～500	0.2～0.4	YG类
	精加工	0.1～0.15	450～600	0.1～0.2	
	切断（宽度<5mm）		400～500	0.1～0.2	

（二）数控编程基础

1. 数控编程的内容与步骤

（1）数控编程的内容　数控编程的主要内容有：分析零件图样，确定加工工艺过程；数值计算；编写零件加工程序单；输入程序/传送程序；程序校验，首件试切。

（2）数控编程的步骤　如图 1-11 所示，具体步骤如下：

1）分析零件图样，确定加工工艺过程。对零件的材料、形状、尺寸、精度及毛坯形状和热处理要求等进行分析，以便确定该零件是否适宜在数控机床上加工，或适宜在哪类数控机床上加工。确定零件的加工方法和加工路线，选择或设计刀具和夹具，并确定加工用量等工艺参数。

2）数值计算。根据零件图样和确定的加工路线，计算出数控机床所需的输入数据。加工由圆弧和直线组成的较简单的平面零件，只需要计算出零件轮廓上相邻几何元素交点或切点的坐标值，得出各几何元素的起点、终点、圆弧的圆心坐标值等，就能满足编程要求。当零件的几何形状与控制系统的插补功能不一致时，就要用直线或圆弧逼近零件轮廓，需要进行较复杂的数值计算，即节点的计算。

3）编写零件加工程序单。程序编制人员使用数控系统的程序指令，按照规定的程序格式，逐段编写加工程序。此外，还应填写有关的工艺文件，如数控加工工序卡片、数控刀具卡片、工件安装和零点设定卡片等。

4）输入/传送程序。按程序单将程序内容输入到数控装置中，可在操作面板上进行手工输入程序或用计算机通信进行程序的传送。

5）程序校验与首件试切。可通过运行数控仿真软件来模拟实际加工过程，或将程序送到机床数控装置后进行空运行等多种方式来检验所编制的程序，发现错误则应及时修正，一直到程序能正确执行为止。通过首件试切，不仅可确认程序是否正确，还可知道加工精度是否符合要求。

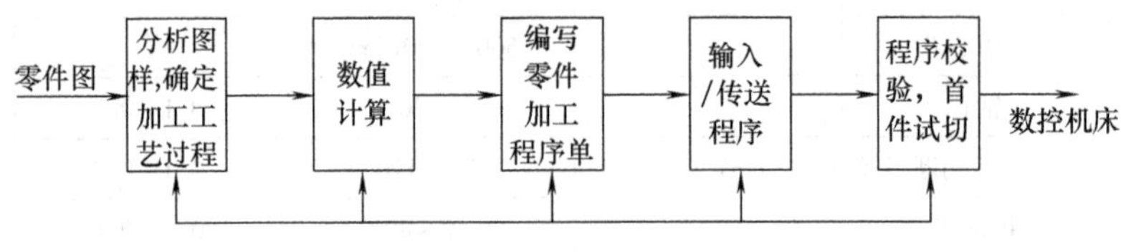

图 1-11 数控编程的步骤

2. 数控编程的方法

数控程序的编制方法有手工编程和自动编程两种。

（1）手工编程 从零件图样分析及工艺处理、数值计算、书写程序单、制穿孔纸带直至程序的校验等各个步骤，均由人工完成，则属手工编程。对于点位加工或几何形状不太复杂的零件来说，编程计算较简单，程序量不大，手工编程即可实现。但对于形状复杂或轮廓不是由直线、圆弧而是由非圆曲线构成的零件；或者是空间曲面零件即使由简单几何元素组成，但程序量很大，因而计算相当烦琐，此时手工编程困难且易出错，则必须采用自动编程的方法。

（2）自动编程 编程工作的大部分或全部由计算机完成的过程称自动编程。编程人员只要根据零件图样和工艺要求，将图形信息输入到计算机中，由计算机自动地进行处理，计算出刀具中心的轨迹，编写出加工程序清单。由于计算机自动编程代替程序编制人员完成了烦琐的数值计算，可提高编程效率几十倍乃至上百倍，因此解决了手工编程无法解决的许多复杂零件的编程难题。

3. 数控编程的程序格式

（1）程序的结构 零件程序是用来描述零件加工过程的指令代码集合，由程序号、程序内容和程序结束三部分组成。

1）程序号。程序号即为程序的编号，位于程序的开始，为了区别存储器中的程序，每个程序都要有编号。如在 FANUC 系统中，一般采用英文字母 O 作为程序编号地址，而在其他数控系统中，则分别采用“P”、“L”“%”“:”等不同形式。

2）程序内容。其由若干个程序段组成的，每个程序段一般占一行，由若干个指令字构成，表示数控机床要完成的全部动作。

3）程序结束指令。程序结束指令可以用 M02 或 M30，一般要求单列一段。

（2）程序段格式 程序段格式是指程序段中的字、字符和数据的安排形式。现在一般使用字地址可变程序段格式，每个字长不固定，各个程序段中的长度和功能字的个数都是可变的。地址可变程序段格式中，在上一程序段中写明的、本程序段里又不变化的那些字仍然有效，可以不再重写，这种功能字称为续效字。

程序段的一般格式为：

N___	G___	X___ Y___ Z___	F___	S___	T___	M___
段号	准备功能	坐标值	进给速度	主轴速度	刀具号	辅助功能

1）程序段号位于程序段之首，由顺序号字“N”和后续数字组成。后续数字一般为1～4位的正整数。数控加工中的顺序号实际上是程序段的名称，与程序执行的先后次序无关。数控系统不是按程序段号的顺序的次序来执行程序，而是按照程序段编写时的排列顺序逐段执行。

程序段号的作用：方便程序的校对和检索修改；作为条件转向的目标，即作为转向目的程序段的名称。有顺序号的程序段可以进行复归操作，这是指加工可以从程序的中间开始，或回到程序中断处开始。

2）准备功能G代码是建立机床或控制系统工作方式的一种指令，如插补、刀具补偿、固定循环等。G代码分为模态代码和非模态代码。模态代表该代码一经在一个程序中指定，直到出现同组的另一个代码时才失效；非模态代码只在写有该代码的程序中才有效。国标中规定G代码由字母G及其后面的两位数字组成，G代码见表1-2。

表1-2 G代码

G功能字	FANUC系统	SIEMENS系统	G功能字	FANUC系统	SIEMENS系统
G00	快速移动点定位	快速移动点定位	G65	用户宏指令	—
G01	直线插补	直线插补	G70	精加工循环	英制
G02	顺时针圆弧插补	顺时针圆弧插补	G71	外圆粗切循环	米制
G03	逆时针圆弧插补	逆时针圆弧插补	G72	端面粗切循环	
G04	暂停	暂停	G73	封闭切削循环	—
G05	—	通过中间点圆弧插补	G74	深孔钻循环	—
G17	*XY*平面选择	*XY*平面选择	G75	外径切槽循环	—
G18	*ZX*平面选择	*ZX*平面选择	G76	复合螺纹切削循环	—
G19	*YZ*平面选择	*YZ*平面选择	G80	撤销固定循环	撤销固定循环
G32	螺纹切削	—	G81	定点钻孔循环	固定循环
G33	—	恒螺距螺纹切削	G90	绝对值编程	绝对尺寸
G40	刀具补偿注销	刀具补偿注销	G91	增量值编程	增量尺寸
G41	刀具补偿——左	刀具补偿——左	G92	螺纹切削循环	主轴转速极限
G42	刀具补偿——右	刀具补偿——右	G94	每分钟进给量	直线进给率
G43	刀具长度补偿——正	—	G95	每转进给量	旋转进给率
G44	刀具长度补偿——负	—	G96	恒线速控制	恒线速度
G49	刀具长度补偿注销	—	G97	恒线速取消	注销G96
G50	主轴最高转速限制	—	G98	返回起始平面	—
G54～G59	加工坐标系设定	零点偏置	G99	返回*R*平面	—

这些代码中虽然有些常用的准备功能代码的定义几乎是固定的，但也有很多代码其含义及应用格式对不同的机床系统有着不同的定义，因此，在编程前必须熟悉了解所用机床的使用说明书或编程手册。

3）坐标值用于确定机床上刀具运动终点的坐标位置。多数数控系统可以用准备功能字来选择坐标值的制式，如 FANUC 诸系统可用 G21/G22 来选择米制单位或英制单位，也有些系统用系统参数来设定坐标值制式。采用米制时，一般单位为 mm，如 X100 指令的坐标单位为 100mm。当然，一些数控系统可通过参数来选择不同的坐标值单位。

4）表示进给速度的 F 功能或 F 指令，用于指定切削的进给速度。对于车床，进给速度可分为每分钟进给和主轴每转进给两种，对于其他数控机床，一般只用每分钟进给。F 指令在螺纹切削程序段中常用来指令螺纹的导程。实际进给速度还可以根据需要作适当的调整，这就是进给速度修调。修调是按倍率来进行计算的，如程序中指令为 F80，修调倍率调在 80% 挡上，则实际进给速度为 $80\text{mm/min} \times 80\% = 64\text{mm/min}$。

5）S 功能或 S 指令用于指定主轴转速，单位为 r/min。对于具有恒线速度功能的数控车床，程序中的 S 指令用来指定车削加工的线速度。有些数控机床的主轴转速也可以根据需要进行调整，那就是主轴转速修调。

6）刀具号 T，又称为 T 功能或 T 指令，用于指定加工时所用刀具的编号。在车床中，常为 T 后跟四位数，前两位为刀具号，后两位为刀具补偿号。在铣、镗床中，T 后常跟两位数，用于表示刀具号，刀补号则用 H 代码或 D 代码表示。

7）辅助功能 M 指令也是由字母 M 和两位数字组成的，是加工过程中对一些辅助器件进行操作控制用的工艺性指令。辅助功能 M 代码用于指定主轴的旋转方向，起动、停止，切削液的开关，刀具的更换等各种辅助动作及其状态。辅助功能 M 代码由字母 M 及其后面的两位数字组成，也有 M00 ~ M99 共 100 种代码。

这些代码中同样也有些因机床系统而异的代码，也有相当一部分代码是不指定的。常用 M 指令代码见表 1-3。

表 1-3　M 代码

M 功能字	含　义
M00	程序停止
M01	计划停止
M02	程序停止
M03	主轴顺时针旋转
M04	主轴逆时针旋转
M05	主轴旋转停止
M06	换刀
M07	2 号切削液开
M08	1 号切削液开
M09	切削液关
M30	程序停止并返回开始处
M98	调用子程序
M99	返回主程序

4. 数控机床的坐标系

为了保证数控机床的正确运动，避免工作的不一致性，简化程序的编制方法，并使所编程序具有互换性，ISO 标准和我国国家标准都统一规定了数控机床坐标轴及其运动方向，这给数控系统和机床的设计、使用及维修带来了极大的方便。

（1）机床坐标系及运动方向　为了确定机床的运动方向和移动距离，就要在机床上建立一个坐标系，该坐标系就叫机床坐标系，也叫标准坐标系。

数控机床上的坐标系采用右手直角笛卡儿坐标系，如图 1-12 所示。右手的大拇指、食指和中指保持相互垂直，大拇指的方向为 X 轴的正方向，食指为 Y 轴的正方向，中指为 Z 轴的正方向。

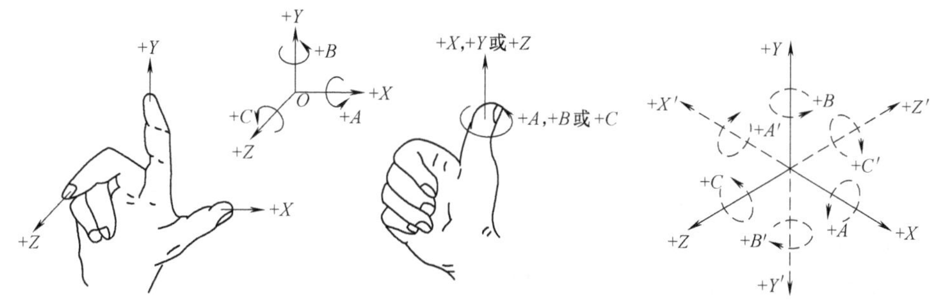

图 1-12　右手直角笛卡儿坐标系

A、B、C 分别表示其轴线平行于 X、Y 和 Z 轴的旋转运动。根据右手螺旋定则，分别以大拇指指向 $+X$、$+Y$、$+Z$ 方向，其余四指则分别指向 $+A$、$+B$、$+C$ 轴的旋转方向。

（2）机床各坐标轴及其正方向的确定原则

1）Z 轴。通常把传递切削力的主轴定为 Z 轴。对于工件旋转的机床，如车床、磨床等，工件转动的轴为 Z 轴；对于刀具旋转的机床，如镗床、铣床、钻床等，刀具转动的轴为 Z 轴；若有多根主轴，则可选垂直于工件装夹面的主轴为主要主轴，Z 轴则平行于该主轴轴线。若没有主轴，则规定垂直于工件装夹表面的坐标轴为 Z 轴。Z 轴正方向是使刀具远离工件的方向。

2）X 轴。X 轴为水平方向且垂直于 Z 轴并平行于工件的装夹面。工件旋转的机床，如车床、外圆磨床，X 轴的运动方向是径向的，与横向导轨平行，刀具离开工件旋转中心的方向是正方向。对于刀具旋转的机床，若 Z 轴为水平，如卧式铣床、镗床，则沿刀具主轴后端向工件方向看，右手平伸出方向为 X 轴正向；若 Z 轴为垂直，如立式铣床、镗床，钻床，则从刀具主轴向床身立柱方向看，右手平伸出方向为 X 轴正向。

3）Y 轴。在确定了 X、Z 轴的正方向后，即可按右手定则定出 Y 轴正方向，如图 1-13 所示。

上述坐标轴正方向，均是假定工件不动，刀具相对于工件作进给运动而确定的方向，即刀具运动坐标系。但在实际机床加工时，有很多都是刀具相对不动，而工件相对于刀具移动实现进给运动的情况。此时，应在表示各轴的字母后加上“′”表示工件运动坐标系。按相对运动关系，工件运动的正方向恰好与刀具运动的正方向相反，即有

$$+X=-X',\quad +Y=-Y',\quad +Z=-Z',\quad +A=-A',\quad +B=-B',\quad +C=-C'$$

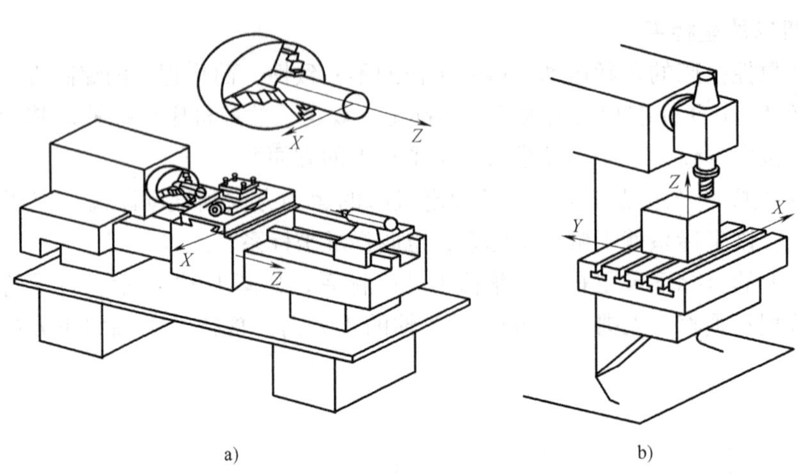

图 1-13 数控机床坐标系
a）数控车床 b）数控铣床

（3）附加坐标系 为了编程和加工的方便，有时还要设置附加坐标系。对于直线运动，通常建立的附加坐标系有：

1）指定平行于 *X*、*Y*、*Z* 的坐标轴。可以采用的附加坐标系有：第二组 *U*、*V*、*W* 坐标，第三组 *P*、*Q*、*R* 坐标。

2）指定不平行于 *X*、*Y*、*Z* 的坐标轴。此外，也可以采用的附加坐标系有：第二组 *U*、*V*、*W* 坐标，第三组 *P*、*Q*、*R* 坐标，如图 1-14 所示。

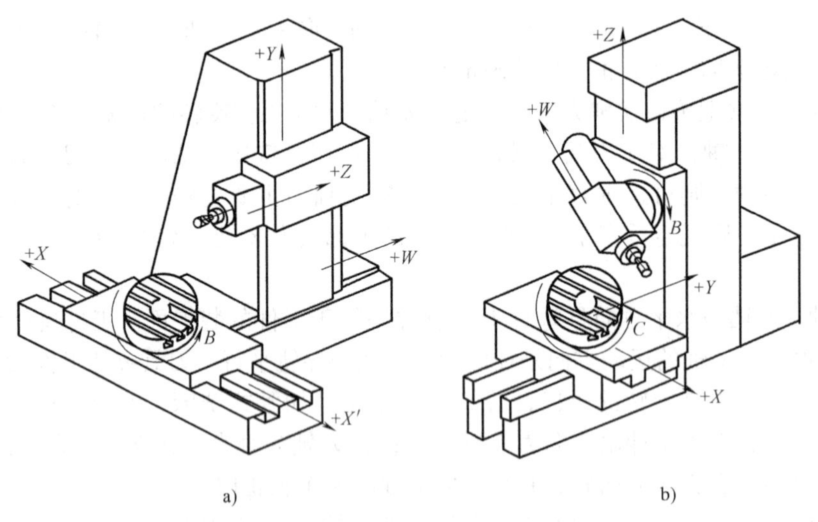

图 1-14 多轴数控机床坐标系
a）卧式镗铣床 b）六轴加工中心

5. 机床原点与机床参考点

（1）机床原点 机床原点又称为机械原点，是机床坐标系的原点。该点是机床上一个固定的点，其位置是由机床设计和制造单位确定的，通常不允许用户改变。机床原点是工件坐标系、机床参考点的基准点，也是制造和调整机床的基础。数控车床的机床原点一般设在卡盘后端面的中心，如图 1-15 所示。通过设置参数的方法，也可将机床原点设定在 X、Z 坐标的正方向极限位置上。数控铣床的机床原点，各生产厂不一致，多定在进给行程范围的正极限点处，如图 1-16 所示，但也有的设置在机床工作台中心，使用前可查阅机床用户手册。

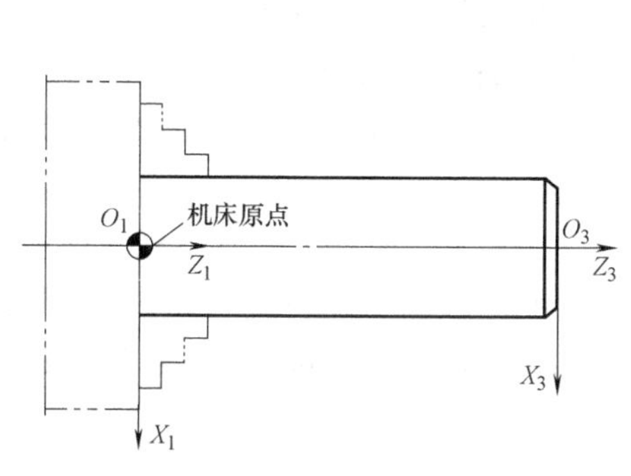

图 1-15　数控车床的机床原点

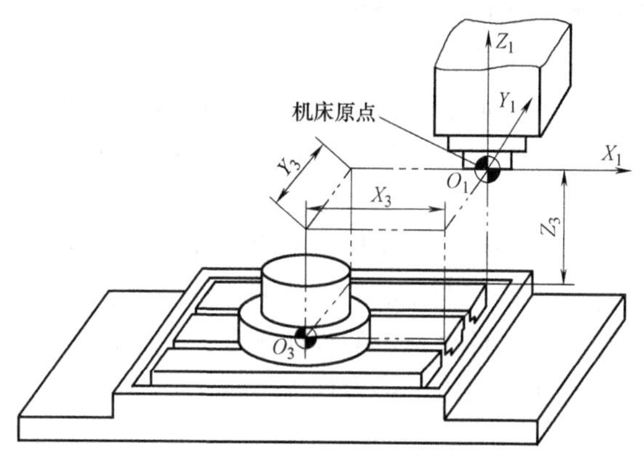

图 1-16　数控铣床的机床原点

（2）机床参考点　机床参考点是机床上的一个固定点，用于对机床工作台、滑板与刀具相对运动的测量系统进行标定和控制，其位置由机械挡块或行程开关来确定。机床参考点对机床原点的坐标是一个已知定值，也就是说，可以根据机床参考点在机床坐标系中的坐标值间接确定机床原点的位置。在机床接通电源后，通常都要进行回零操作，使刀具或工作台退回到机床参考点。当回零操作完成后，显示器即显示出机床参考点在机床坐标系中的坐标值，表明机床坐标系已自动建立。可以说回零操作是对基准的重新核定，可消除由于种种原因产生的基准偏差。机床参考点已由机床制造厂测定后输入数控系统，并且记录在机床说明书中，用户不得更改。

通常在数控铣床上机床原点和机床参考点是重合的；而在数控车床上机床参考点是离机床原点最远的极限点。图 1-17 所示为数控车床的参考点与机床原点。

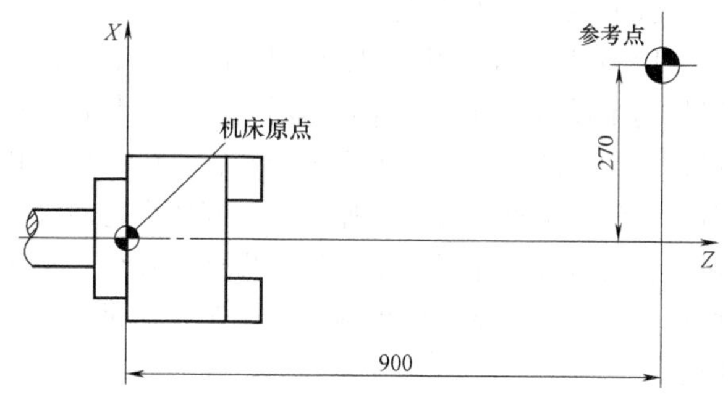

图 1-17　数控车床的参考点与机床原点

6. 工件坐标系

（1）工件坐标系　工件坐标系是由编程人员根据零件图样及加工工艺，以零件上某一固定点为原点建立的坐标系，又称为编程坐标系或工作坐标系。工件坐标系一般供编程使用，确定工件坐标系时不必考虑工件在机床上的实际装夹位置。工件坐标系的原点称为工件原点或编程原点。工件原点在工件上的位置虽然可以任意选择，但一般应遵循以下原则：

1）工件原点选在工件图样的设计基准或工艺基准上，以利于编程。

2）工件原点尽量选在尺寸精度高、表面粗糙度值低的工件表面上。

3）工件原点最好选在工件的对称中心上。

4）要便于测量和检验。

在数控车床上加工工件时，工件原点一般设在主轴中心线与工件右端面（或左端面）的交点处，如图 1-18a 所示。在数控铣床上加工工件时，工件原点一般设在进刀方向一侧工件外轮廓表面的某个角上或对称中心上，如图 1-18b 所示。

对于形状较复杂的工件，有时为编程方便，可根据需要通过相应的程序指令随时改变新的工件坐标原点；对于在一个工作台上装夹加工多个工件的情况，在机床功能允许的条件下，可分别设定编程原点独立地编程，再通过工件原点预置的方法在机床上分别设定各自的工件坐标系。

对于编程和操作加工采取分开管理机制的生产单位，编程人员只需要将其编程坐标系和程序原点填写在相应的工艺卡片上即可；而操作加工人员则应根据工件装夹情况适当调整程序上建立工件坐标系的程序指令，或采用原点预置的方法调整修改原点预置值，以保证程序原点与工件原点的一致性。

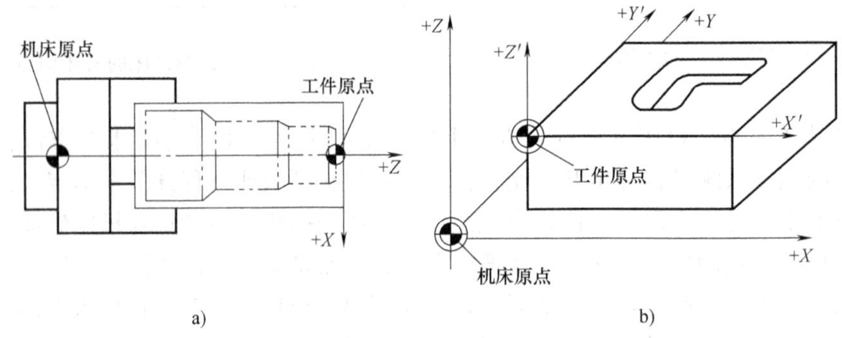

图 1-18 工件原点设置

a）数控车床 b）数控铣床

（2）对刀与对刀点

1）在数控加工中，工件坐标系确定后，还要确定刀尖点在工件坐标系中的位置。每把刀具的半径与长度尺寸都是不同的，刀具装在机床上后，应在控制系统中设置刀具的基本位置，即常说的对刀。数控机床的装备不同，所采用的对刀方法也不同。如果数控机床自带对刀仪或配有机外对刀仪，那么对刀问题会比较简单，对刀精度也较高；否则，只能采用手动对刀，对刀过程相对复杂，效率也低。在数控车床上，常用的对刀方法为试切对刀。对于数控铣床来说，通常工件坐标系的确定是通过对刀的过程来实现的，即使用对刀点来确定工件原点。

2）对刀点是指通过对刀确定刀具与工件相对位置的基准点。对刀点可以设在工件上，也可以设在与工件的定位基准有一定关系的夹具某一位置上。其选择原则是：

① 所选的对刀点应使程序编制简单。

② 对刀点应选在容易找正、便于确定零件加工原点的位置。

③ 对刀点应选在加工过程中检查方便、可靠的位置。

④ 对刀点的选择应有利于提高加工精度。

当对刀精度要求较高时，对刀点应尽量选在零件的设计基准或工艺基准上，对于以孔定位的工件，一般取孔的中心作为对刀点。对刀点往往与工件原点重合，若二者不重合，在设置机床零点偏置时，应当考虑到两者的差值。

3）换刀点是为加工中心、数控车床等采用多刀加工的机床而设置的，因为这些机床在加工过程中要自动换刀，在编程时应考虑选择合适的换刀位置。对于手动换刀的数控铣床，也应确定相应的换刀位置。为防止换刀时碰伤零件、刀具或夹具，换刀点常常设置在被加工零件的轮廓之外，并留有一定的安全量。

7. 绝对坐标编程与增量坐标编程

数控编程通常都是按照组成图形的线段或圆弧的端点的坐标来进行的。

（1）绝对坐标编程　当所有坐标点的坐标值均从某一固定的坐标原点计量的话，就称之为绝对坐标表达方式，按这种方式进行编程即为绝对坐标编程。

（2）增量坐标编程　当运动轨迹的终点坐标是相对于线段的起点来计量时，称之为增量坐标或相对坐标表达方式。若按这种方式进行编程，则称之为增量坐标编程或相对坐标编程。

例 1.1　实现图 1-19 所示的从起点 A 快速移动到目标点 B。

其绝对值编程方式为：

G00　X141. 2　Z70. 6；

其增量编程方式为：

G00　U91. 8　W45. 9；

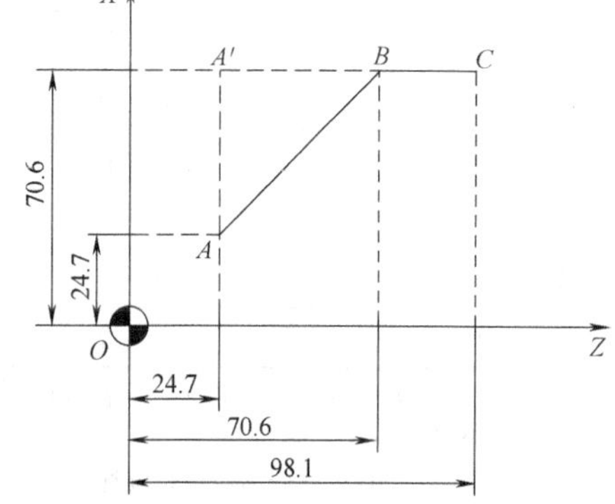

图 1-19　绝对坐标和增量坐标

采用绝对坐标编程时，程序指令中的坐标值随着程序原点的不同而不同；而采用相对坐标编程时，程序指令中的坐标值则与程序原点的位置没有关系。同样的加工轨迹，既可用绝对坐标编程也可用相对坐标编程，但有时候，采用恰当的编程方式，可以大大简化程序的编写。因此，实际编程时应根据使用状况选用合适的编程方式。

（三）数控车床的基本编程指令

1. 数控车床的编程特点

（1）直径编程方式　由于被加工零件的径向尺寸在图样上标注和测量时都是以直径值表示，所以采用直径尺寸编程与零件图样中的尺寸标注一致，这样可避免尺寸换算过程中可能造成的错误，给编程带来很大的方便。

（2）固定循环功能　车床上，工件的毛坯多为圆棒料或铸件、锻件，加工余量较大，所以为简化编程，数控装置常具备不同形式的固定循环，可进行多次重复循环。

（3）绝对值编程与增量值编程　在一个程序段中，根据图样尺寸，可以采用绝对值编程、增量值编程或二者混合编程。

（4）刀具补偿功能　数控车床的控制系统中都有刀具补偿功能，编程人员可以按照工件的实际轮廓编制程序，为编程提供了方便。

2. 数控系统的功能

（1）准备功能 G 代码　该代码的主要作用是指定数控机床的运行方式，为数控系统的插补运算做好准备。数控车床数控系统常用的 G 代码（FANUC 0i 系统）见表 1-4。

表 1-4 数控车床（FANUC 0i 系统）准备功能 G 代码

代码	组号	功能	代码	组号	功能
＊G00	01	快速点定位	G65	00	宏指令调用
G01	01	直线插补	G70	00	精加工复合循环
G02	01	顺圆插补	G71	00	车外圆复合循环
G03	01	逆圆插补	G72	00	车端面复合循环
G32	00	螺纹切削	G73	00	封闭复合循环
G04	00	暂停延时	G74	00	深孔钻循环
G20	06	英制单位	G75	00	外径切槽循环
＊G21	06	米制单位	G76	00	复合螺纹切削循环
G27	00	回参考点检查	＊G90	01	外圆切削循环
G28	00	回参考点	G92	01	螺纹切削循环
G29	00	参考点返回	G94	01	端面切削循环
＊G40	07	刀补取消	G96	02	主轴恒线速度控制
G41	07	左刀补	＊G97	02	取消主轴恒线速度控制
G42	07	右刀补	G98	05	每分钟进给方式
G50	00	坐标系设置	＊G99	05	每转进给方式

注：1. 表内 00 组为非模态指令，只在本程序段内有效。其他组为模态指令，一次指定后持续有效，直到被本组其他代码所取代。
2. 标有＊的 G 代码为数控系统通电启动后的默认状态。

（2）辅助功能 M 代码　这种指令主要用于数控机床加工操作时的工艺指令。数控车床数控系统常用的 M 代码见表 1-5。

表 1-5 数控车床辅助功能 M 代码

代　码	功　能
M00	程序暂停，可用数控启动命令（CYCLE START）使程序继续运行
M01	计划暂停，与 M00 作用相似，但 M01 可以用机床“任选停止按钮”选择是否有效
M02	程序停止
M03	主轴顺时针旋转
M04	主轴逆时针旋转
M05	主轴旋转停止
M06	换刀
M07	2 号切削液开
M08	1 号切削液开
M09	冷削液关
M30	程序停止并返回开始处

（3）F 功能　F 功能指令用于控制切削进给量，在程序中有两种使用方法。

1）每转进给量。

编程格式：G99　F__；

F后面的数字表示的是主轴每转进给量，单位为mm/r。

例1.2　“G99　F0.2;”表示进给量为0.2mm/r。

2）每分钟进给量。

编程格式：G98　F __;

F后面的数字表示的是每分钟进给量，单位为mm/min。

例1.3　“G98　F100;”表示进给量为100mm/min。

（4）S功能

1）S功能指令用于控制主轴转速。

编程格式：S __;

S后面的数字表示主轴转速，单位为r/min。

在具有恒线速功能的机床上，S功能指令还有最高转速限制作用。

编程格式：G50　S __;

S后面的数字表示的是最高转速，单位为r/min。

例1.4　“G50　S1000;”表示最高转速限制为1000r/min。

2）恒线速控制。

编程格式：G96　S __;

S后面的数字表示的是恒定的线速度，单位为m/min。

例1.5　“G96　S150;”表示切削点线速度控制在150m/min。

对图1-20所示的零件，为保持A、B、C各点的线速度在150m/min，则各点在加工时的主轴转速分别为如下所述。

A：$n = 1000\times150\div(\pi\times40)$r/min = 1193r/min

B：$n = 1000\times150\div(\pi\times60)$r/min = 795r/min

C：$n = 1000\times150\div(\pi\times70)$r/min = 682r/min

3）恒线速度控制取消。

编程格式：G97　S __;

S后面的数字表示恒线速度控制取消后的主轴转速，如S未指定，将保留G96的最终值。

例1.6　“G97　S1000;”表示恒线速控制取消后主轴转速为1000r/min。

（5）T功能　T功能指令用于选择加工所用的刀具。

编程格式：T __;

T后面通常有两位数表示所选择的刀具号码。但也有T后面用四位数字，前两位是刀具号，后两位是刀具长度补偿号，或是刀尖圆弧半径补偿号。

例如，“T0303;”表示选用3号刀及3号刀具长度补偿值和刀尖圆弧半径补偿值。“T0300;”表示取消刀具补偿。

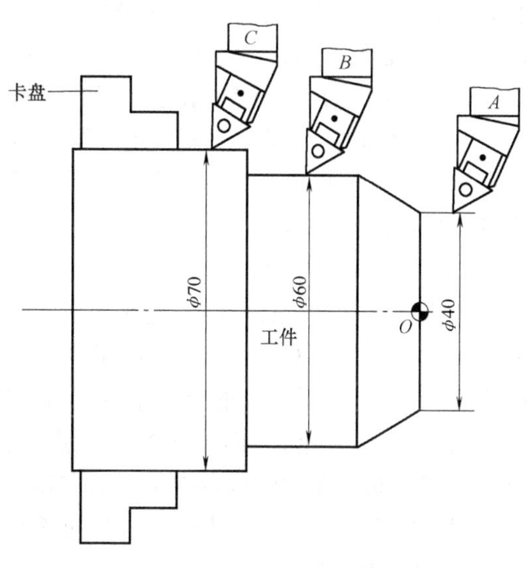

图1-20　恒线速切削方式

3. 工件坐标系的设定

(1) 工件坐标系的建立 G50 指令

编程格式：G50 X __ Z __;

其中，X、Z 后的值是起刀点相对于加工原点的位置。G50 指令的使用方法与 G92 指令类似。在数控车床编程时，所有 X 坐标值均使用直径值。

说明：

1) 在执行此指令之前必须先进行对刀，通过调整机床，将刀尖放在程序所要求的起刀点位置上。

2) 此指令并不会产生机械移动，只是让系统内部用新的坐标值取代旧的坐标值，从而建立新的坐标系。

例 1.7 按图 1-21 所示设置加工坐标的程序段如下：

G50 X128.7 Z375.1;

(2) 预置工件坐标系指令 G54 ~ G59

具有参考点设定功能的机床还可用工件零点预置指令 G54 ~ G59 来代替 G50 指令建立工件坐标系。它是先测定出欲预置的工件原点相对于机床原点的偏置值，并把该偏置值通过参数设定的方式预置在机床参数数据库中，因而该值无论断电与否都将一直被系统所记忆，直到重新设置为止。当工件原点预置好以后，便可用“G54 G00 X __ Z __;”指令让刀具移到该预置工件坐标系中的任意指定位置，不需要再通过试切对刀的方法去测定刀具起刀点相对于工件坐标系原点的坐标，也不需要再使用 G50 指令了。很多数控系统都提供 G54 ~ G59 指令，完成共预置六个工件坐标系原点的功能。

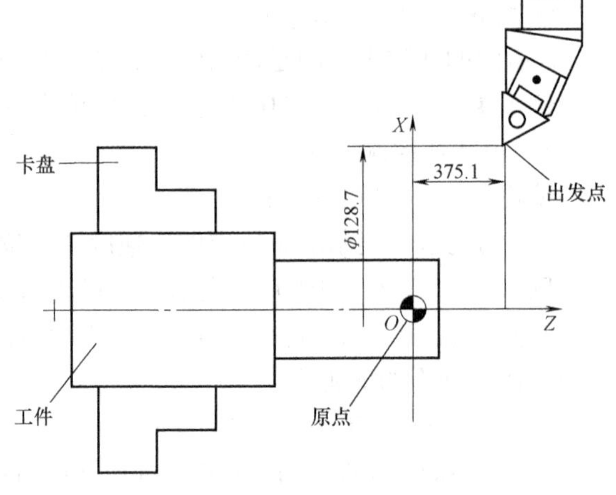

图 1-21 设定加工坐标系

G54 ~ G59 指令与 G50 指令之间的区别是：

1) 用 G50 指令时，后面一定要跟坐标地址字；而用 G54 ~ G59 指令时，则不需要跟坐标地址字，且可单独作为一行书写。若其后紧跟有地址坐标字，则该地址坐标字是附属于前次移动所用的模态 G 指令的，如 G00、G01 指令等。

2) 用 G54 指令等设立工件坐标系原点，可在“数据设定”下的“零点偏置”层次菜单项中进行，在运行程序时若遇到 G54 指令，则自此以后的程序中所有用绝对编程方式定义的坐标值均是以 G54 指令的零点作为原点的。直到再遇到新的坐标系设定指令，如 G50、G55 ~ G59 等指令后，新的坐标系设定将取代旧的。

3) G54 指令建立的工件坐标系原点是相对于机床坐标系原点而言的，在程序运行前就已设定好，而且在程序运行中是无法重置的；G50 指令建立的工件坐标系原点是相对于程序执行过程中当前刀具刀位点的，可通过编程来多次使用 G50 指令重新建立新的工件坐标系。

4. 快速点定位

编程格式：G00 X(U)__ Z(W)__;

其中，X、Z 后的值是快速点定位的终点坐标值。

G00 指令控制刀具以点位控制的方式快速移动到目标位置，其移动速度由参数来设定。该指令用于刀具趋近工件，或在切削完毕后使刀具撤离工件。注意，刀具移动轨迹是几条线段的组合，不是一条直线，故在各坐标轴方向上有可能不是同时到达终点。例如，在 FANUC 系统中，运动总是先沿 45°角的直线移动，最后再沿某一轴单向移动至目标点位置，如图 1-22 所示。

5. 直线插补

编程格式：G01 X(U)__ Z(W)__ F__；

该指令用于按 F 指令指定的进给速度切削任意斜率的直线。其中，采用绝对编程时，刀具以 F 指令指定的进给速度移至坐标值为 X、Z 的点上；采用增量编程时，刀具则移至距当前点的距离为 U、W 值的点上。在 G01 指令中，实际进给速度等于 F 指令指定的进给速度与进给速度修调倍率的乘积。

例 1.8 实现如图 1-23 所示从 P_0 点到 P_1 点的运动，其程序段为：

N10 G00 X50 Z2； （$P_0 \rightarrow P_1$）

N20 G01 Z－40 F0.3； 刀尖从 P_1 点按 F 指令指定的速度进给到 P_2 点

N30 X80 Z－60； （$P_2 \rightarrow P_3$）以 F 指令指定的速度进给

N40 G00 X200 Z100； （$P_3 \rightarrow P_0$）快速返回

本例也可采用增量值编程实现。

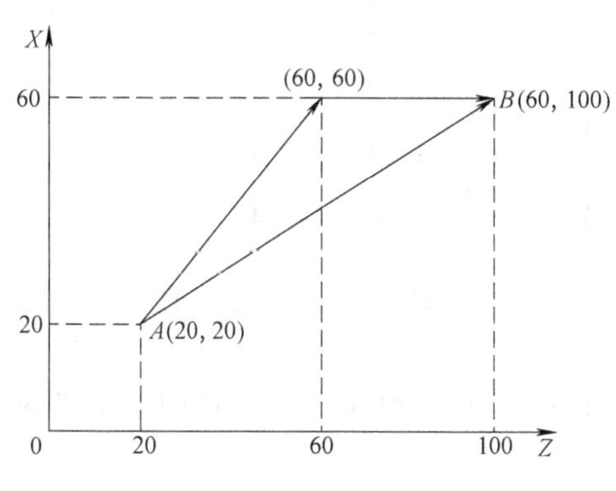

图 1-22 快速点定位

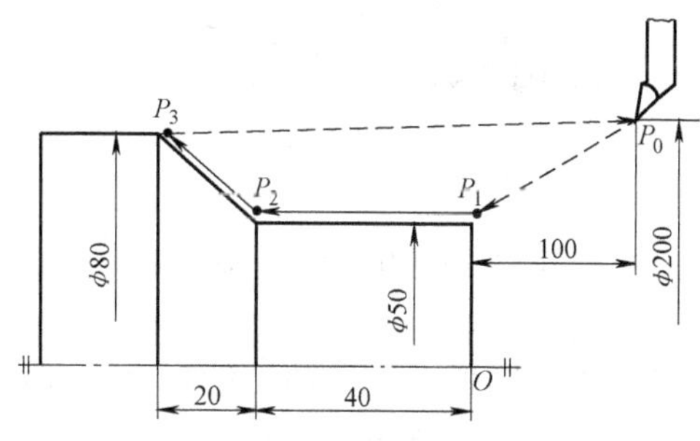

图 1-23 直线插补运动

6. 刀具补偿

（1）刀具的几何补偿和磨损补偿 编程时一般以其中一把刀作基准，并以该刀的刀尖（图 1-24 所示 A 点）位置为依据来建立工件坐标系。在加工过程中，当其他的刀位转到加工位置时，刀尖的位置 B 会发生变化，不可能和 A 点完全重合，故原先设定的工件坐标系对这些刀具就不适应。另外，在加工过程中，每把刀具都有不同程度的磨损，其刀具的位置也会发生变化，因此，应对实际刀具刀尖的位置相对于标准刀具刀尖的位置在 X、Z 方向上进行补偿，使补偿后的刀尖位置由 B 点

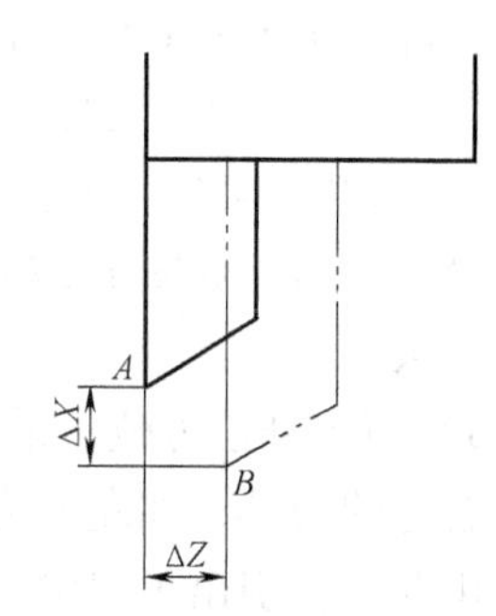

图 1-24 刀具的几何补偿

移至 A 点。刀具补偿移动的效果便是令转位后新刀具的刀尖移动到与上一基准刀具刀尖所在的位置上，新、老刀尖重合，它在工件坐标系中的坐标就不发生改变，这就是刀具补偿的实质。

刀具补偿数据通常是通过对刀后采集到的，而且必须将这些数据准确地储存到刀具数据库中，然后通过程序中的刀补代码来提取并执行。

（2）刀尖圆弧半径自动补偿功能

1）刀尖圆弧半径自动补偿。编程时，通常都将车刀刀尖作为一点来考虑，但实际上刀尖处存在圆角，如图 1-25 所示。当用按理论刀尖点编出的程序加工端面、外圆、内孔等与轴线平行或垂直的表面时，是不会产生误差的；在进行倒角、锥面及圆弧切削时，则会产生少切或过切现象，如图 1-26 所示。为避免这种现象的发生，就需要使用刀尖圆弧半径自动补偿功能。

具有刀尖圆弧半径自动补偿功能的数控系统能根据刀尖圆弧半径计算出补偿量，避免少切或过切现象的产生。

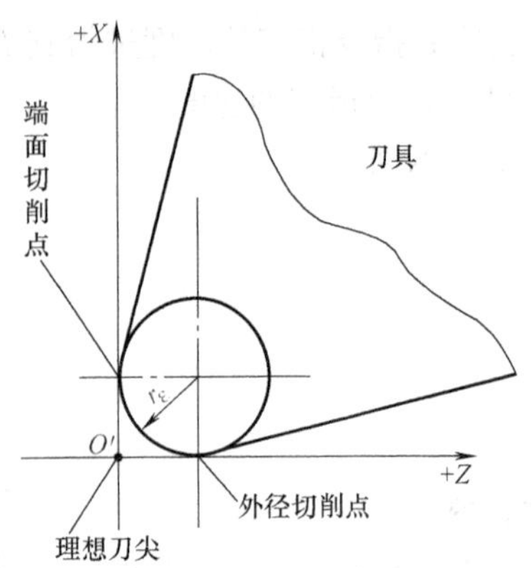

图 1-25　刀尖圆弧半径 $r_ε$

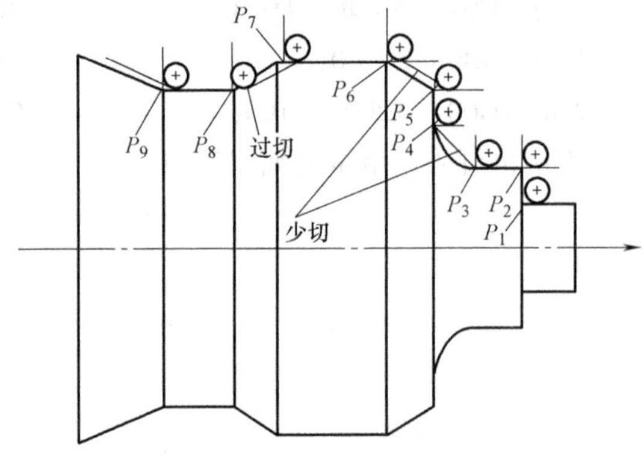

图 1-26　刀尖圆弧半径 $r_ε$ R 造成的少切与过切

2）刀尖圆弧半径自动补偿指令。利用机床自动进行刀尖圆弧半径补偿时，需要使用 G40、G41 及 G42 指令。

当系统执行到含 T 代码的程序指令时，仅仅是从中取得了刀具补偿的寄存器地址号（其中包括刀具几何位置补偿和刀具半径大小），此时并不会开始实施刀尖圆弧半径补偿。只有在程序中遇到 G41、G42 及 G40 指令时，才开始从刀库中提取数据并实施相应的刀尖圆弧半径补偿。其中，G41 为刀尖圆弧半径左补偿指令，即沿着刀具运动方向看，刀具在工件的左边，如图 1-27 所示；G42 为刀尖圆弧半径右补偿指令，即沿着刀具运动方向看，刀具在工件的右边，如图 1-27 所示；G40 为取消刀尖圆弧半径补偿指令。刀尖运动轨迹与编程轨迹一致。

3）刀尖补偿方位。采用刀尖圆弧半径补偿，就可加工出准确的轨迹尺寸形状，但使用了不合适的刀具，如左偏刀换成右偏刀，那么采用同样的刀具补偿算法还能保证加工准确吗？由此，就引出了刀尖方位的概念。图 1-28 所示为按假想刀尖方位以数字代码对应的各种刀具装夹放置的情况。如果以刀尖圆弧中心作为刀位点进行编程，则应选用 0 或 9 作为刀

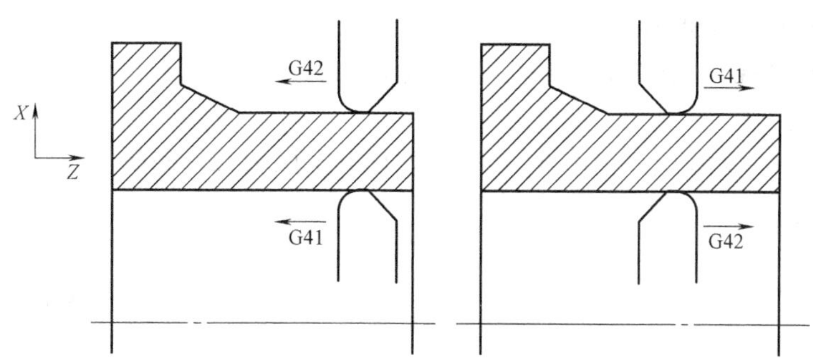

图 1-27 G41 G42 指令的确定

尖方位号，只有在刀具数据库内按刀具实际放置情况设置相应的刀尖方位代码，才能保证对它进行正确的刀具补偿，否则，将会出现不合要求的过切和少切现象。

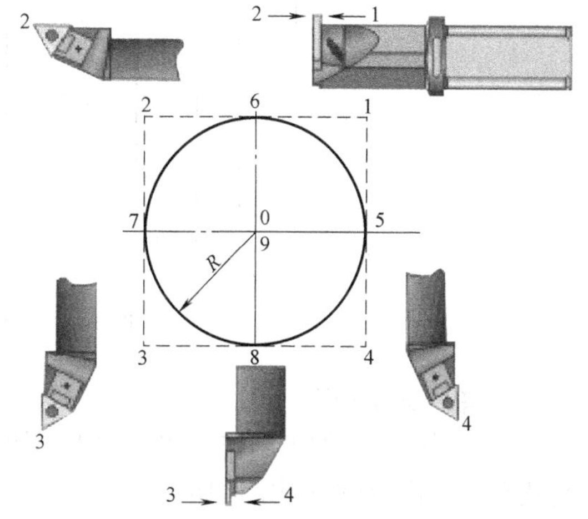

图 1-28 刀尖方位的确定方法

4）刀尖圆弧半径自动补偿功能的执行过程。在实际加工中，刀尖圆弧半径自动补偿功能的执行过程分为以下三步：

① 建立刀具补偿。刀具中心轨迹由 G41、G42 指令确定，在原来编程轨迹基础上增加或减少一个刀尖圆弧半径值。

② 进行刀具补偿。在刀具补偿进行期间，刀具中心轨迹始终偏离工件一个刀尖圆弧半径值。

③ 撤销刀具补偿。刀具撤离工件，补偿取消，与建立刀尖圆弧半径补偿一样，刀具中心轨迹要比程序轨迹增加或减少一个刀尖圆弧半径值。

5）刀尖圆弧半径自动补偿注意事项。在使用中，应注意：

① 刀尖圆弧半径补偿的设定和取消不应在 G02、G03 指令圆弧轨迹程序上实施；

② 刀尖圆弧半径补偿设定和取消时，刀具位置的变化是一个渐变的过程；

③ 当输入的刀补数据是负值时，则 G41、G42 指令互相转化；

④ G41、G42 指令不要重复规定，否则会产生一种特殊的补偿。

例 1.9 如图 1-29 刀具补偿的编程应用

其程序编写如下：

```
O0001;
N010  T0101;                          刀具补偿数据库启动
N020  G50  X200.0  Z100.0;
N030  S800  M03;
N040  G42  X30.0  Z5.0;               引入刀补
N050  G01  X50.0  Z-5.0  F0.3;        刀补实施中
N060  Z-45.0;
```

```
N070  X80.0  Z-65.0;
N080  G40  G00  X100.0;              取消刀补
N090  Z5.0;
N100  X200.0  Z100.0  T0100;         返回并关闭刀具补偿数据库
N110  M05;
N120  M30;
```

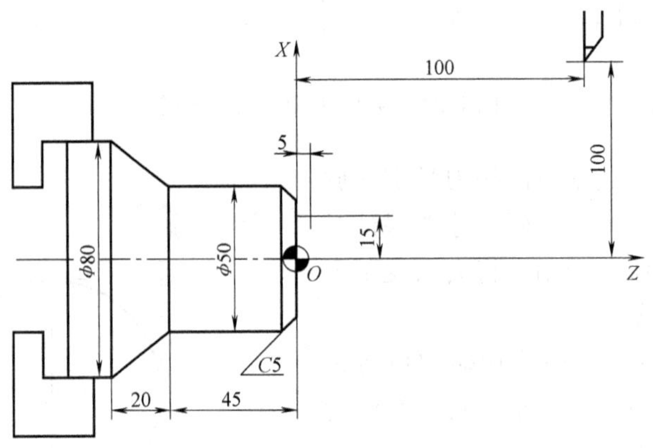

图 1-29 刀具补偿编程图例

7. 单一固定循环

将一系列连续加工动作，如“切入—切削—退刀—返回”，用一个循环指令完成，从而简化程序，称为单一固定循环。

（1）外圆切削循环 G90 指令　该指令可实现内、外圆柱面或内、外圆锥面切削循环。其中，圆柱面单一固定循环如图 1-30 所示，圆锥面单一固定循环如图 1-32 所示。

1）圆柱面切削循环

编程格式：G90 X(U)__ Z(W)__ F__;

其中，X、Z——圆柱面切削终点的绝对坐标值；

U、W——圆柱面切削终点的相对于循环起点的坐标值。

例 1.10　应用圆柱面切削循环功能加工图 1-31 所示的零件，程序如下：

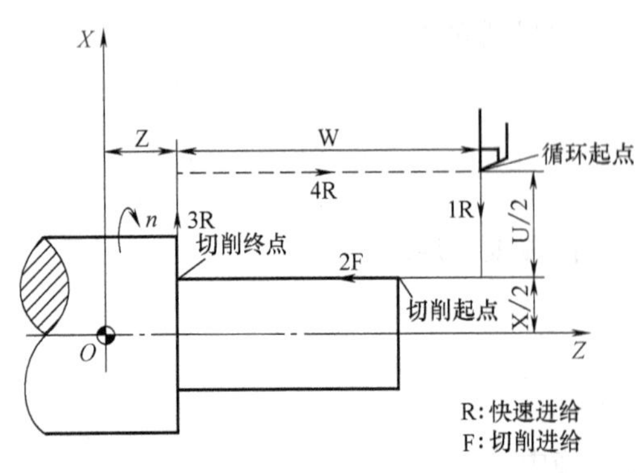

图 1-30 圆柱面切削循环

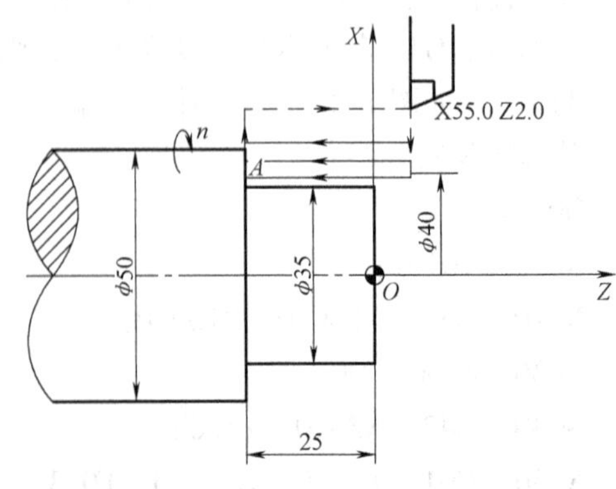

图 1-31 G90 指令的用法（圆柱面）

N10 G50 X200 Z200 T0101;
N20 M03 S1000;
N30 G00 X55 Z4 M08;
N40 G01 G96 Z2 F2.5 S150;
N50 G90 X45 Z-25 F0.2;
N60 X40;
N70 X35;
N80 G00 X200 Z200;
N90 M30;

2）圆锥面切削循环

编程格式：G90 X(U)__ Z(W)__ I__ F__;

其中，X、Z——圆锥面切削终点的绝对坐标值；

U、W——圆锥面切削终点的相对于循环起点的相对坐标值；

I——圆锥面切削的起点相对于终点的半径差。如果切削起点的 X 向坐标小于终点的 X 向坐标，I 值为负，反之为正，如图 1-32 所示。

例 1.11 应用圆锥面切削循环功能加工图 1-33 所示零件，程序如下：

……
G01 X65 Z2;
G90 X60 Z-25 I-5 F0.2;
X50;
G00 X100 Z200;
……

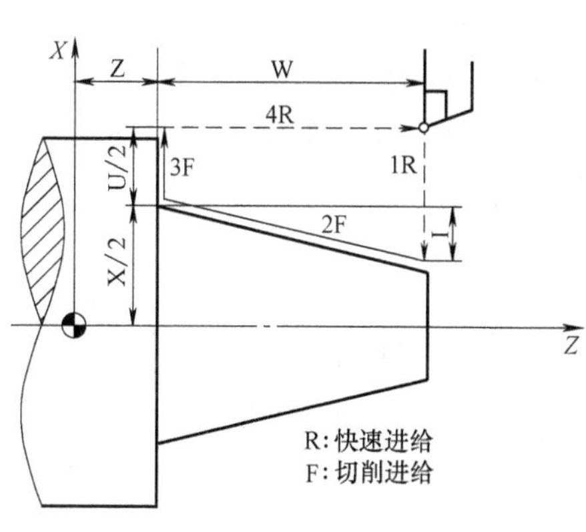

图 1-32 圆锥面切削循环

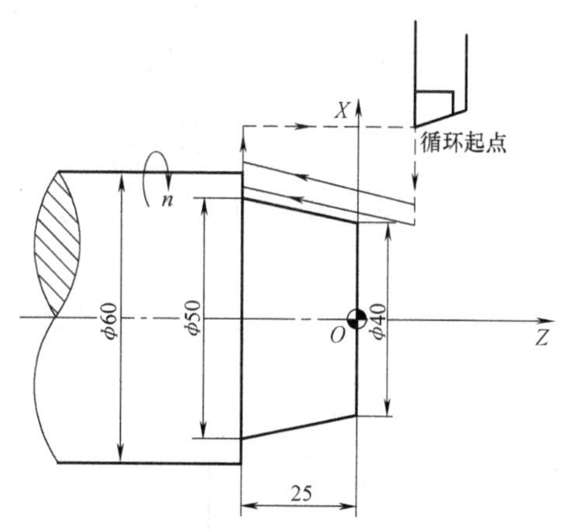

图 1-33 G90 指令的用法（圆锥面）

（2）端面切削循环 G94 指令 端面切削循环适用于端面切削加工。

1）平面端面切削循环

编程格式：G94 X(U)__ Z(W)__ F__;

其中，X、Z——端面切削终点的绝对坐标值；

U、W——端面切削的终点相对于循环起点的相对坐标值，如图 1-34 所示。

例 1.12　应用端面切削循环功能加工图 1-35 所示零件。

……

G00　X85　Z5；

G94　X30　Z－5　F0.2；

Z－10；

Z－15；

……

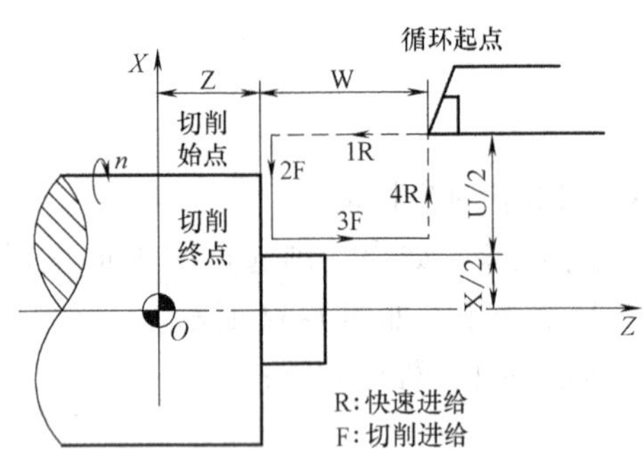

图 1-34　端面切削循环

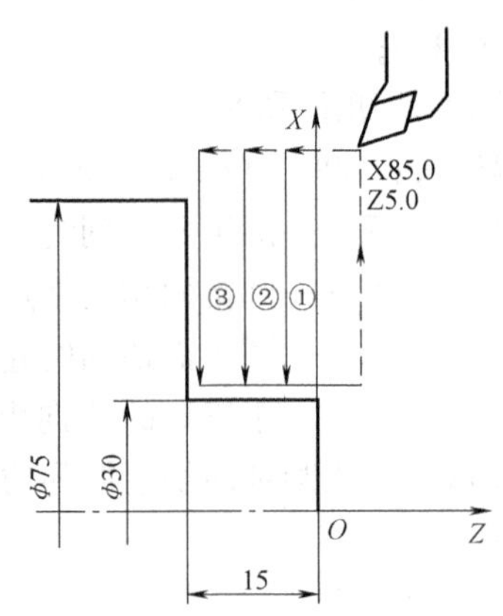

图 1-35　G94 指令的用法（端面）

2）锥面端面切削循环

编程格式：G94　X(U)＿Z(W)＿K＿F＿；

其中，X、Z——端面切削的终点坐标值；

U、W——端面切削的终点相对于循环起点的坐标；

K——端面切削的终点相对于起点在 Z 轴方向的坐标分量。当终点的 Z 向坐标小于起点的 Z 向坐标时 K 为负，反之为正，如图 1-36 所示。

例 1.13　应用端面切削循环功能加工图 1-37 所示零件。

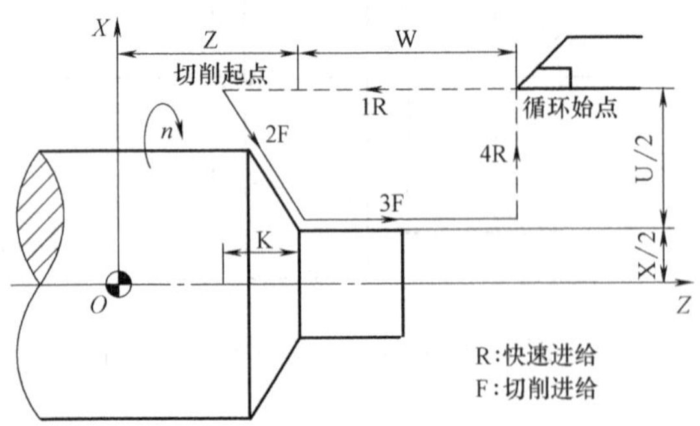

图 1-36　锥面端面切削循环

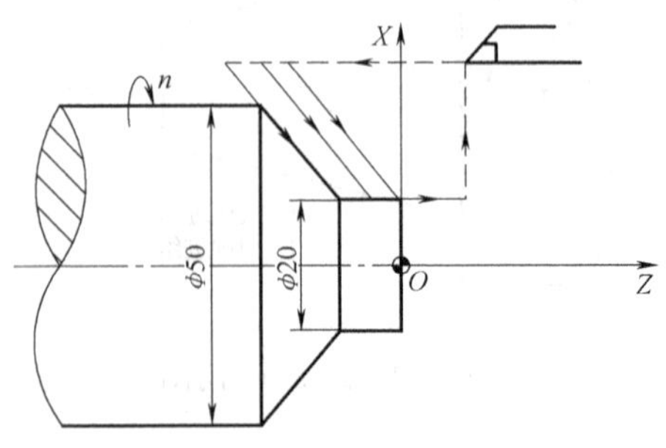

图 1-37　G94 指令的用法（锥面）

……

G94　X20　Z0　K－5　F0.2；

Z－5；

Z－10；

……

8. 复合固定循环

应用G90、G94指令已经使程序得到了一些简化，但由于在数控车床上加工的零件毛坯通常是棒料或铸、锻件，需要多次重复切削，加工余量较大，因此采用复合固定循环，对零件的轮廓定义之后，即可完成从粗加工到精加工的全过程，使程序得到进一步的简化。

（1）车外圆复合循环指令G71　车外圆复合循环是一种复合固定循环，适用于外圆柱面加工时需多次走刀才能完成的粗加工，如图1-38所示。

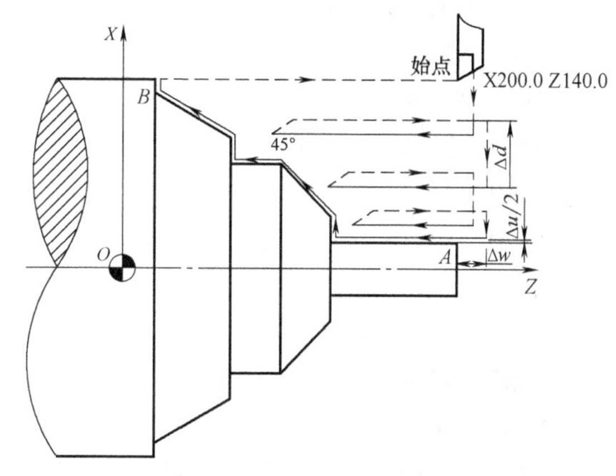

图1-38　车外圆复合循环

编程格式：G71　U(Δ*d*)　R(*e*)；

G71　P(*ns*)　Q(*nf*)　U(Δ*u*)　W(Δ*w*)　F(*f*)　S(*s*)　T(*t*)；

其中，Δ*d*——粗车的背吃刀量；

e——粗车的退刀量；

ns——精加工轮廓程序段中开始程序段的段号；

nf——精加工轮廓程序段中结束程序段的段号；

Δ*u*——*X*轴方向精加工余量；

Δ*w*——*Z*轴方向精加工余量；

f、*s*、*t*——粗车时的F、S、T代码。

注意事项：

1）顺序号*ns*到*nf*程序段中的F、S、T功能，即使被指定，也对粗车循环无效。

2）零件轮廓必须符合*X*轴、*Z*轴方向同时单调增大或单调减少；*X*轴、*Z*轴方向非单调变化时，*ns*到*nf*程序段中第一条指令执行时刀具必须在*X*、*Z*向同时有运动。

（2）精加工循环指令G70　由G71、G72及G73完成粗加工后，可以用G70指令进行精加工。精加工时，G71、G72及G73指令程序段中的F、S、T指令无效，只有在*ns*→*nf*程序段中的F、S、T才有效。精车时的加工余量是粗车循环时留下的精车余量，加工轨迹是工件的轮廓线。

编程格式：G70　P(*ns*)　Q(*nf*)；

其中，*ns*——精加工轮廓程序段中开始程序段的段号；

nf——精加工轮廓程序段中结束程序段的段号。

例1.14　按图1-39所示尺寸编写外圆粗、精切削循环加工程序。

N10　G50　X200　Z140　T0101；

N20　G00　G42　X120　Z10　M08；

N30　G96　S120；

```
N40  G71  U2  R0.5;
N50  G71  P60  Q120  U1  W1  F0.25;
N60  G00  X40;
N70  G01  Z-30  F0.15;
N80  X60  Z-60;
N90  Z-80;
N100  X100  Z-90;
N110  Z-110;
N120  X120  Z-130;
N130  G70  P60  Q120;
N140  G00  X125;
N150  X200  Z140;
N160  M02;
```

（3）车端面复合循环指令G72　端面粗切削循环适于 Z 向余量小，X 向余量大的棒料粗加工，如图1-40所示。

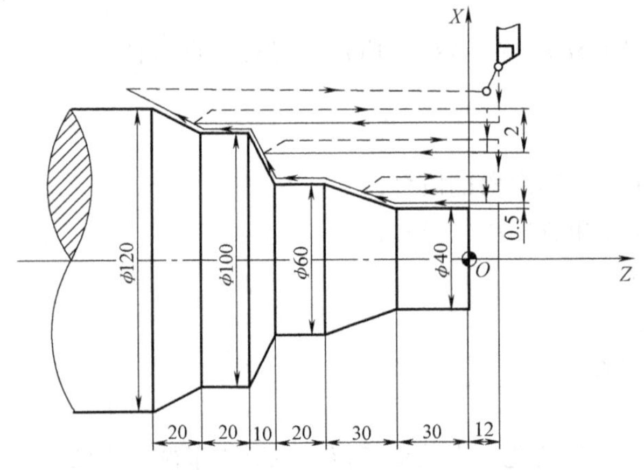

图1-39　G71、G70指令的应用

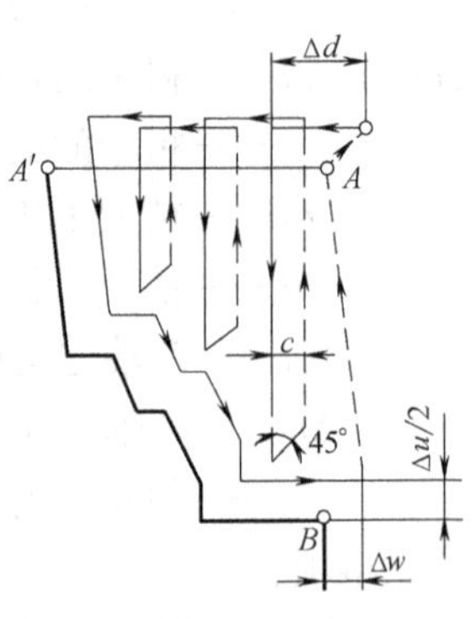

图1-40　端面粗加工切削循环

编程格式：G72　W(Δd)　R(e)；

G72　P(ns)　Q(nf)　U(Δu)　W(Δw)　F(f)　S(s)　T(t)；

其中各参数的含义与G71相同。

例1.15　按图1-41所示尺寸编写端面粗、精切削循环加工程序。

```
N10  G50  X200  Z200  T0101;
N20  M03  S800;
N30  G90  G00  G41  X176  Z2  M08;
N40  G96  S120;
N50  G72  U3  R0.5;
N60  G72  P70  Q120  U2  W0.5  F0.2;
N70  G00  X160  Z60;
```

```
N80   G01   X120   Z70   F0.15;
N90   Z80;
N100   X80   Z90;
N110   Z110;
N120   X36   Z132;
N130   G70   P70   Q120;
N140   G00   G40   X200   Z200;
N150   M30;
```

9. 数控车床加工案例——阶梯轴类零件

（1）工艺分析

1）分析零件图。图 1-42 所示是一个由外圆锥面和外圆柱面构成的轴类零件，其 ϕ50mm 外圆柱面不加工，而 ϕ46mm 外圆柱面和外圆锥面的加工精度较高，其材料为 45 钢。选择毛坯尺寸为 $\phi50\text{mm} \times 120\text{mm}$。

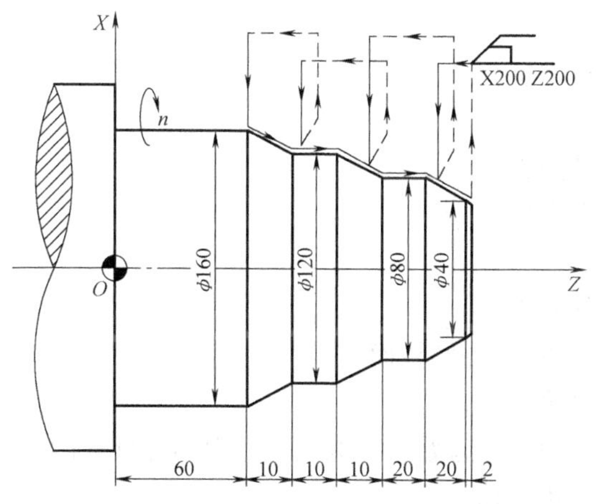

图 1-41　G72 指令的应用

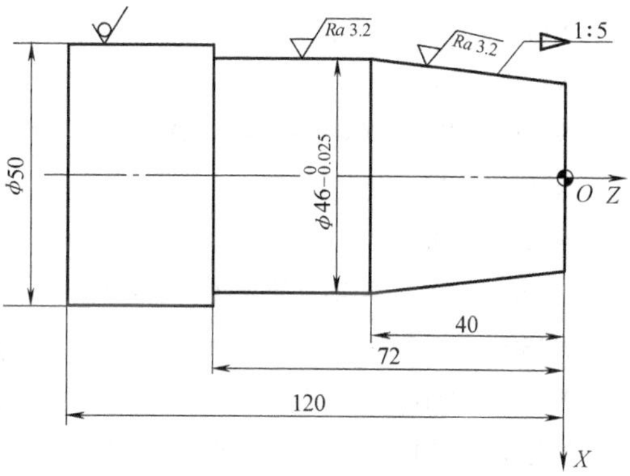

图 1-42　阶梯轴类零件图

2）确定加工方案及加工路线。以零件右端中心 O 作为原点设定工件坐标系。根据零件尺寸精度及技术要求，将粗、精加工分开来考虑，确定的加工工艺路线为：车削右端面→粗车外圆柱面为 ϕ46.5mm→粗车外圆柱台阶面为 $\phi43.5\text{mm} \times L25\text{mm}$→粗车外圆柱台阶面为 $\phi40.5\text{mm} \times L10\text{mm}$→粗车外圆锥面→精车外圆锥面→精车 ϕ46mm 外圆柱。

3）装夹零件及选择夹具。零件装夹时采用数控车床本身的标准自定心卡盘，毛坯伸出自定心卡盘外 90mm 左右，并找正夹紧。

4）选择刀具和切削用量。选择 1 号刀具为 90°硬质合金机夹偏刀，用于粗、精车削加工。采用的切削用量主要考虑加工精度要求，并兼顾提高刀具寿命、机床寿命等因素，确定主轴转速 $n = 630\text{r/min}$，进给量粗车为 $f = 0.2\text{mm/r}$，精车为 $f = 0.1\text{mm/r}$。

（2）参考程序

O2233;

N10　G50　X100　Z100;　　工件坐标系的设定

N20　S630　M03　T0101;　　主轴正转转速为 630r/min，调用 1 号刀，刀具补偿号为 1

```
N30  G00  X52  Z0;              快速点定位
N40  G01  X0  F0.2;             车削右端面
N50  G00  Z1;                   快速定位
N60  X46.5;
N70  G01  Z-72;                 粗车外圆柱面为φ46.5mm
N80  X50;                       车削台阶
N90  G00  Z1;                   快速点定位
N100  X43.5;
N110  G01  Z-25;                粗车外圆柱台阶面为φ43.5mm×L25mm
N120  X46.5;                    车削台阶
N130  G00  Z1;                  快速点定位
N140  X40.5;
N150  G01  Z-10;                粗车外圆柱台阶面为φ40.5mm×L10mm
N160  X43.5;                    车削台阶
N170  G00  Z0;                  快速点定位
N180  X38.5;
N190  G01  X46.5  Z-40;         粗车外圆锥面
N200  G00  Z0;                  快速点定位
N210  X38;
N220  G01  X46  Z-40  F0.1;     精车外圆锥面
N230  Z-72;                     精车φ46mm外圆柱面
N240  X50;                      车削台阶
N250  G00  X100  Z100  T0100    快速退回刀具起始点，取消1号刀的刀具补偿
N260  M05;                      主轴停止转动
N270  M30;                      程序结束
```

（四）数控车床的基本操作

1. 数控车床面板

以华中数控世纪星 HNC-21T 为例，图 1-43 所示为其车床面板。

（1）NC 键盘 NC 键盘包括精简型 MDI 键盘和 F1 ~ F10 功能键。标准化的数字式 MDI 键盘介于显示器和“急停”按钮之间，其中的大部分键具有上档功能，且当“Upper”键有效时（指示灯亮），输入的是上档键。NC 键盘用于零件程序的编制、参数输入、MDI 及系统管理操作等。F1 ~ F10 十个功能位于显示器的正下方。

（2）机床控制面板 MCP 标准机床控制面板的大部分键（除“急停”按钮外）位于操作台的下面。“急停”按钮位于操作台的右上角。

（3）软件操作界面 HNC-21T 的软件操作界面如图 1-44 所示，其界面由如下几部分组成：

1）图形显示窗口可根据需要调整。

2）菜单命令条，通过其中的功能键 F1 ~ F10 来完成系统功能的操作。

3）运行程序索引，其包括自动加工中的程序名和当前程序段号。

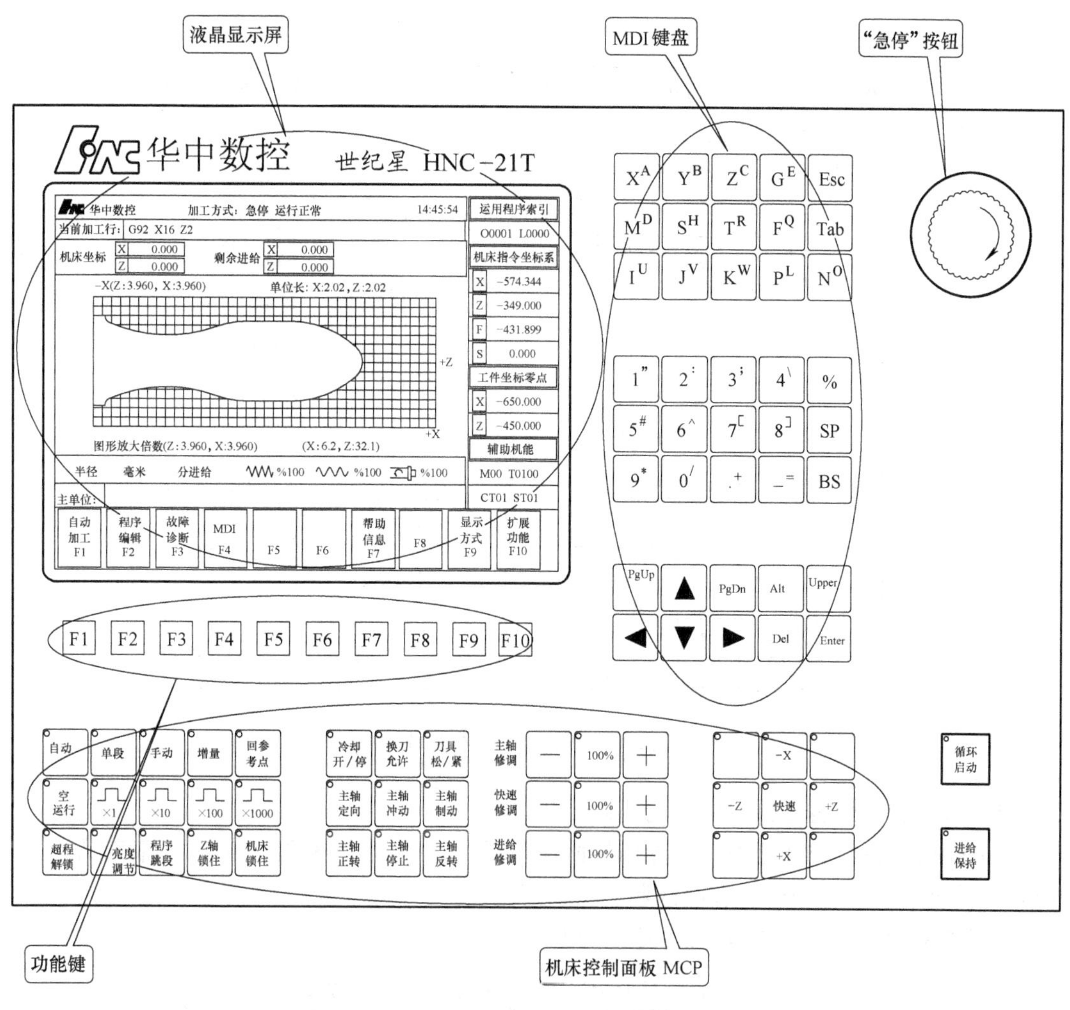

图 1-43 华中世纪星 HNC-21T 数控车床面板

4）选定坐标系下的坐标值。

① 坐标系可在机床坐标系/工件坐标系/相对坐标系之间切换。

② 显示值可在指令位置/实际位置/剩余位置/跟踪误差/补偿值之间切换。

5）工件坐标零点←是指工件坐标系零点在机床坐标系下的坐标。

6）辅助机能←是指自动加工中的 M、S、T 代码。

7）当前加工程序←是指当前正在或将要加工的程序段。

8）当前加工方式、系统运行状态及当前时间分别如下所述。

工作方式：系统工作方式根据机床控制面板上相应按键的状态可在自动（运行）、手动（运行）、增量（运行）、回零、急停、复位等之间切换。

运行状态：系统工作状态在“运行正常”和“出错”间切换。

系统时钟：其指当前系统时间。

9）机床坐标、剩余进给分别如下所述。

机床坐标：刀具当前位置在机床坐标系下的坐标。

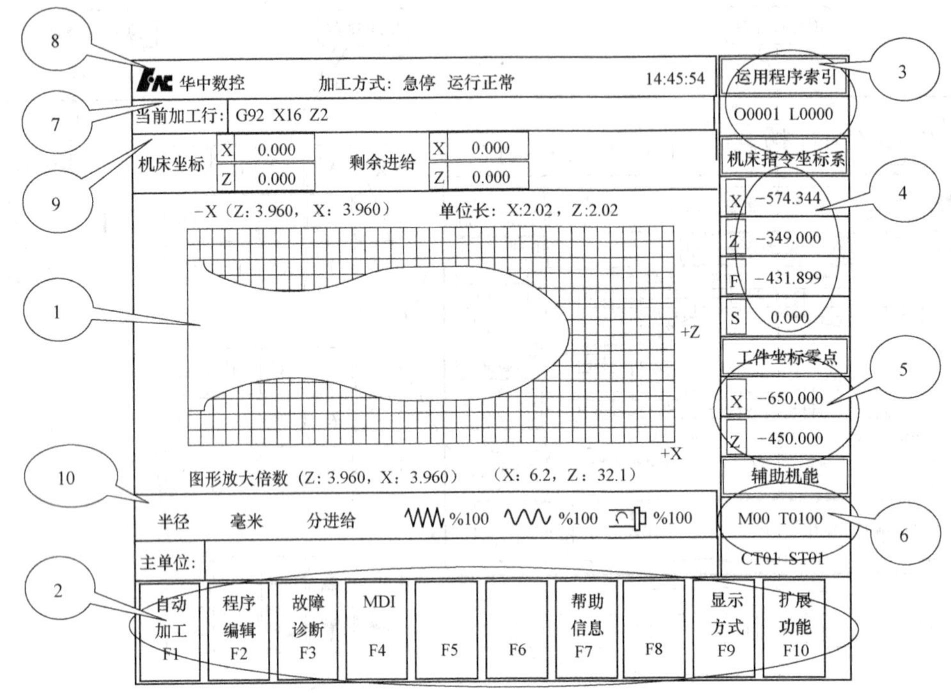

图1-44 HNC-21T的软件操作界面

剩余进给：当前程序段的终点与实际位置之差。

10）除以上各组成部分外，其操作界面还包括：直径/半径编程、米制/英制编程、每分进给/每转进给、快速修调、进给修调、主轴修调。

2. 机床操作面板的各按键及功能（表1-6）

表1-6 华中世纪星HNC-21T机床操作面板的各按键及功能

名 称	功能说明
“急停”按钮	用于锁住机床。按下“急停”按钮时，机床立即停止运动。“急停”按钮抬起后，该按钮下方有阴影，如图a所示；“急停”按钮按下时，该按钮下方没有阴影，如图b所示 a b
循环启动/进给保持 循环启动 进给保持	在自动和MDI运行方式下，用来启动和暂停程序
方式选择键 自动 单段 手动 增量 回参考点	用来选择系统的运行方式 自动：按下该键，进入自动运行方式 单段：按下该键，进入单段运行方式 手动：按下该键，进入手动连续进给运行方式 增量：按下该键，进入增量运行方式

（续）

名　称	功能说明
方式选择键 自动 单段 手动 增量 回参考点	回参考点：按下该键，进入返回机床参考点运行方式 方式选择键互锁，当按下其中一个时（该键左上方的指示灯亮），其余各键失效（指示灯灭）
进给轴和方向选择开关 -X -Z 快速 +Z +X	在手动连续进给、增量进给和返回机床参考点运行方式下，用来选择机床欲移动的轴和方向。其中，快速为快进开关。当按下该键后，该键左上方的指示灯亮，表明快进功能开启。再按一下该键，指示灯灭，表明快进功能关闭
主轴修调 主轴修调 − 100% +	在自动或MDI方式下，当S代码的主轴速度偏高或偏低时，可用“主轴修调”右侧的100%和+、−键，修调程序中编制的主轴速度。按100%（指示灯亮），主轴修调倍率被置为100%；按一下+，主轴修调倍率递增5%；按一下−，主轴修调倍率递减5%
快速修调 快速修调 − 100% +	自动或MDI方式下，可用“快速修调”右侧的100%和+、−键，修调G00快速移动时系统参数“最高快速度”设置的速度。按100%（指示灯亮），快速修调倍率被置为100%；按一下+，快速修调倍率递增10%；按一下−，快速修调倍率递减10%
进给修调 进给修调 − 100% +	自动或MDI方式下，当F代码的进给速度偏高或偏低时，可用“进给修调”右侧的100%和+、−键，修调程序中编制的进给速度。按100%（指示灯亮），进给修调倍率被置为100%；按一下+，主轴修调倍率递增10%；按一下−，主轴修调倍率递减10%
增量值选择键 ×1 ×10 ×100 ×1000	在增量运行方式下，用来选择增量进给的增量值 ×1为0.001mm ×10为0.01mm ×100为0.1mm ×1000为1mm 各键互锁，当按下其中一个时（该键左上方的指示灯亮），其余各键失效（指示灯灭）

（续）

名　称	功能说明
主轴旋转键 主轴正转 主轴停止 主轴反转	用来开动和关闭主轴 主轴正转：按下该键，主轴正转 主轴停止：按下该键，主轴停转 主轴反转：按下该键，主轴反转
超程解锁 超程解锁	当机床运动到达行程极限时，会出现超程，系统会发出警告音，同时紧急停止。要退出超程状态，可按下超程解锁键（指示灯亮），再按与刚才相反方向的坐标轴键
空运行 空运行	在自动方式下，按下该键（指示灯亮），程序中编制的进给速率被忽略，坐标轴以最大快移速度移动
换刀允许键 换刀允许	在手动方式下，刀架转位
程序跳段 程序跳段	自动加工时，系统可跳过某些指定的程序段。如在某程序段首加上"/"，且面板上按下该开关，则在自动加工时，该程序段被跳过不执行；而当释放此开关时，"/"不起作用，该段程序被执行
机床锁住 机床锁住	用来禁止机床坐标轴移动。显示屏上的坐标轴仍会发生变化，但机床停止不动

四、任务实施

1. 工艺分析

（1）图样分析　该工件采用 $\phi30\text{mm}\times80\text{mm}$ 的棒料毛坯，材料为45钢，外轮廓均需加工，有公差及表面粗糙度要求。

（2）工艺方案的制订

1）确定加工方案。该零件的加工工艺可按车端面→粗车外圆→精车外圆进行。

2）确定装夹方案。根据毛坯形状，使用自定心卡盘装夹。

3）选择刀具。选择1号刀具为90°硬质合金机夹偏刀，用于粗、精车削加工。

4）选择切削用量。采用的切削用量主要考虑加工精度要求并兼顾提高刀具寿命、机床寿命等因素，确定主轴转速 $n=630\text{r/min}$，进给量粗车为 $f=0.2\text{mm/r}$，精车为 $f=0.1\text{mm/r}$。

注意，安装刀具时，刀具的刀尖一定要和零件旋转中心等高，否则在车削零件的端面时将在零件端面中心产生小凸台，或损坏刀尖。

2. 数值计算

本任务的数学计算主要用到锥度的计算，计算过程如下：

由计算公式

$$C=(D-d)/L$$

式中 D——圆锥大端直径（mm）；

d——圆锥小端直径（mm）；

L——圆锥长度（mm）；

C——锥度。

已知 $D=22\text{mm}$，$C=1:4=0.25$，$L=20\text{mm}$，则 $d=D-C\times L=22\text{mm}-0.25\times 20\text{mm}=17\text{mm}$，其余尺寸仅需将图示坐标换成基点坐标即可。

3. 参考程序

```
O0008;
N10  G54  G21  G40  G98;
N15  T0101;
N20  G00  G42  X30  Z5  M08;
N30  G96  S630;
N40  G71  U2  R0.5;
N50  G71  P60  Q120  U1  W0.5  F0.2;
N60  G00  X5  Z1;
N70  G01  X10  Z-1.5  F0.1;
N80  Z-15;
N90  X17 ;
N95  X22  Z-35;
N100  Z-50;
N105  X25;
N110  X28  Z-51.5;
N120  Z-60;
N130  G70  P60  Q120;
N140  G00  X35;
N150  X100  Z100;
N160  M02 ;
```

4. 数控加工

1）打开机床和数控系统。

2）接通电源，释放“急停”按钮，机床回零点。

3）安装工件。

4）安装刀具。

5）输入程序（加载和修改）。

6）建立工件坐标系（对刀调整）。在实际加工中，可以使用试切法确定每一把刀具起始点的坐标值，结合测量视图进行计算，然后将值输入系统。

7）程序仿真校验。

8）数控加工。在开始加工前检查倍率和主轴转速按钮，然后开启“循环启动”按钮，机床开始自动加工。

9）测量工件。

5. 学习评价

本次任务的学习评价内容见表1-7。

表1-7 阶梯轴类零件的数控车削编程及加工任务评价表

工件编号		技术要求	配分	总得分		
项目与权重	序号			评分标准	检测记录	得分
加工操作（30%）	1	尺寸精度符合要求	10	不合格每处扣2分		
	2	形位精度符合要求	5	不合格每处扣2分		
	3	表面粗糙度符合要求	15	不合格每处扣2分		
程序与工艺（35%）	4	程序格式规范	5	不规范每处扣2分		
	5	工艺过程规范合理	15	不合理每处扣5分		
	6	切削用量参数正确	10	不正确每处扣5分		
	7	程序正确完整	5	不完整全扣		
机床操作（20%）	8	刀具的选择与安装正确	5	不正确每次扣2分		
	9	对刀及坐标系设定正确	5	不正确每次扣2分		
	10	机床操作规范	5	不规范每次扣2分		
	11	工件加工不出错	5	出错全扣		
文明生产（15%）	12	安全操作	10	出错全扣		
	13	工作场所整理	5	不合格全扣		

五、训练

1.1 数控机床与普通机床加工的过程有什么区别？

1.2 手工编程和自动编程的区别以及适用场合分别是什么？

1.3 数控机床常用的程序输入方法有哪些？

1.4 简要说明数控机床坐标轴的确定原则。

1.5 数控机床加工程序的编制步骤包括哪些？

1.6 数控车床、数控铣床的机械原点和参考点之间的关系如何？

1.7 试画出表示数控机床各坐标系原点及参考点的图形符号。

1.8 绝对值编程和增量值编程有什么区别？

1.9 M00、M01、M02、M30都可以停止程序运行，它们有什么区别？

1.10 G00和G01都是从一点移到另一点，它们有什么不同？各适用于什么场合？

1.11 简述刀具补偿的作用，数控车床的刀具补偿参数有哪些？

1.12 什么是固定循环，其作用是什么？常用的固定循环有哪些？

1.13 什么叫恒线速车削？采用恒线速车削时应特别注意什么？

1.14 什么是数控车床的半径编程和直径编程？

1.15 数控车削的主要加工对象有哪些？

1.16 在数控车床上加工零件时，分析零件图样主要考虑哪些方面？

1.17 如何确定数控车削的加工顺序？

1.18 数控加工工艺与传统加工工艺相比有哪些特点？

1.19　数控编程开始前，进行工艺分析的目的是什么？

1.20　如何从经济观点出发来分析何种零件适于在数控机床上加工？

1.21　试标出如图 1-45 所示各机床的坐标系。

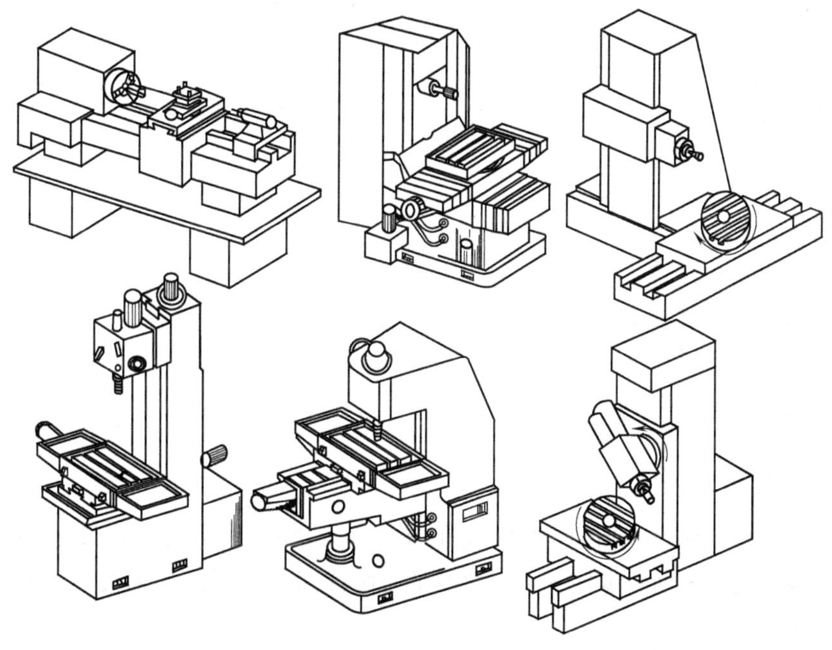

图 1-45　题图 1

1.22　选择加工如图 1-46、图 1-47 所示零件所需刀具，编制数控加工程序。

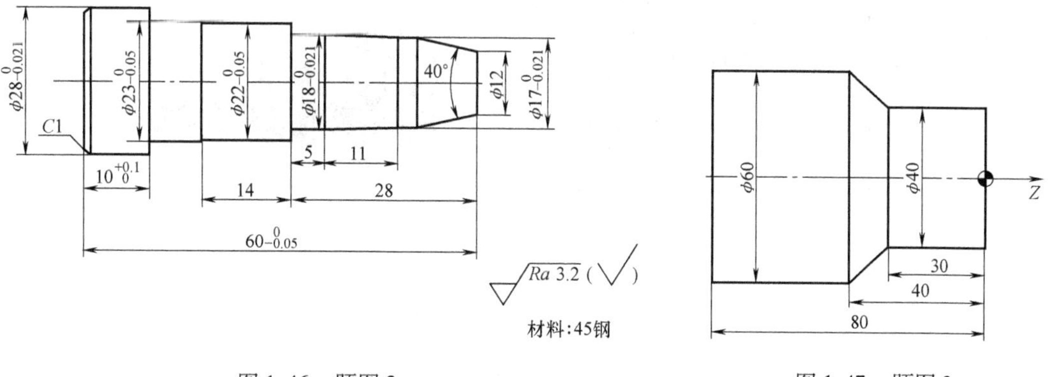

图 1-46　题图 2　　图 1-47　题图 3

任务2　成形曲面轴类零件的数控编程及加工

学习目标

1. 掌握成形曲面轴类零件的加工工艺
2. 能进行刀具的选择及切削用量的确定
3. 掌握圆弧加工指令
4. 掌握数控车床圆弧面的加工方法
5. 知道圆弧节点的计算方法
6. 掌握成形曲面轴类零件的数控编程及加工

一、任务引入

编写图2-1所示成形曲面轴类零件的数控加工工艺文件和数控程序，并在数控车床上进行加工，已知材料为45钢。本任务主要学习带有圆弧面的成形曲面轴类零件的数控车削加工工艺和程序编制。

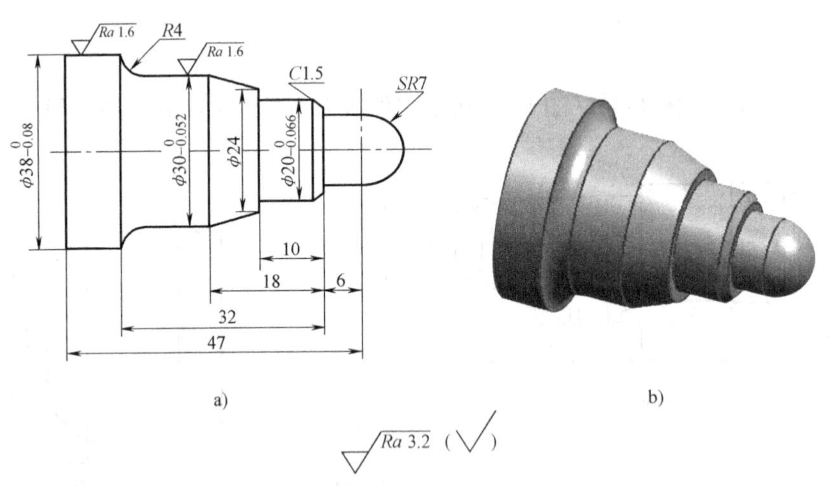

图2-1　成形曲面轴类零件
a）零件图　b）立体图

二、任务分析

本任务主要涉及圆弧面的数控车削方法，G02、G03、G73指令的格式及应用，圆弧加工刀具与切削用量的选择，圆弧加工方法等相关内容。要完成该工作任务，需掌握车圆弧的加工工艺和成形曲面轴类零件的数控编程等相关知识。

三、相关知识介绍

（一）车圆弧的加工工艺

1. 车圆弧的加工路线分析

应用 G02/G03 指令车圆弧，若用一刀就把圆弧加工出来，吃刀量太大，容易打刀。因此，实际车圆弧时需要多刀加工，先将大部分余量切除，最后才车得所需圆弧。图 2-2 所示为车圆弧的阶梯切削路线，即先粗车成阶梯，最后一刀精车出圆弧。此方法在确定了每刀的背吃刀量 a_p 后，须精确计算出粗车的终刀距 S，即求圆弧与直线的交点。此方法刀具切削运动距离较短，但数值计算较烦琐。

图 2-3 所示为车圆弧的同心圆弧切削路线，即用不同的半径圆来车削，最后将所需圆弧加工出来。此方法在确定了每次的背吃刀量 a_p 后，对 90°圆弧的起点、终点坐标较易确定（图 2-3a），数值计算简单，编程方便，常被采用；但按图 2-3b 所示的加工路线加工时，空行程时间较长。

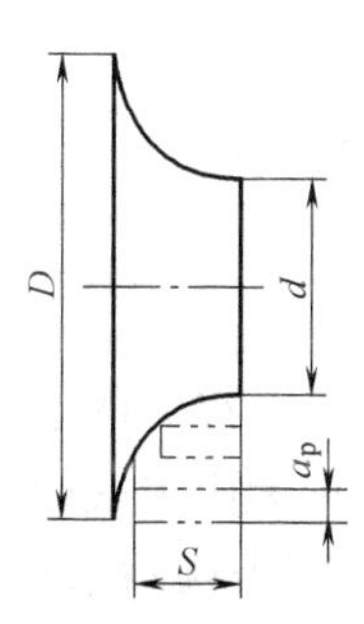

图 2-2　车圆弧

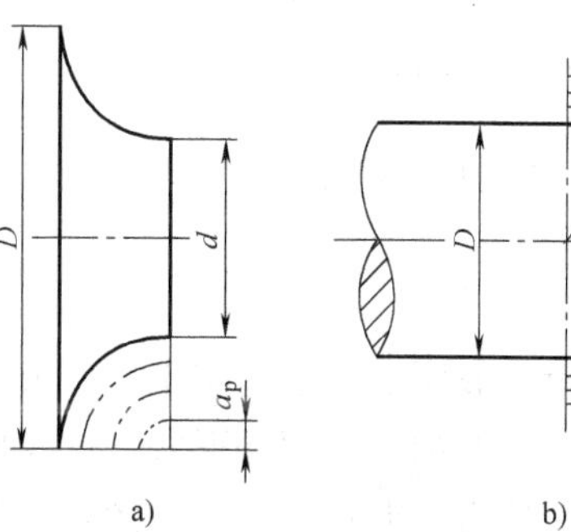

图 2-3　车同心圆弧

图 2-4 为车圆弧的车锥法切削路线，即先车一个圆锥，再车圆弧。但要注意车圆锥时起点和终点的确定，若确定不好，则可能损坏圆锥表面，也可能将余量留得过大。确定方法如图 2-4 所示，连接 OC 交圆弧于 D，过 D 点作圆弧的切线 AB。

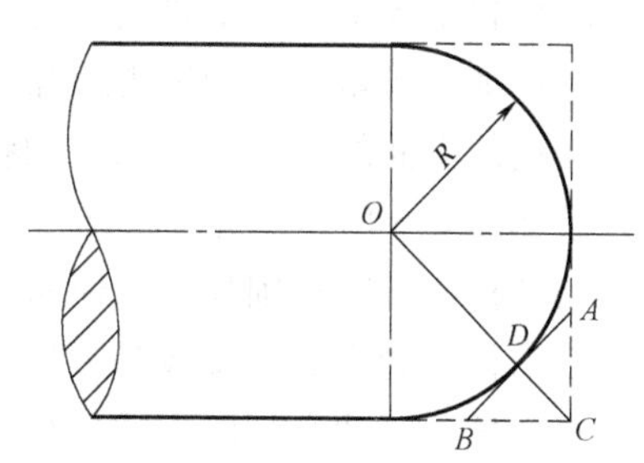

图 2-4　车锥法加工圆弧

以上几种方法主要针对不具备轮廓粗车功能的简易型数控车床，可通过使用 G00、G01、G02、G03 等指令完成。对具有轮廓粗车循环功能的数控机床，可直接使用轮廓粗车循环功能完成，程序简洁且不易出错，如 FANUC 中的 G70、G71、G73 等指令。

2. 数控车床的通用夹具

（1）圆周定位夹具

1）自定心卡盘如图 2-5 所示。自定心卡盘最大的优点是可以自动定心，夹持范围大，但定心精度不高，不适合于零件同轴度要求高时的二次装夹。

常见的自定心卡盘有机械式和液压式两种。液压卡盘装夹迅速、方便，但夹持范围小，尺寸变化大时需重新调整卡爪位置。数控车床经常采用液压卡盘，这是由于液压卡盘特别适合于批量加工。

2）软爪如图 2-6 所示。软爪的定心精度较高，当加工同轴度要求较高的工件，或者进行工件的二次装夹时，常使用软爪。常用的软爪有机械式和液压式两种。

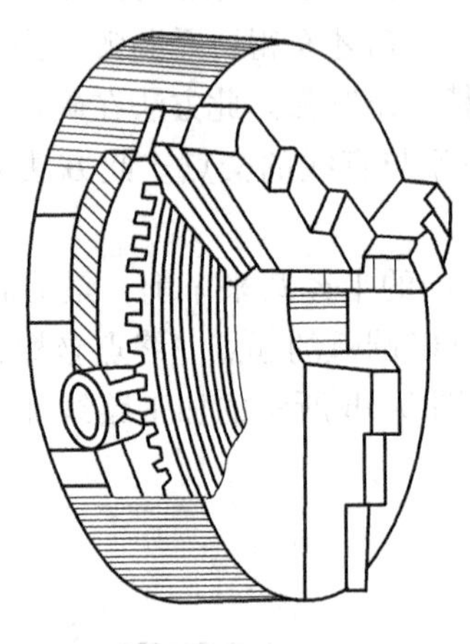

图 2-5 自定心卡盘

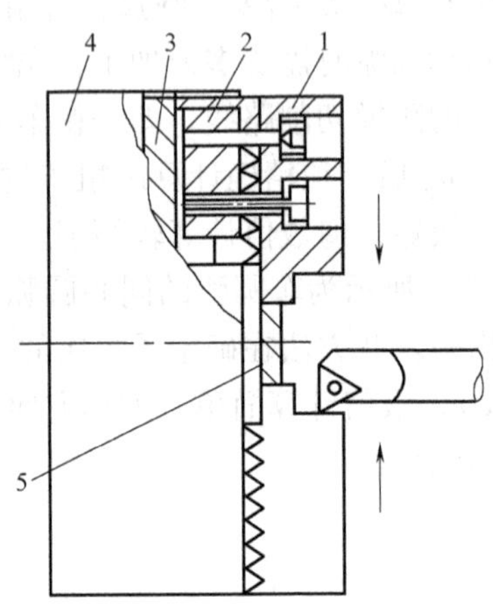

图 2-6 软爪
1—软爪 2—T 形螺母 3—卡爪座
4—卡盘体 5—支撑板

数控车床一般用液压卡盘来夹持工件。液压卡盘通常都配备有未经淬火的卡爪，即所谓的软爪。软爪分为内夹和外夹两种形式，卡盘闭合时夹紧工件的软爪为内夹式软爪，卡盘张开时撑紧工件的软爪为外夹式软爪。如图 2-6 所示，软爪 1 是以端面齿槽与卡爪座 3 定位，通过螺钉和卡爪座中的 T 形螺母，固定在卡爪座 3 上。液压卡盘工作时，软爪在卡爪座的带动下，作闭合或张开运动，将工件夹紧或松开。夹持不同的工件时，通过改变软爪在卡爪座上的位置来改变液压卡盘的夹持尺寸。

在加工批量较大的轴类或盘类零件时，为防止破坏工件的已加工表面，保证工件被夹持面和被加工面的同轴度要求，须将液压卡盘软爪的夹持面车削一下。车削内夹式软爪的传统方法如图 2-6 所示，先在液压卡盘软爪内侧夹持一个圆形支撑板 5 来支撑软爪，然后再对软爪的夹持面进行车削加工，使软爪夹持面直径尺寸与工件被夹持部位直径尺寸大致相等。为使软爪行程的中央部位成为夹持工件的位置，车削夹持尺寸不同的软爪就要用不同直径尺寸的支撑板，因此车削内夹式软爪前，需要事先准备多种不同尺寸规格的支撑板。

3）卡盘加顶尖。在车削质量较大且较长的工件时，可采用一端用卡盘夹持，另一端用后顶尖支承的装夹方式。为了防止工件由于切削力的作用而产生轴向位移，必须在卡盘内装一个限位支撑，或者利用工件的台阶面进行限位，如图 2-7 所示。此种装夹方法比较安全可靠，能够承受较大的轴向切削力，安装刚性好，轴向定位准确，在数控车削加工中应用较多。

4）心轴和弹簧心轴。当用工件上已加工过的孔作为定位基准时，可用心轴装夹。这种装夹方法可以保证工件内、外圆表面的同轴度，适用于批量生产。心轴的种类很多，常见的有圆柱心轴和小锥度心轴，这类心轴的定心精度不高。弹簧心轴（又称胀心心轴），既能定

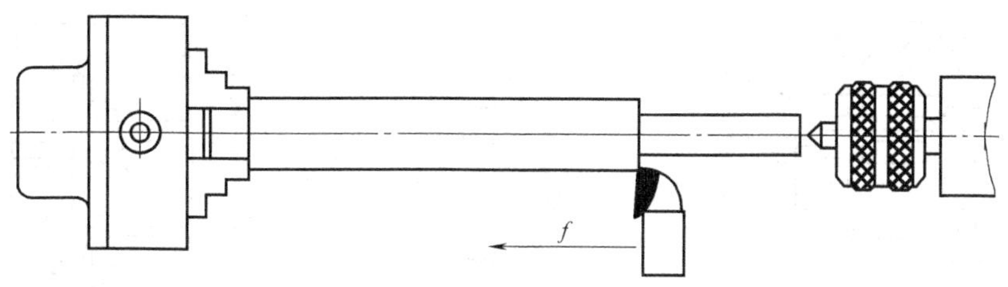

图 2-7　卡盘加顶尖

心，又能夹紧，是一种定心夹紧装置。图 2-8a 所示是直式弹簧心轴，其最大的特点是直径方向上膨胀量较大，可达 1.5～5mm。图 2-8b 所示是台阶式弹簧心轴，其膨胀量为 1.0～2.0mm。

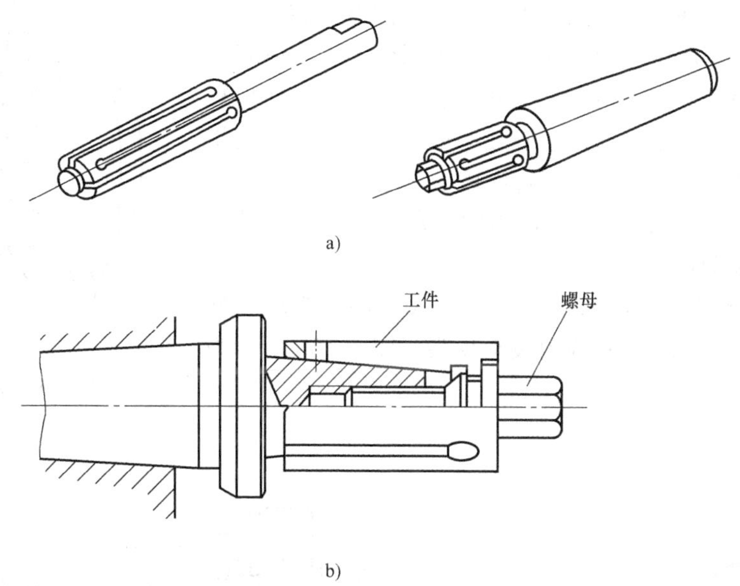

图 2-8　心轴和弹簧心轴
a）直式弹簧心轴　b）台阶式弹簧心轴

5）弹簧夹套。弹簧夹套定心精度高，装夹工件快捷方便，常用于精加工的外圆表面定位，特别适用于尺寸精度较高、表面质量较好的冷拔圆棒料的夹持。它夹持工件的内孔是规定的标准系列，并非任意直径的工件都可以夹持。图 2-9a 所示是拉式弹簧夹套，图 2-9b 所示是推式弹簧夹套。

6）单动卡盘。单动卡盘（图 2-10）适合加工精度要求不高、偏心距较小、零件长度较小的工件。单动卡盘的四个卡爪是可以各自独立移动的，通过调整工件夹持部位在车床主轴上的位置，使工件加工表面的回转中心与车床主轴的回转中心重合。但单动卡盘找正烦琐费时，一般用于单件小批生产。单动卡盘的卡爪有正爪和反爪两种形式。

（2）中心孔定位夹具

1）两顶尖拨盘如图 2-11 所示，其定位的优点是定心正确可靠，安装方便，主要用于精度要求较高的零件加工。顶尖作用是进行工件的定心，并承受工件的重量和切削力，顶尖分

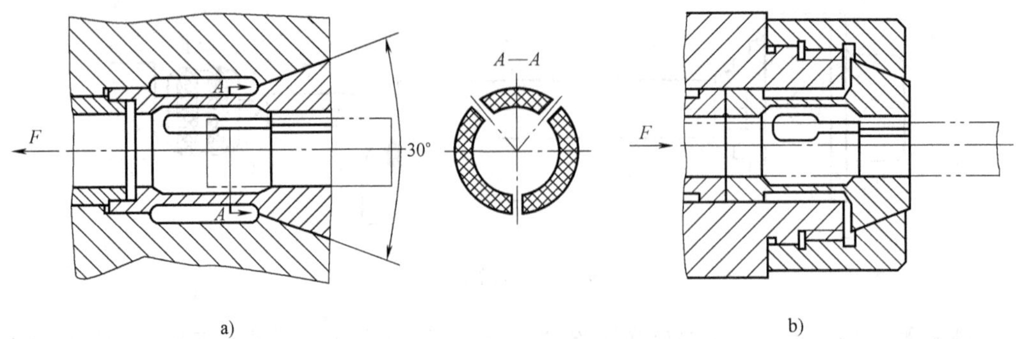

图 2-9 弹簧夹套
a）拉式弹簧夹套 b）推式弹簧夹套

前顶尖和后顶尖。使用两顶尖装夹工件时应注意：前、后顶尖的连线应该与车床主轴中心线同轴，否则会产生不应有的锥度误差；尾座套筒在不与车刀干涉的前提下，尽量伸出短些，以增加刚性和减小振动；中心孔的形状应正确，表面粗糙度应较好；两顶尖中心孔的配合应该松紧适当。

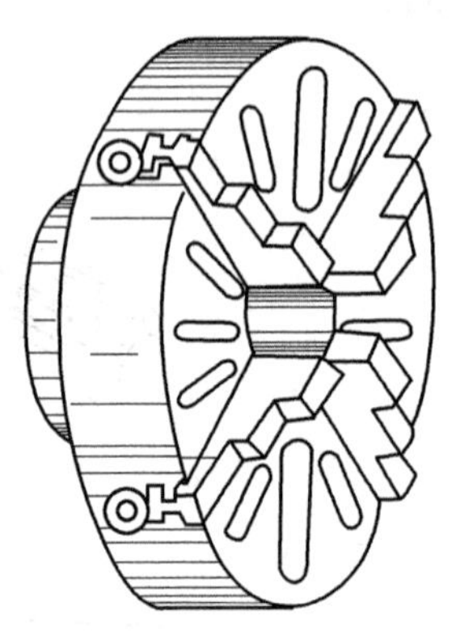

图 2-10 单动卡盘

2）拨动顶尖。车削加工中常用的拨动顶尖有内、外拨动顶尖和端面拨动顶尖两种。

① 内、外拨动顶尖锥面带齿，能嵌入工件，拨动工件旋转。其中，图 2-12a 所示为内拨动顶尖，图 2-12b 所示为外拨动顶尖。

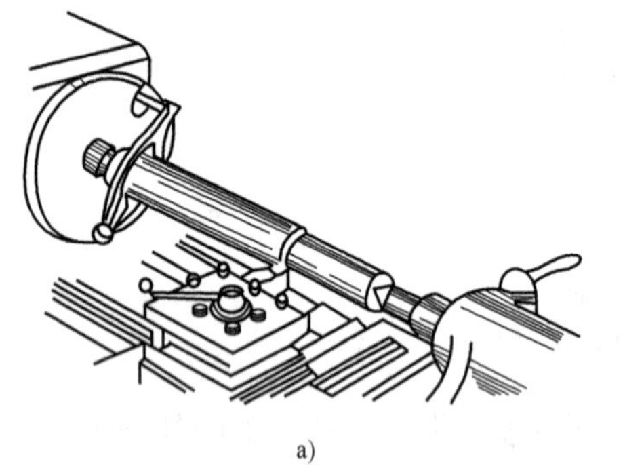

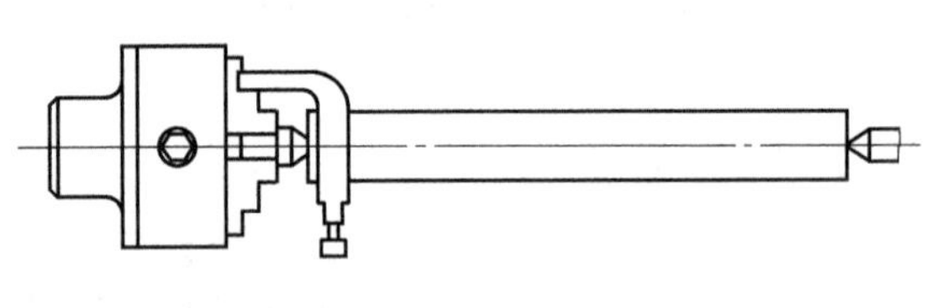

图 2-11 两顶尖拨盘
a）装夹立体图 b）平面图

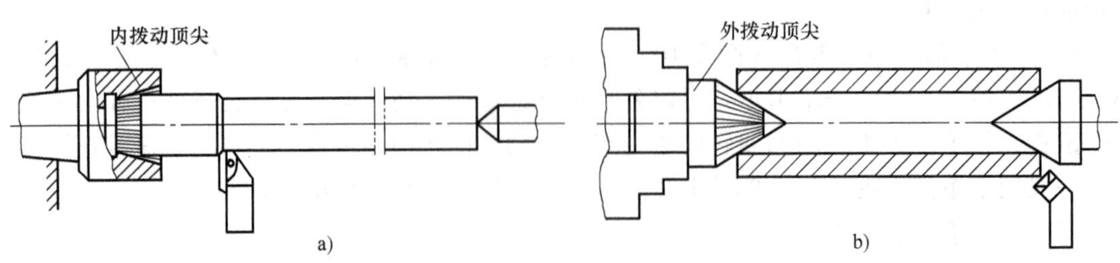

图 2-12 内、外拨动顶尖
a）内拨动顶尖 b）外拨动顶尖

② 端面拨动顶尖（图 2-13）用端面拨爪带动工件旋转，适合装夹工件的直径为 ϕ50mm ~150mm。

（3）其他车削工装夹具

1）花盘装夹如图 2-14 所示。被加工零件回转表面的轴线与基准面相垂直，且表面外形复杂的零件可以装夹在花盘上加工，图 2-14 所示是用花盘装夹双孔连杆的方法。

2）角铁装夹工件如图 2-15 所示。被加工零件回转表面的轴线与基准面相平行，且表面外形复杂的零件可以装夹在角铁上加工，图 2-15 所示为角铁的安装方法。

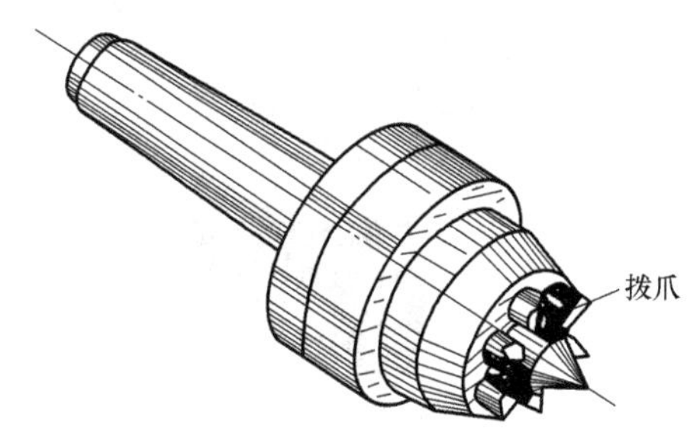

图 2-13 端面拨动顶尖

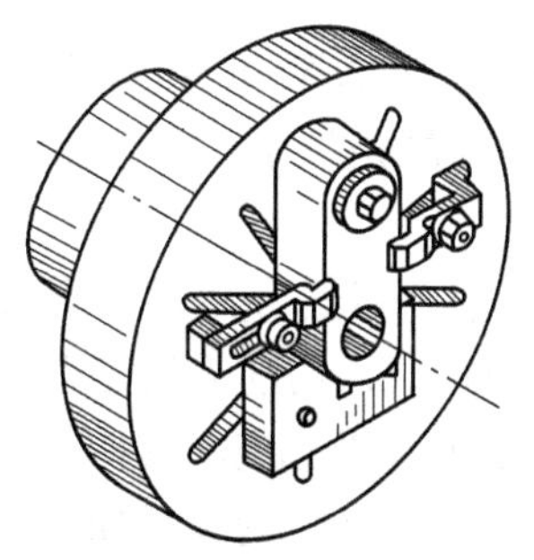
图 2-14 在花盘上装夹双孔连杆

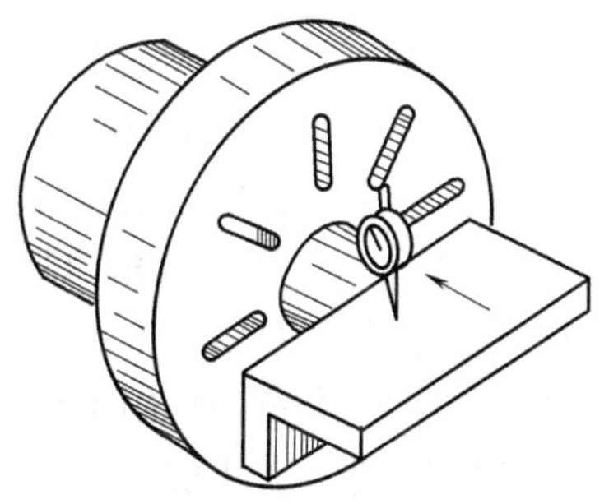
图 2-15 角铁的安装方法

3. 数控可转位车刀的选用

（1）可转位刀具的组成 可转位刀具一般由刀片、刀垫、夹紧元件和刀体组成，如图 2-16所示，其中各部分的作用如下：

1）刀片承担切削作用，形成被加工表面。刀片每边都有切削刃，当某切削刃磨损钝化后，只需松开夹紧元件，将刀片转一个位置便可继续使用。

2）刀垫保护刀体，确定刀片（切削刃）的位置。

3）夹紧元件用来夹紧刀片和刀垫。

4）刀体及（或）刀垫的载体承担和传递切削力及切削转矩，完成刀片与机床的联接。

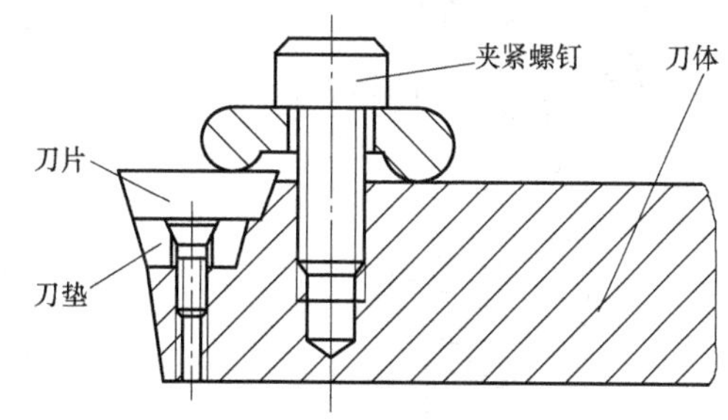

图 2-16 刀具的组成

（2）可转位刀片的夹紧 刀片夹紧方式有楔块上压式、杠杆式、螺钉上压式等，如图 2-17 所示。可转位刀片的夹紧要求：夹紧可靠，不允许刀片松动和移动；定位准确，确保定位精度和重复定位精度；排屑流畅，有足够的排屑空间；结构简单，操作方便，制造成本低；转位动作快，换刀时间短。

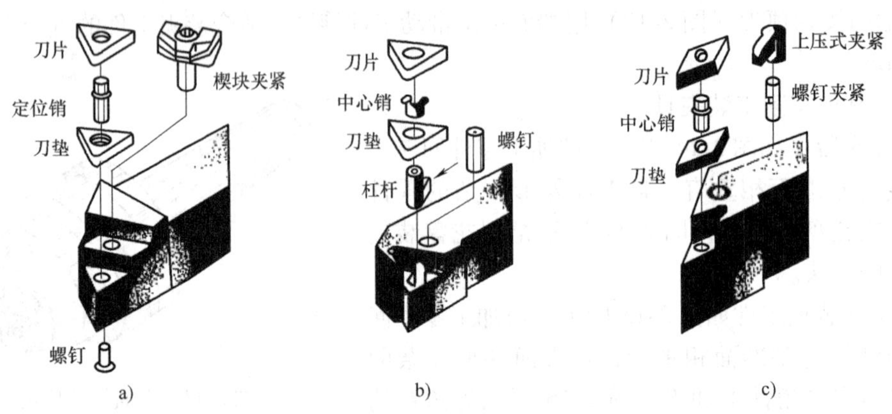

图 2-17 刀片夹紧方式
a）楔块上压式夹紧 b）杠杆式夹紧 c）螺钉上压式夹紧

（3）刀片形状的选择 一般外圆车削常用 80°凸三角形、四方形和 80°菱形刀片；仿形加工常用 55°、35°菱形和圆形刀片；在机床刚性、功率允许的条件下，大余量、粗加工应选择刀尖角较大的刀片，反之选择刀尖角较小的刀片。

（4）刀具前角的作用 前角对切削力、切屑排出、切削、刀具寿命影响都很大。前角大，切削刃锋利，前角每增加 1°，切削功率减少 1%。正前角大，切削刃强度下降；负前角过大，切削力增加。大负前角用于切削硬材料，切削刃强度大，以适应断续切削、切削带黑皮表面层的加工条件；大正前角用于切削软质材料。切屑排出与前角的关系如图 2-18 所示。

（5）刀具后角的作用 后角使刀具与工件之间有间隙，其大小与后刀面磨损有很大关系。后角大，后刀面磨损小，刀尖强度下降。小后角用于切削硬材料，切削刃强度高；大后角用于切削软材料及易加工硬化的材料。后角大小与后刀面磨损的关系如图 2-19 所示。

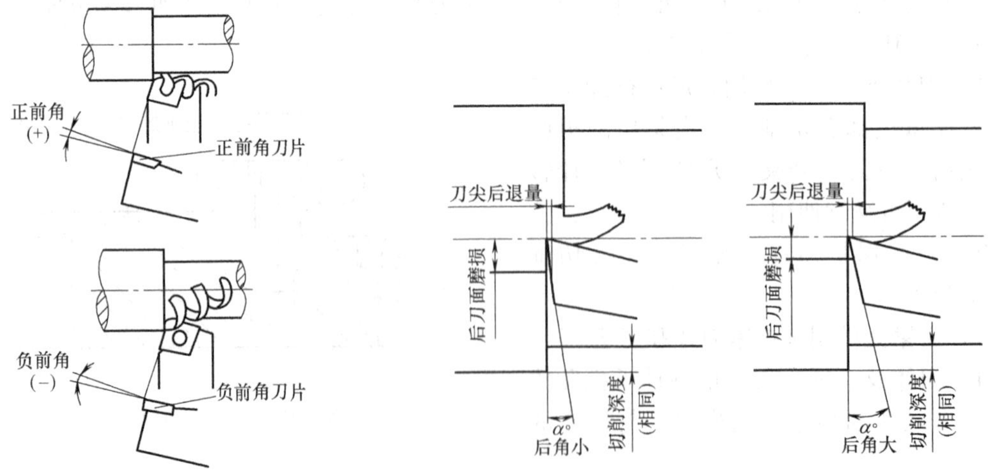

图 2-18 切屑排出与前角的关系

图 2-19 后角大小与后刀面磨损的关系

（6）主偏角的作用 主偏角对缓和冲击力及对进给力、背向力、切削层公称厚度都有影响（图 2-20）。进给量相同时，主偏角小，刀片与切屑接触的长度增加，切削层公称厚度变薄，使切削力分散作用在长的切削刃上，刀具寿命得以提高。主偏角变小时，切削分力 f'（图 2-21）也随之增加，加工细长轴时，易发生挠曲；主偏角变小，切屑处力学性能变差，切削层公称厚度变薄，切削层公称宽度增加，将使切屑难以碎断。大主偏角用于背吃刀量小的精加工，可切削细而长的工件。小主偏角用于工件硬度高、切削温度高时大直径零件的粗加工。

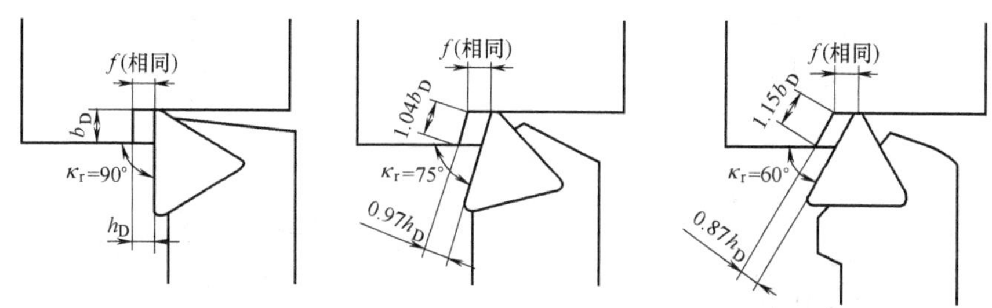

图 2-20　主偏角与切削层公称厚度的关系

b_D—切削宽度　f—进给量　h_D—切削层公称厚度　κ_r—主偏角

（7）副偏角的作用　副偏角具有减少已加工表面与刀具摩擦的作用，一般为 5°～15°，如图 2-22 所示。副偏角变小时，切削刃强度增加，但刀尖易发热。同时，副偏角小，背向力增加，切削时易产生振动。因此，粗加工时副偏角宜小些，而精加工时副偏角则宜大些。

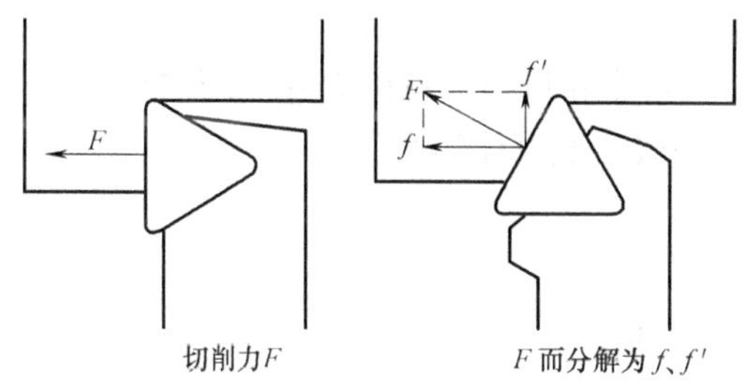

图 2-21　切削力示意图

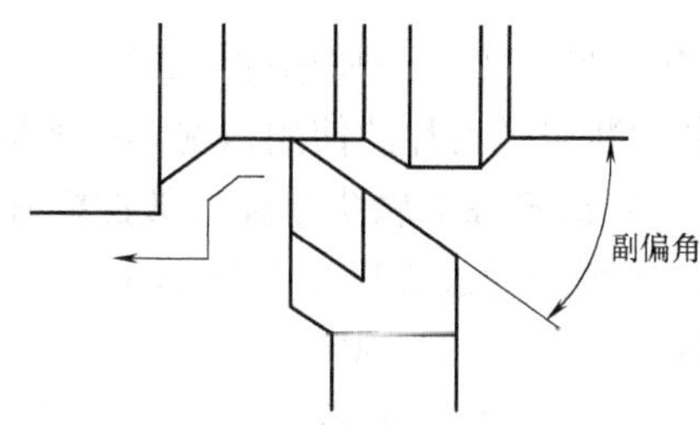

图 2-22　刀具副偏角

（8）刃倾角的作用　刃倾角是前面倾斜的角度（图 2-23）。重切削时，切削开始点的刀尖上要承受很大的冲击力，为防止刀尖受此力而发生脆性损伤，故需有刃倾角，推荐车削时为 3°～5°。刃倾角为负时，切屑流向工件；刃倾角为正时，切屑反向排出。此外，刃倾角为负时，切削刃强度增大，但切削背向力也增加，易产生振动。

（9）刀尖圆弧半径的作用　刀尖圆弧半径对刀尖的强度及加工表面粗糙度影响很大（图 2-24），一般选进给量的 2～3 倍。刀尖圆弧半径大，表面粗糙度值下降，切削刃强度增加，刀具前、后面磨损减小。刀尖圆弧半径过大，切削力增加，易产生

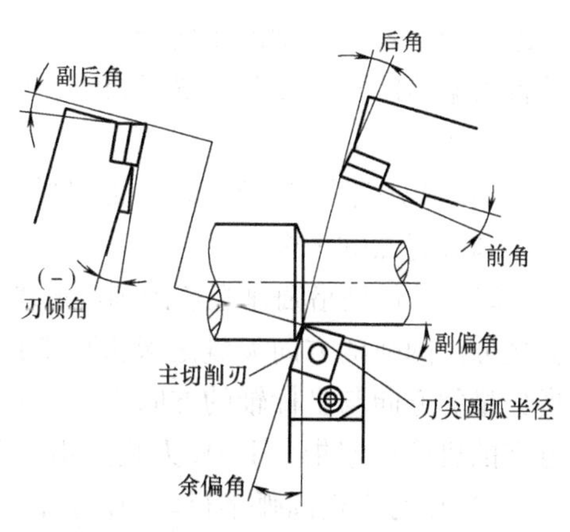

图 2-23　刀具刃倾角

振动，切屑处理性能恶化。小刀尖圆弧半径可用于背吃刀量小的精加工及细长轴的加工。大刀尖圆弧半径可用于需要切削刃强度高的黑皮切削、断续切削、大直径工件的粗加工，同时要求机床刚性要好。

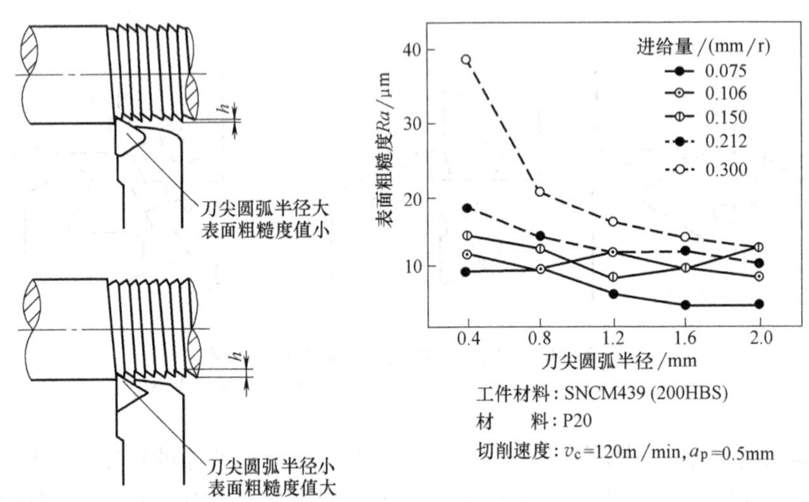

图 2-24　刀尖圆弧半径与表面粗糙度

（10）断屑槽　断屑槽的参数直接影响到切屑的卷曲和折断，目前刀片的断屑槽形式较多，各种断屑槽刀片的使用情况不尽相同，选用时一般参照具体的产品样本。

（二）成形曲面轴类零件的数控编程

1. 圆弧面的加工指令 G02 和 G03

编程格式：G02/G03　X(U)__　Z(W)__　I__　K__　F__;

G02/G03　X(U)__　Z(W)__　R__　F__;

圆弧插补指令使刀具在指定平面内按给定的进给速度做圆弧运动，切削出母线为圆弧曲线的回转体。顺时针圆弧插补用 G02 指令，逆时针圆弧插补用 G03 指令。数控车床是两坐标的数控机床，只有 X 轴和 Z 轴，在判断圆弧的逆、顺时，应按右手定则将 Y 轴也加上去考虑。观察者让 Y 轴的正向指向自己，即可判断圆弧的逆、顺方向。应该注意前置刀架与后置刀架的区别。即若前置刀架时，使用 G02 指令，那么后置刀架就使用 G03 指令。

说明：

1）绝对编程时，X、Z 是指圆弧插补的终点坐标值，增量编程时，U、W 为圆弧终点相对于圆弧起点的坐标值。

2）I、K 是指圆弧起点到圆心的增量坐标，与 G90，G91 无关，其为零时可省略，有正负之分。圆弧的方向矢量是指从圆弧起点指向圆心的矢量，然后将其在 X 轴和 Z 轴上分解，当分量的方向与坐标轴的方向不一致时取负号。如图 2-25 所示，图中所示 I 和 K 均为负值。也有的机床厂家指令 I、K 为起点相对于圆心的坐标增量。

3）R 为指定圆弧半径。当圆弧的圆心角≤180°时，R 值为正；当圆弧的圆心角＞180°时，R 值为负（图 2-26）。同一程序段中 I、K、R 同时指令时，R 优先，I、K 无效。

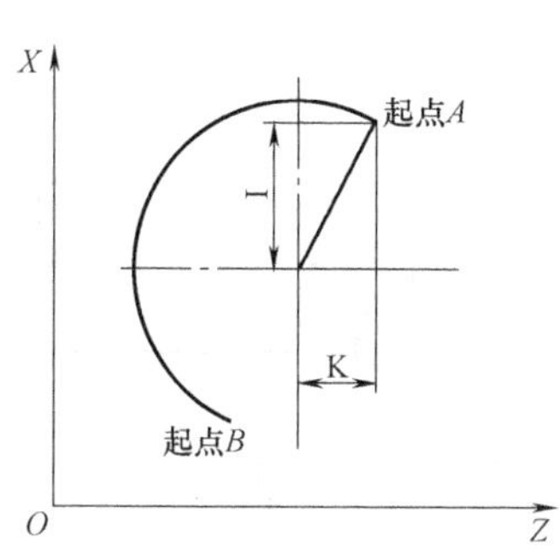

图2-25　分矢量I、K正负的判断

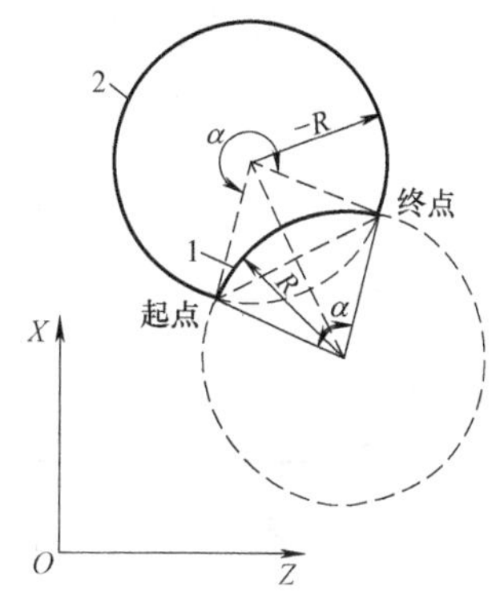

图2-26　圆弧插补时R与-R的区别

4）X、Z同时省略时，表示起点与终点重合。此时若用I、K指令圆心，相当于指令了360°的弧；若用R编程时，则表示0°的弧。

例2.1　G02/G03　I __；整圆

G02/G03　R __；不动

例2.2　编写图2-27所示的顺圆插补加工程序。

……

绝对值编程：

G00　X20　Z2；

G01　Z-30　F100；

G02　X40　Z-40　I10　K0　F60；

……

增量值编程：

G00　U-80　W-98；

G01　U0　W-32　F100；

G02　U20　W-10　I10　K0　F60；

……

另一种方法是用R代替圆心位置坐标。

例2.3　编写图2-28所示的逆圆插补加工程序。

绝对值编程：

G00　X28　Z2；

G01　Z-40　F100；

G03　X40　Z-46　I0　K-6　F60；

……

增量值编程：

G00　U-150　W-98；

G01　W-42　F100；

G03　U12　W-6　I0　K-6　F60；

……

另一种方法是用 R 代替圆心位置坐标。

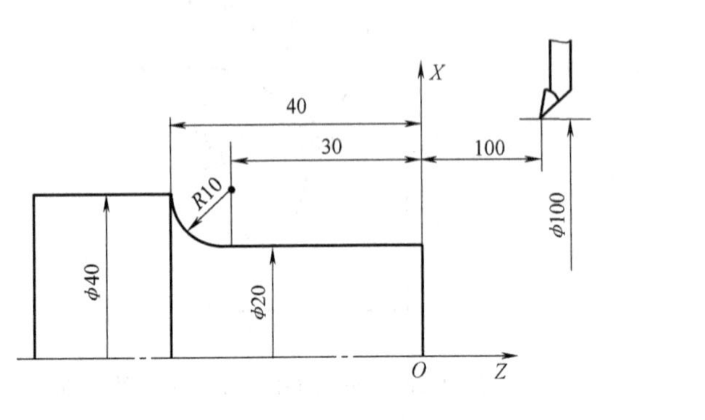

图 2-27 顺圆插补

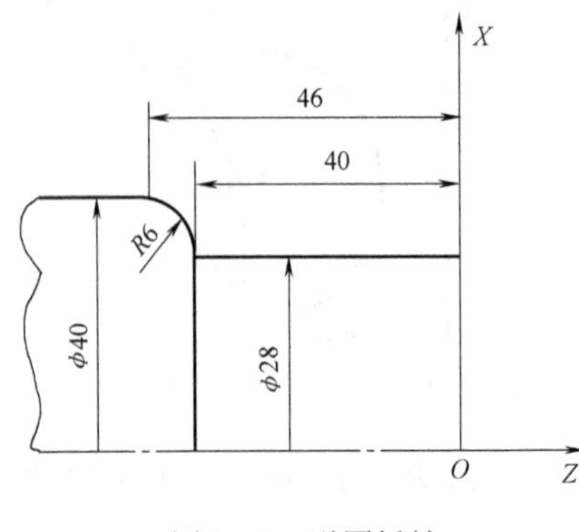

图 2-28 逆圆插补

2. 自动倒角及倒圆指令

(1) 45°倒角

1) Z 轴向 X 轴倒角。

编程格式：G01 Z(W)__ I ± i;

由轴向切削向端面切削倒角，即由 Z 轴向 X 轴倒角，i 的正负可根据倒角是向 X 轴正向还是负向确定，如图 2-29a 所示。

2) X 轴向 Z 轴倒角。

编程格式：G01 X(U)__ K ± k;

由端面切削向轴向切削倒角，即由 X 轴向 Z 轴倒角，k 的正负可根据倒角是向 Z 轴正向还是负向确定，如图 2-29b 所示。

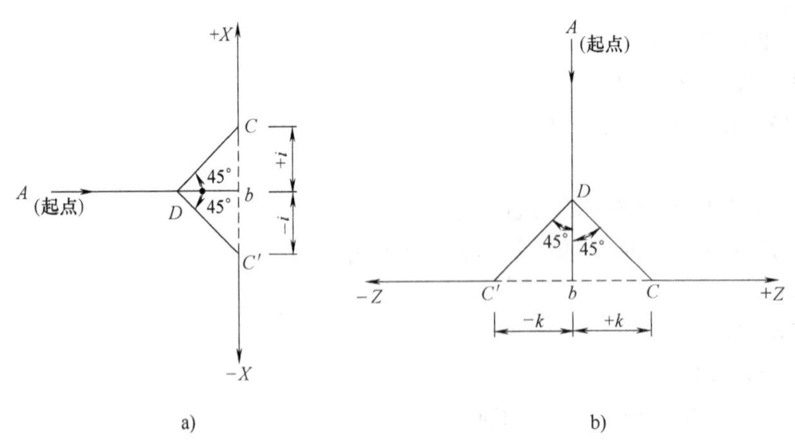

图 2-29 45°倒角

a) Z 轴向 X 轴倒角 b) X 轴向 Z 轴倒角

(2) 任意角度倒角 在直线进给程序段尾部加上 C __，可自动插入任意角度的倒角。C 的数值是从假设没有倒角时的拐角交点到倒角始点或与终点之间的距离，如图 2-30 所示。

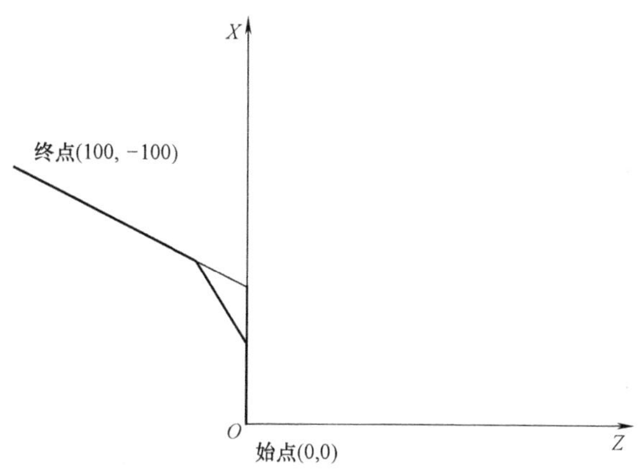

图 2-30 任意角度倒角

例 2.4 G01 X50 C10;

X100 Z－100;

(3) 45°倒圆

1) *Z* 轴向 *X* 轴倒圆，如图 2-31a 所示。

编程格式：G01 Z(W)__ R±r;

2) *X* 轴向 *Z* 轴倒圆，如图 2-31b 所示。

编程格式：G01 X(U)__ R±r;

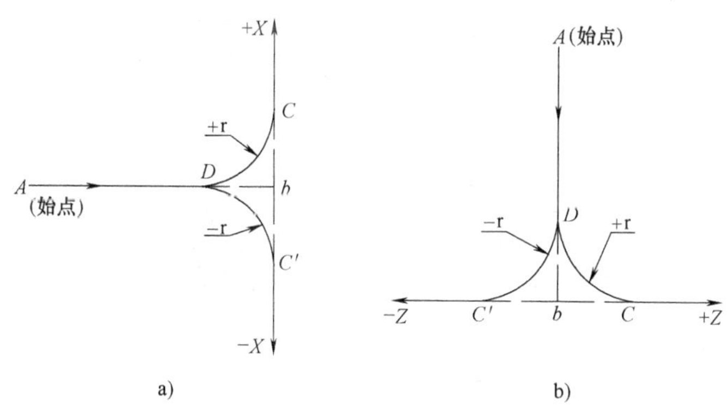

图 2-31 45°倒圆

a) *Z* 轴向 *X* 轴倒圆 b) *X* 轴向 *Z* 轴倒圆

(4) 任意角度倒圆角

例 2.5 加工图 2-32 所示的倒圆角。程序为：

G01 X50 R10 F0.2;

X100 Z－100;

例 2.6 倒角、倒圆加工程序的应用举例。加工图 2-33 所示的倒角和倒圆，程序为：

……

G00 X10 Z22;

G01 Z10 R5 F0.2;

X38　K－4；

Z0；

……

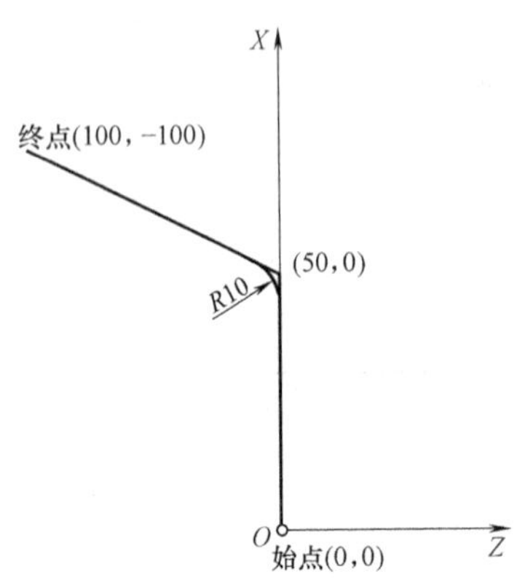

图 2-32　任意角度倒圆角

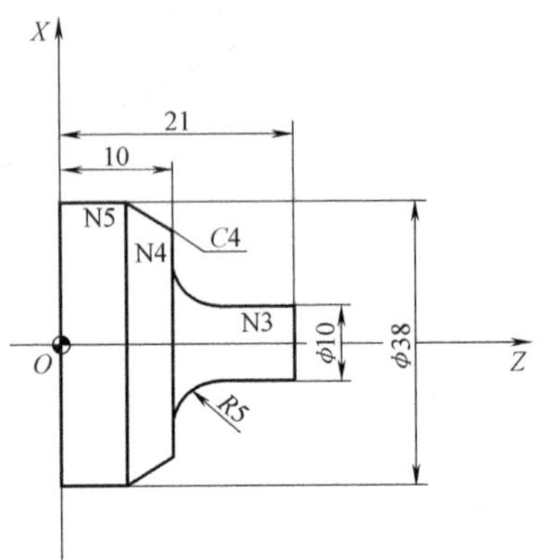

图 2-33　应用例图

3. 封闭切削循环指令 G73

封闭切削循环适于已基本铸造成形和锻造成形的毛坯切削，其加工路线如图 2-34所示。由于铸件或锻件的形状与零件轮廓相接近，这时若仍使用 G71 或 G72 指令，则会产生许多无效切削，从而浪费加工时间。

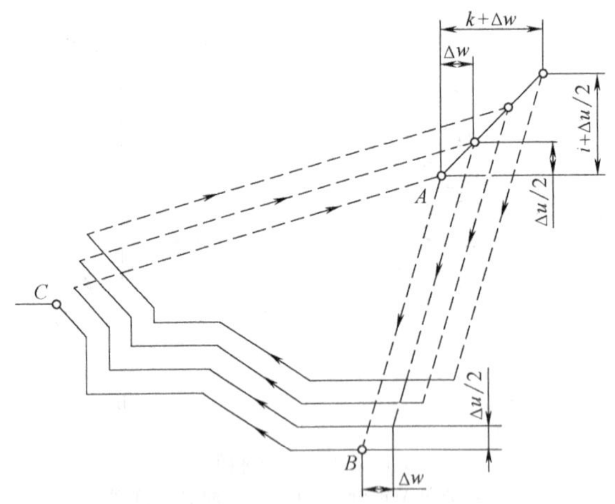

图 2-34　封闭切削循环

编程格式：G73　U(i)　W(k)　R(d)；

G73　P(ns)　Q(nf)　U(Δu)　W(Δw)　F(f)　S(s)　T(t)；

其中，i——X 轴方向总退刀量（半径值）；

k——Z 轴方向总退刀量；

d——重复加工次数；

ns——精加工轮廓程序段中开始程序段的段号；

nf——精加工轮廓程序段中结束程序段的段号；

Δu——X 轴向精加工余量；

Δw——Z 轴向精加工余量；

f、s、t——粗车时的 F、S、T 代码。

例 2.7　按图 2-35 所示尺寸编写封闭切削循环加工程序，加工程序如下：

```
N01   G50   X200   Z200   T0101;
N20   M03   S2000;
N30   G00   G42   X140   Z40   M08;
N40   G96   S150;
N50   G73   U9.5   W9.5   R3;
N60   G73   P70   Q130   U1   W0.5   F0.3;
N70   G00   X20   Z0;
N80         Z-20
N90         X40   Z-30;
N100        Z-50;
N110   G02   X80   Z-70   R20;
N120   G01   X100   Z-80;
N130         X105;
N140   G70   P70   Q130;
N150   G00   X200   Z200   G40;
N160   M30;
```

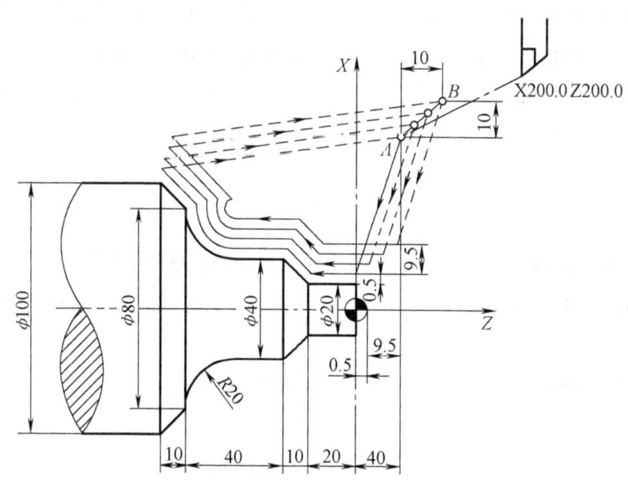

图 2-35　G73 程序应用

在上述程序中，刀尖首先从 A 点退到 B 点，退出距离在 X 方向上是 $\Delta i + \Delta u/2 = (9.5 + 0.5)$mm $= 10$mm，Z 方向上是 $\Delta k + \Delta w = (9.5 + 0.5)$mm $= 10$mm。第一刀从 B 点起刀，完成第一刀后，剩余量为从 A 点退到 B 点时的移动量。从第二刀起，粗加工每刀切削余量相同，每一刀的切削余量为 R 指令的次数减 1 再平分 Δi 和 Δk。G70 指令与 G71、G72、G73 指令配合使用时，不一定紧跟在粗加工程序后立即进行，通常可更换刀具，另用一把精加工刀具来执行 G70 程序段，但中间不能用 M02 或 M30 指令来结束程序段。

4. 数控车床加工案例——成形曲面轴类零件

（1）工艺分析

1）分析图样。如图 2-36 所示，这是一个由圆弧面、外圆锥面、外圆柱面构成的零件。其 ϕ50mm 外圆柱面直径处不加工，而 ϕ40mm 外圆柱面直径处加工精度较高。其材料为 45 钢，选择毛坯尺寸为 ϕ50mm × 110mm。

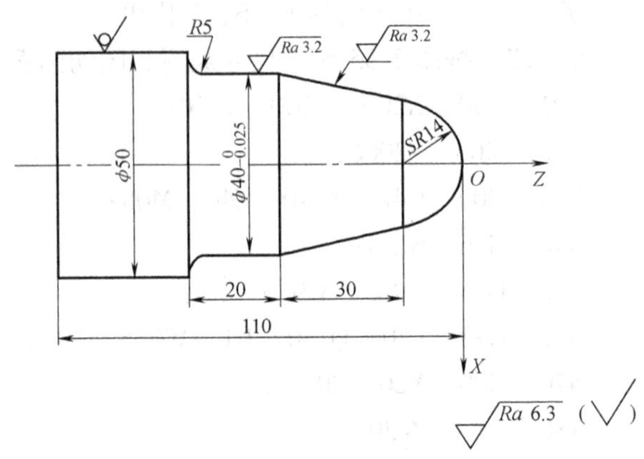

图 2-36 成形曲面轴类零件图

2）确定加工方案及加工路线。以零件右端面中心 O 作为原点设定工件坐标系。根据零件尺寸精度及技术要求，将粗、精加工分开来考虑。确定的加工工艺路线为：车削右端面→粗车外圆柱面分别为 ϕ44mm，ϕ40. 5mm，ϕ34. 5mm，ϕ28. 5mm，ϕ22. 5mm，ϕ16. 5mm → 粗车圆弧面 SR14. 25mm→粗车外圆柱面 ϕ40. 5mm→粗车外圆锥面→粗倒圆角 R4. 75mm→精车圆弧面 SR14mm→精车外圆锥面→精车外圆柱面 ϕ40mm→精倒圆角 R5mm。

3）装夹零件及选择夹具。采用该机床本身标准的自定心卡盘，零件伸出自定心卡盘外 75mm 左右，并找正夹紧。

4）选择刀具和切削用量。选择 1 号刀具为 90°硬质合金机夹偏刀，用于粗、精车削加工。选择切削用量主要考虑加工精度并兼顾提高刀具寿命、机床寿命等因素，确定为主轴转速 n = 630r/min，进给量粗车为 f = 0. 2mm/r，精车为 f = 0. 1mm/r。

（2）数值计算 SR14mm 圆弧的圆心坐标是：$X = 0$，$Z = -14$，R5mm 圆弧的圆心坐标是：$X = 50$，$Z = -(44 + 20 - 5) = -59$。

（3）参考程序

```
O1234;
N10  G50  X100  Z100;         工件坐标系的设定
N20  S630  M03  T0101;        主轴正转，转速为630r/min，调用1号刀，刀
                              具补偿号为1
N30  G00  X52  Z0;            快速点定位
N40  G01  X0  F0.2;           车削右端面
N50  G00  Z1;                 快速定位
N60       X44;
N70  G01  Z-62.5;             粗车外圆柱面为φ44mm
N80       X50;                车削台阶
N90  G00  Z1;                 快速点定位
N100      X40.5;
N110  G01 Z-60;               粗车外圆柱面为φ40.5mm
N120      X44;                车削台阶
```

```
N130  G00  Z1;                          快速点定位
N140       X34.5;
N150  G01  Z-29;                        粗车外圆柱面为φ34.5mm
N160       X40.5;                       车削台阶
N170  G00  Z1;                          快速点定位
N180       X28.5;
N190  G01  Z-14;                        粗车外圆柱面为φ28.5mm
N200       X34.5;                       车削台阶
N210  G00  Z1;                          快速点定位
N220       X22.5;
N230  G01  Z-4;                         粗车外圆柱面为φ22.5mm
N240       X28.5;                       车削台阶
N250  G00  Z1;                          快速点定位
N260       X16.5;
N270  G01  Z-2;                         粗车外圆柱面为φ16.5mm
N280       X22.5;                       车削台阶
N290  G00  Z0.25;                       快速点定位
N300       X0;
N310  G03  X28.5  Z-14  R14.25;         粗车圆弧面SR14.25mm
N320  G01  X40.5  Z-44;                 粗车外圆锥面
N330       W-15;                        粗车外圆柱面φ40.5mm
N340  G02  X50  W-4.75  R4.75;          粗倒圆角R4.75mm
N350  G00  Z0;                          快速定位
N360       X0;
N370  G03  X28  Z-14  R14  F0.1;        精车圆弧面SR14mm
N380  G01  X40  Z-44;                   精车外圆锥面
N390       W-15;                        精车外圆柱面φ40mm
N400  G02  X50  W-5  R5;                精倒圆角R5mm
N410  G00  X100  Z100  T10;             快速退回刀具起始点，取消1号刀的刀具补偿
N420  M05;                              主轴停止转动
N430  M30;                              程序结束
```

四、任务实施

1. 工艺分析

（1）零件图样分析　如图2-1所示，这是一个由球头面、圆弧面、外圆锥面、外圆柱面构成的轴类零件。ϕ20mm 和 ϕ30mm 及 ϕ38mm 外圆柱面直径处加工精度较高，材料为45钢，选择毛坯尺寸为 ϕ40mm×80mm。

（2）加工方案及加工路线的确定　以零件右端面中心 O 作为原点设定工件坐标系。根据零件尺寸精度及技术要求，将粗、精加工分开来考虑，确定的加工工艺路线为：车削右端

面→粗车圆弧面→粗车外圆柱面→粗车外圆锥面→粗车圆弧面→精车圆弧面→精车外圆柱面→精车外圆锥面→精车圆弧面。

（3）零件的装夹及夹具的选择 采用该机床本身标准的自定心卡盘，零件伸出自定心卡盘外 60mm 左右，并找正夹紧。

（4）刀具和切削用量的选择

1）选择刀具。选择 1 号刀具为 90° 硬质合金机加偏刀，用于粗、精车削加工，其副偏角应较大，否则加工凹曲面时易发生干涉现象。

2）选择切削用量。选择切削用量主要考虑加工精度要求并兼顾提高刀具寿命、机床寿命等因素。确定粗车时主轴转速 $n=630\text{r/min}$，进给速度为 $f=0.25\text{mm/r}$；精车时主轴转速 $n=1000\text{r/min}$，进给速度为 $f=0.15\text{mm/r}$。

2. 参考程序

```
O0010;
N10   G54;
N15   T0101;
N20   G00   X40   Z5   M08;
N30   S630   M03;
N40   G71   U2   R0.5;
N50   G71   P60   Q160   U0.6   W0.2   F0.25;
N60   G00   G42   X0   Z2;
N70   G01   Z0   F0.15   S1000;
N80   G03   X14   Z-7   R7;
N90         W-6;
N95         X17;
N100        X20   W-1.5;
N105        W-8.5;
N110        X24;
N120        X30   W-8;
N130        W-10;
N140  G02   X38   W-4   R4;
N150  G01   Z-58;
N160  G00   X45;
N170  G70   P60   Q160;
N180        X100   Z100;
N190  M02;
```

3. 数控加工

1）打开机床和数控系统。

2）接通电源，释放“急停”按钮，机床回零点。

3）安装工件和工艺装夹。

4）安装刀具。

5）输入程序（加载和修改）。

6）建立工件坐标系（对刀调整）。在实际加工中，可以使用试切法确定每一把刀具起始点的坐标值，结合测量视图进行计算，然后将值输入系统。

7）进行程序仿真校验。

8）数控加工。在开始加工前检查倍率和主轴转速按钮，然后开启循环启动按钮，机床开始自动加工。

9）测量工件。

4. 学习评价

成形曲面轴类零件的数控车削编程及加工任务评价内容及标准见表2-1。

表2-1 成形曲面轴类零件的数控车削编程及加工任务评价表

<table>
<tr><td colspan="2">工件编号</td><td rowspan="2">技术要求</td><td rowspan="2">配分</td><td colspan="3">总得分</td></tr>
<tr><td>项目与权重</td><td>序号</td><td>评分标准</td><td>检测记录</td><td>得分</td></tr>
<tr><td rowspan="3">加工操作
（25%）</td><td>1</td><td>尺寸精度符合要求</td><td>10</td><td>不合格每处扣2分</td><td></td><td></td></tr>
<tr><td>2</td><td>形位精度符合要求</td><td>5</td><td>不合格每处扣2分</td><td></td><td></td></tr>
<tr><td>3</td><td>表面粗糙度符合要求</td><td>10</td><td>不合格每处扣2分</td><td></td><td></td></tr>
<tr><td rowspan="4">程序与工艺
（25%）</td><td>4</td><td>程序格式规范</td><td>5</td><td>不规范每处扣2分</td><td></td><td></td></tr>
<tr><td>5</td><td>工艺过程规范合理</td><td>10</td><td>不合理每处扣5分</td><td></td><td></td></tr>
<tr><td>6</td><td>切削用量参数正确</td><td>5</td><td>不正确每处扣5分</td><td></td><td></td></tr>
<tr><td>7</td><td>程序正确完整</td><td>5</td><td>不完整全扣</td><td></td><td></td></tr>
<tr><td rowspan="4">机床操作
（20%）</td><td>8</td><td>刀具的选择与安装正确</td><td>5</td><td>不正确每次扣2分</td><td></td><td></td></tr>
<tr><td>9</td><td>对刀及坐标系设定正确</td><td>5</td><td>不正确每次扣2分</td><td></td><td></td></tr>
<tr><td>10</td><td>机床操作规范</td><td>5</td><td>不规范每次扣2分</td><td></td><td></td></tr>
<tr><td>11</td><td>工件加工不出错</td><td>5</td><td>出错全扣</td><td></td><td></td></tr>
<tr><td rowspan="2">文明生产
（10%）</td><td>12</td><td>安全操作</td><td>5</td><td>出错全扣</td><td></td><td></td></tr>
<tr><td>13</td><td>工作场所整理</td><td>5</td><td>不合格全扣</td><td></td><td></td></tr>
<tr><td rowspan="5">相关知识及
职业能力
（20%）</td><td>14</td><td>车床夹具知识</td><td>10</td><td>提问</td><td></td><td></td></tr>
<tr><td rowspan="4">15</td><td>自学能力</td><td rowspan="4">10</td><td rowspan="4">根据学生情况，酌情给分</td><td rowspan="4"></td><td rowspan="4"></td></tr>
<tr><td>表达沟通能力</td></tr>
<tr><td>合作能力</td></tr>
<tr><td>创新能力</td></tr>
</table>

五、训练

2.1 数控车床圆弧的顺、逆应如何判断？

2.2 圆弧插补指令G02和G03中的I、K的意义是什么？

2.3 简述G71、G72、G73指令的应用场合有何不同？

2.4 数控车床常用的夹具有哪些？

2.5 刀片夹紧的基本要求是什么？常见可转位刀片的夹紧方式有几种？

2.6　选择加工图2-37～图2-41所示零件所需的刀具，并编制数控加工程序。

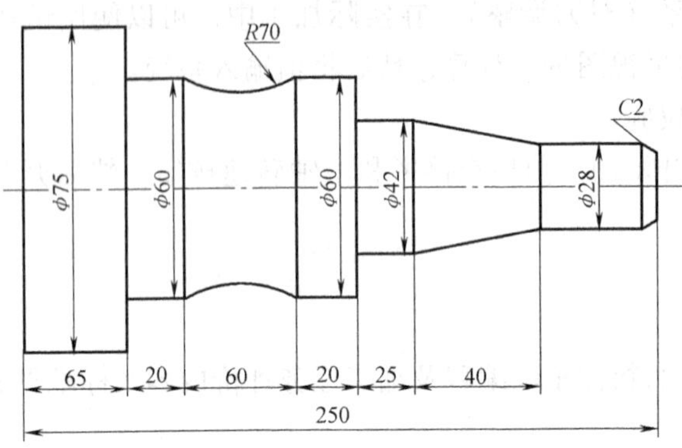

图2-37　题图1

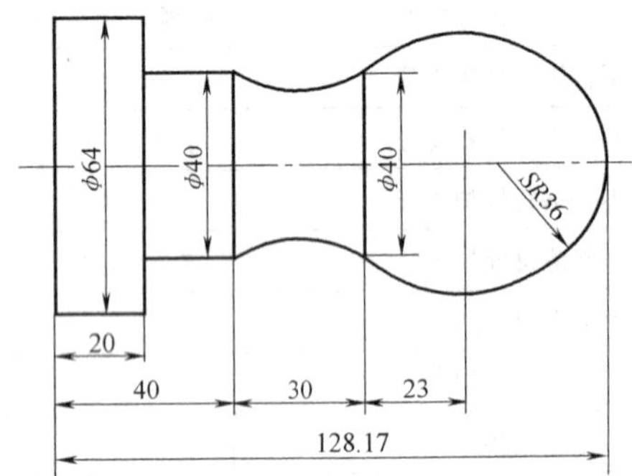

图2-38　题图2

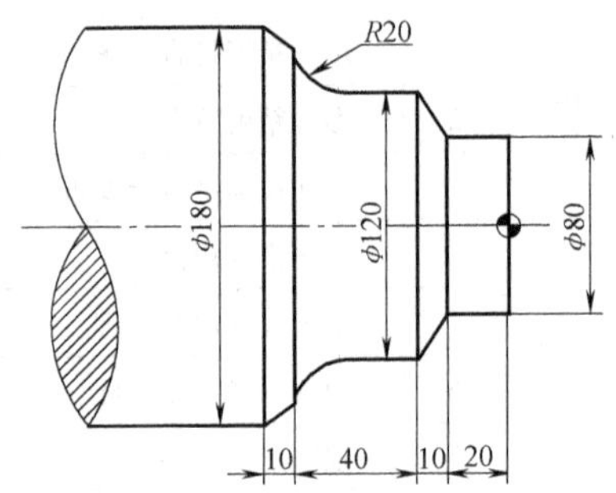

图2-39　题图3

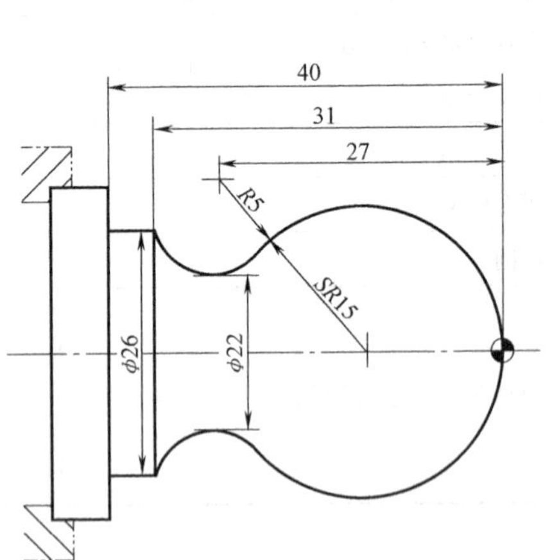

图2-40　题图4

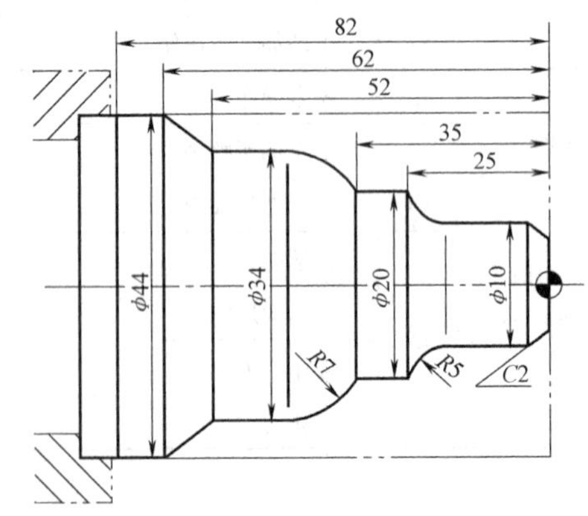

图2-41　题图5

任务3　螺纹轴类零件的数控编程及加工

学习目标

1. 理解槽的种类及切槽指令
2. 掌握切槽刀具的选择
3. 掌握窄槽、宽槽的加工方法
4. 知道切槽、切断编程的注意事项
5. 知道螺纹的种类，会进行螺纹的有关参数计算
6. 掌握螺纹加工指令的含义及格式
7. 掌握数控车床螺纹加工的方法和编程
8. 掌握螺纹轴类零件的数控编程及加工

一、任务引入

编写图3-1所示螺纹轴类零件数控加工工艺文件和数控程序，并在数控车床上进行加工，已知工件材料为45钢。本任务主要学习螺纹轴类零件的数控车削加工工艺的制订和程序编制。

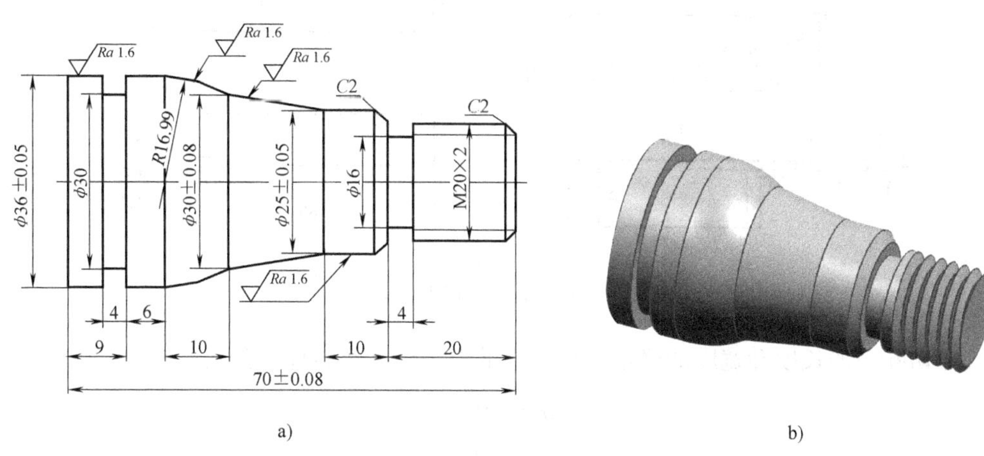

图3-1　螺纹轴类零件
a）零件图　b）立体图

二、任务分析

本任务主要涉及在数控车床上加工外圆、槽及螺纹。要完成该工作任务，需要掌握数控车床的槽加工及螺纹加工指令，槽加工所用刀具及螺纹加工所用刀具，槽加工及螺纹加工方

法等相关知识。

三、相关知识介绍

（一）切槽及切断加工

1. 切槽与切断加工的刀具选择

在工件上车多种形状的槽叫车沟槽。零件的外沟槽主要有两种：外圆沟槽和平面沟槽。其中，矩形外圆沟槽加工用的车刀如图3-2所示，圆弧外圆槽加工用的车刀如图3-3所示。本次任务主要介绍矩形沟槽的切削。

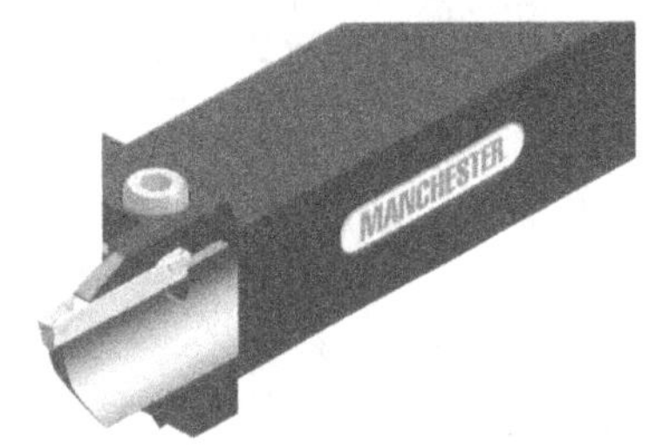

图3-2 切矩形外圆沟槽加工用的车刀

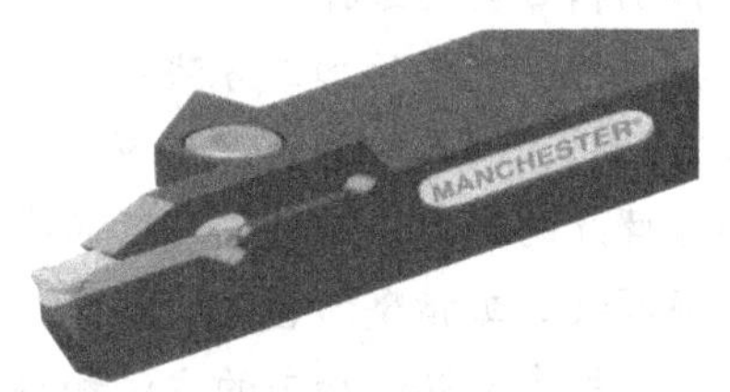

图3-3 切圆弧外圆槽加工用的车刀

切削矩形外圆沟槽的切断刀和切槽刀的形状基本相同（图3-4），只是刀头部分的宽度和长度有些区别。

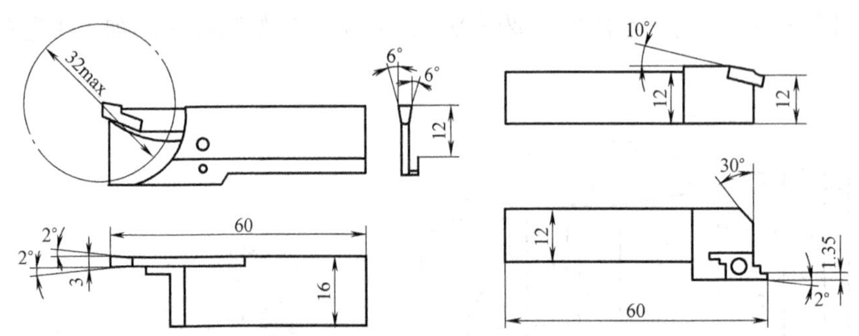

图3-4 切槽刀和切断刀

（1）切断刀的长度和宽度的确定 切断刀的刀头宽度经验计算公式

$$a=(0.5\sim0.6)/D$$

式中 a——主切削刃宽度（mm）；

D——被切断工件的直径（mm）。

刀头部分长度 L 的确定：

$$\text{切断实心材料}\ L=D/2+(2\sim3)\text{mm}$$

$$\text{切断空心材料}\ L=h+(2\sim3)\text{mm}$$

式中 h——被切工件的壁厚（mm）。

（2）切槽刀长度和刀头宽度的确定 切槽刀的刀头宽度一般根据工件的槽宽、机床功率和刀具的强度综合考虑确定。

切槽刀的长度 L = 槽深 + (2 ~3) mm。

2. 槽的加工路线

(1) 较窄的沟槽加工　加工较窄的沟槽时，可以正确选择刀头的宽度，通过横向直接进给切削而成。精度要求较高时可采用粗车、精车二次进给车成，即第一次进给车沟槽时两壁留有余量，第二次用等宽刀修整，使刀具在槽底部暂停几秒钟，以提高槽底的表面质量（图 3-5）。

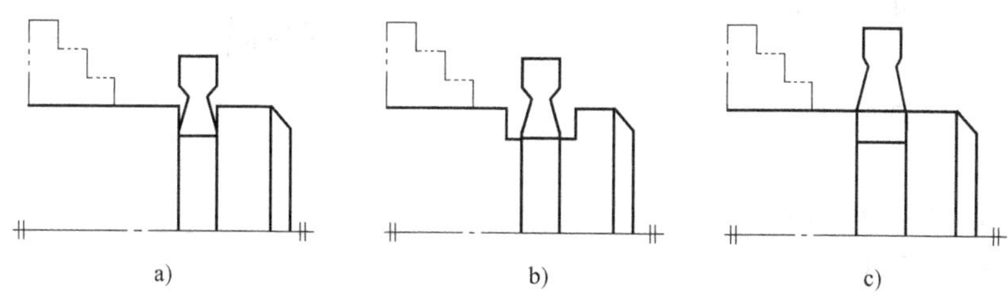

图 3-5　较窄沟槽的加工路线
a) 加工精度要求不高的沟槽　b) 粗车高精度要求的沟槽　c) 精车高精度要求的沟槽

(2) 较宽的外圆沟槽加工　加工较宽的外圆沟槽时，可以分几次进给，要求每次切削时要留有重叠的部分，并在槽沟两侧和底面留一定的余量精车（图 3-6）。

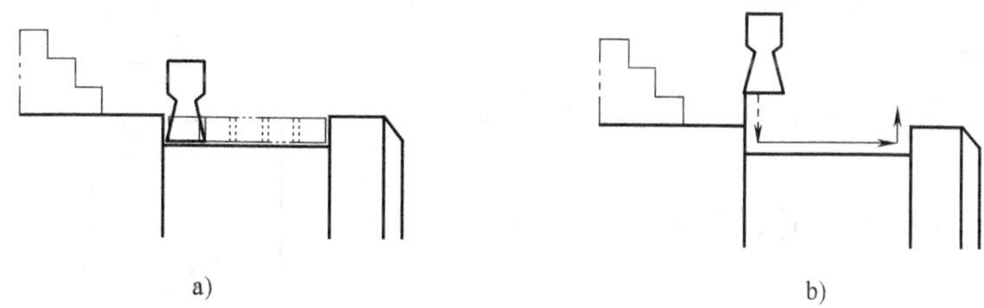

图 3-6　较宽沟槽的加工路线
a) 粗加工　b) 精加工

(3) 退刀路线的安排　切槽刀或切断刀退刀时要注意合理安排退刀的路线。一般应先退 X 方向，再退 Z 方向；否则很容易与工件外台阶碰撞，造成车刀的损坏，严重时影响机床的精度。

3. 切槽与切断加工的编程指令

切槽、切断时常用的指令同外圆切削指令相似，以 G00、G01 为主，只是进给的方向主要是横向（X 方向）。除 G00、G01 外，大部分数控系统均提供了切槽循环指令。另外，切断与车端面一样，在恒切削速度情况下必须有一个限制转速的代码，以避免工件飞出。此外，为使槽底光滑，需用到暂停指令 G04。切断刀有左、右两个刀尖及切削刃中心处三个刀位点。在编程时，要根据图样尺寸的标注和对刀的难易程度综合考虑来选择，一定要避免编程操作和对刀时选用刀位点不一致的现象。一般以左刀尖为对刀点。

(1) 外径切槽循环指令 G75　外径切槽循环功能适合于在外圆面上切削沟槽或切断加工。

编程格式：G75　R(e)；

　　　　　G75　X(U)__ P(Δi)F __；

其中，e——退刀量；

X(U)——槽深；

Δi——每次循环切削量。

例 3.1　试编写进行图 3-7 所示零件的切断加工的程序。

```
G50  X200  Z100  T0202;
M03  S600;
G00  X35  Z-50;
G75  R1;
G75  X-1  P5  F0.1;
G00  X200  Z100;
M30;
```

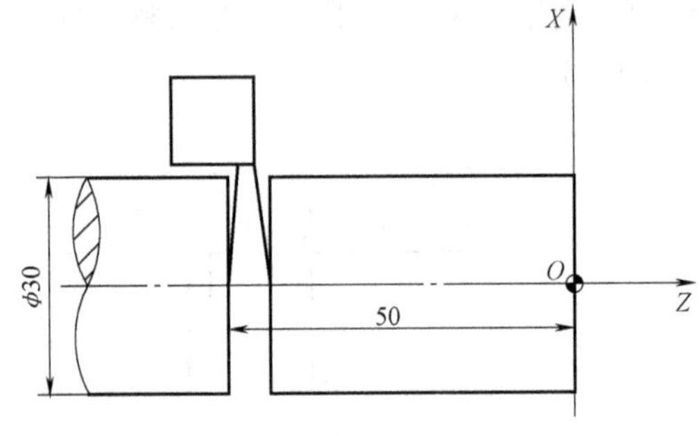

图 3-7　切槽加工

（2）程序暂停指令 G04

编程格式：G04　P __；　　　后跟整数值，单位为 ms（毫秒）

　　　　或　G04　X(U)__；　　后跟带小数点的数，单位为 s（秒）

程序暂停一般用于以下情况（图 3-8）：

1）钻孔加工到达孔底部时，设置延时时间，以保证孔底的钻孔质量。

2）钻孔加工中途退刀后设置延时，以保证孔中切屑充分排出。

3）镗孔加工到孔底部时设置延时，以保证孔底的镗孔质量。

4）车削加工在要求较高的零件轮廓终点设置延时，以保证该段轮廓的车削质量，如车槽、镗平面等。

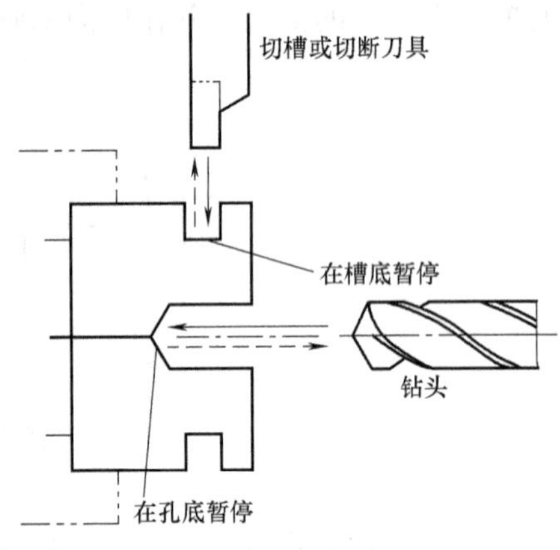

图 3-8　G04 指令的应用

例 3.2　欲停留 1.5s 时，程序段为“G04 X1.5;”或“G04　P1500;”。

（3）子程序　在编制加工程序的过程中，如果有一组程序段在一个程序中多次出现或者在几个程序中都要使用它，则可以将这个典型的加工程序编制成固定程序，单独命名，这种程序段称为子程序。使用子程序可以减少不必要的编程重复，从而达到简化编程的目的。

编程格式：M98　P __ L __；

其中，P 后跟要调用的子程序号，L 后跟子程序调用次数，如省略表示只调用 1 次。

子程序中还可以再调用其他子程序，即可多重嵌套调用。一个子程序应以“M99 ”作程序结束行，可被主程序多次调用，一次调用时最多可重复 999 次调用一个子程序。需要注意的是，在 MDI 方式下使用子程序调用指令是无效的。子程序调用如图 3-9 所示。

例 3.3　图 3-10 所示为不等距槽，对其进行车削加工程序的编制，要求使用子程序。编制程序时，对等距槽的加工采用循环比较简单，而对不等距槽的加工则调用子程序较为简单。

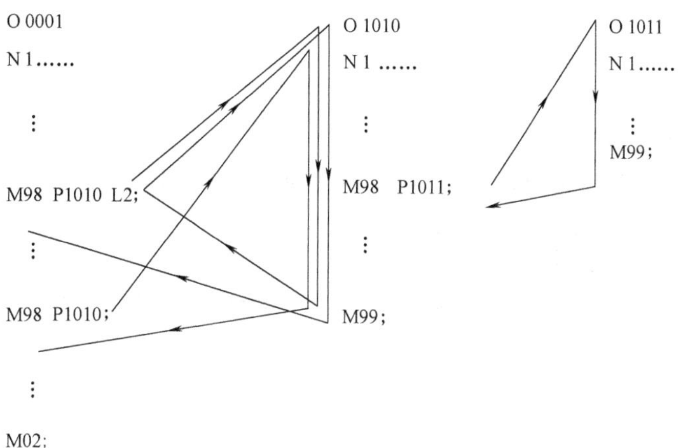

图 3-9　子程序调用

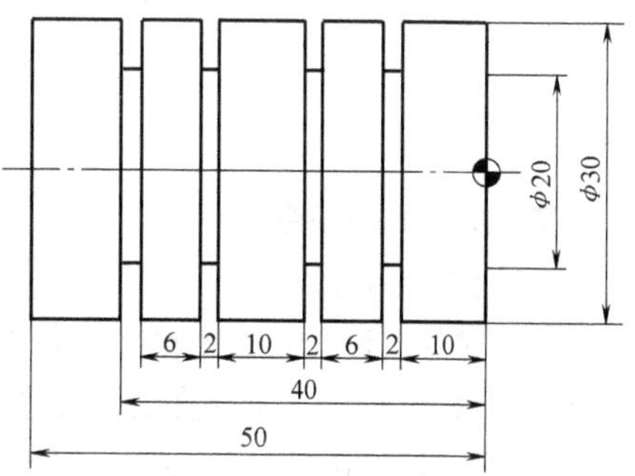

图 3-10　子程序编程

```
O0010;
G50   X150   Z100;
T0101;
S800   M03;
G00   X35   Z0   M08;
G01   X0   F0.3;
G00   X30   Z2;
G01   Z-55   F0.3;
G00   X150   Z100 ;
T0303;
G00   X32   Z0;
M98   P15   L2;
G00   W-12;
G01   X0   F0.12;
G04   X2;
G00   X150   Z100   M09;
M30;
%
O0015;
G00   W-12;
G01   U-12   F0.1;
G04   X1;
G00   U12;
      W-8;
G01   U-12   F0.1;
G04   X1;
```

```
G00  U12;
M99;
```

（二）螺纹加工

1. 螺纹加工刀具

常用的螺纹加工刀具有外螺纹加工用车刀和内螺纹加工用车刀（图3-11、图3-12）。

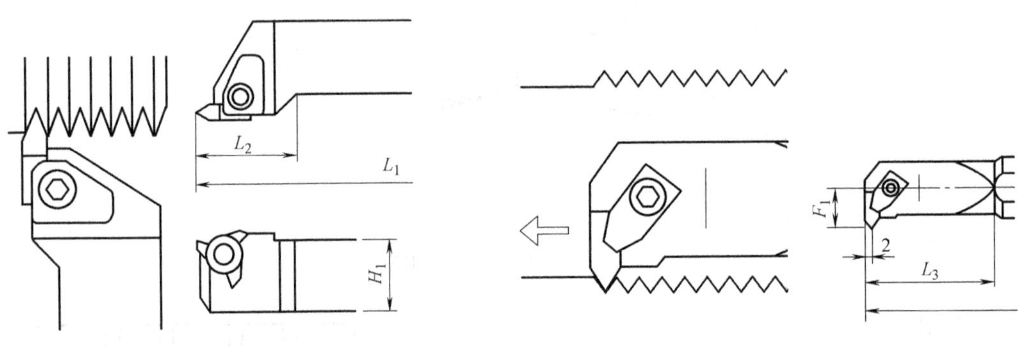

图3-11 外螺纹加工用车刀

图3-12 内螺纹加工用车刀

2. 螺纹切削参数

切削时应注意以下四个参数。

（1）螺纹牙型高度（螺纹总切削深度） 螺纹牙型高度是指螺纹牙型上牙顶到牙底之间垂直于螺纹轴线方向上的距离，如图3-13所示的H，它是车削时车刀的总切削深度。

根据国标GB/T 192—2003规定，普通螺纹的牙型理论高度$H=0.866P$。实际加工时，由于螺纹车刀刀尖圆弧半径的影响，螺纹的实际切削深度有变化。根据GB/T 197—2003规定，螺纹车刀可在牙底最小削平高度$H/8$处削平或倒圆，则螺纹实际牙型高度可按下式计算

$$h=H-2(H/8)=0.6495P$$

式中 H——螺纹原始三角形高度（mm），$H=0.866P$；

P——螺距（mm）。

（2）螺纹起点与螺纹终点的径向尺寸 螺纹加工中，径向起点（编程大径）的确定决定于螺纹大径。径向终点（编程小径）的确定取决于螺纹小径。因为螺纹大径确定后，螺纹的总切削深度在加工中是由螺纹小径来控制的。

（3）螺纹起点与螺纹终点的轴向尺寸 由于车螺纹起始时有一个加速过程，结束前有一个减速过程，在这段距离中螺距不可能保持均匀，因而车螺纹时两端必须设置足够的升速进刀段δ_1和减速退刀段δ_2，以剔除两端因变速而出现的非标准螺距的螺纹段。同理，在螺纹切削过程中，进给速度修调功能和进给暂停功能无效，若此时按进给暂停键，刀具将在螺纹段加工完后才停止运动。此外，有的机床具有主轴恒线速控制（G96）和恒转速控制（G97）的指令功能，那么对于端面螺纹和锥面螺纹的加工来说，若恒线速控制有效，则主轴转速将是变化的，这样加工出的螺纹螺距也将是变化的。因此，在螺纹加工过程中，不应该使用恒线速控制功能，从粗加工到精加工，主轴转速必须保持一常数，否则，螺距将发生变化。

（4）分层切削　如果螺纹牙型较深、螺距较大，可分几次进给，每次进给的背吃刀量用螺纹深度减精加工背吃刀量所得的差按递减规律分配，如图 3-14 所示。常用螺纹切削的进给次数与背吃刀量见表 3-1、表 3-2。

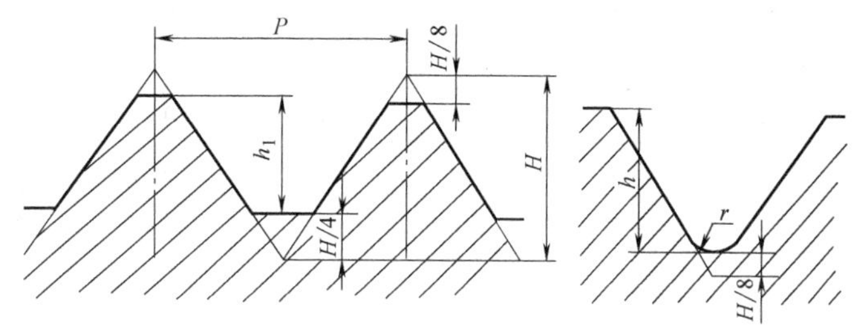

图 3-13　螺纹牙型的高度

在车削螺纹时，车床的主轴转速将受到螺纹的螺距 P（或导程）大小、驱动电动机的升降频特性，以及螺纹插补运算速度等多种因素影响，故对于不同的数控系统，推荐不同的主轴转速选择范围。大多数经济型数控车床推荐车螺纹时的主轴转速 n(r/min)为

$$n \leqslant (1200/P) - k \qquad (3\text{-}1)$$

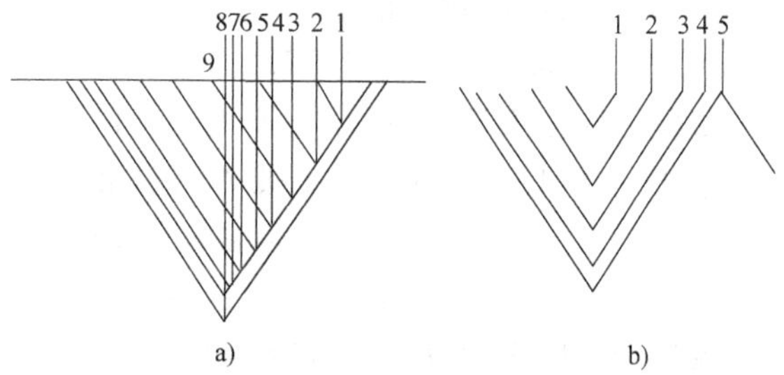

图 3-14　螺纹加工的进刀切削方法
a）斜进式切削　b）直进式切削

式中　P——被加工螺纹导程或螺距（mm）；

k——保险系数，一般取 80。

此外，在安排粗、精车削用量时，应注意机床说明书给定的允许切削用量范围。对于主轴采用交流变频调速的数控车床，由于主轴在低转速时转矩降低，尤其应注意此时的切削用量选择。

表 3-1　常用米制螺纹切削的进给次数与背吃刀量（双边）　　（单位：mm）

螺　距		1	1.5	2	2.5	3	3.5	4
牙　深		0.649	0.974	1.299	1.624	1.949	2.273	2.598
背吃刀量和切削次数	1 次	0.7	0.8	0.9	1	1.2	1.5	1.5
	2 次	0.4	0.6	0.6	0.7	0.7	0.7	0.8
	3 次	0.2	0.4	0.6	0.6	0.6	0.6	0.6
	4 次		0.16	0.4	0.4	0.4	0.6	0.6
	5 次			0.1	0.4	0.4	0.4	0.4
	6 次				0.15	0.4	0.4	0.4
	7 次					0.2	0.2	0.4
	8 次						0.15	0.3
	9 次							0.2

表3-2　英制螺纹切削的进给次数与背吃刀量（双边）　　（单位：in）

牙数/(牙/in)		24	18	16	14	12	10	8
牙　深		0.678	0.904	116	1.162	1.355	1.626	2.33
背吃刀量和切削次数	1次	0.8	0.8	0.8	0.8	0.9	1	1.2
	2次	0.4	0.6	0.6	0.6	0.6	0.7	0.7
	3次	0.16	0.3	0.5	0.5	0.6	0.6	0.6
	4次		0.11	0.14	0.3	0.4	0.4	0.5
	5次				0.13	0.21	0.4	0.5
	6次						0.16	0.4
	7次							0.17

注：1in = 0.0254m

3. 螺纹切削的编程指令

（1）基本螺纹切削指令G32

编程格式：G32　X(U)__ Z(W)__ F__；

其中，X(U)、Z(W)——螺纹切削的终点坐标值。X省略时为圆柱螺纹切削，Z省略时为端面螺纹切削，X、Z均不省略时为锥螺纹切削；

F——螺纹导程。

例3.4　图3-15所示为圆柱螺纹切削，螺纹导程为1mm。其车削程序如下：

```
O0012;
G50  X70  Z25;
S160  M03;
G90  G00  X40  Z2  M08;
     X29.3;
     G32  Z-46  F1;
G00  X40;
     Z2;
     X28.9;
G32  Z-46  F1;
G00  X40;
     Z2;
     X28.7;
G32  Z-46  F1;
G00  X40;
     Z2;
     X70  Z25  M09;
M02;
```

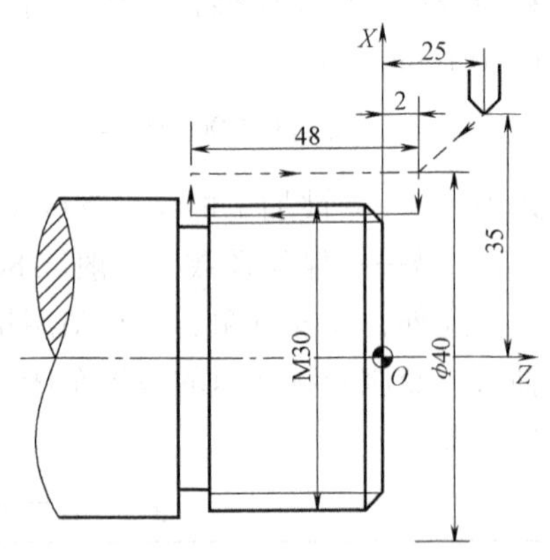

图3-15　圆柱螺纹切削

例3.5　图3-16所示为锥螺纹切削，螺距为1.5mm，δ_1 = 2mm，δ_2 = 1mm，其车削程序如下：

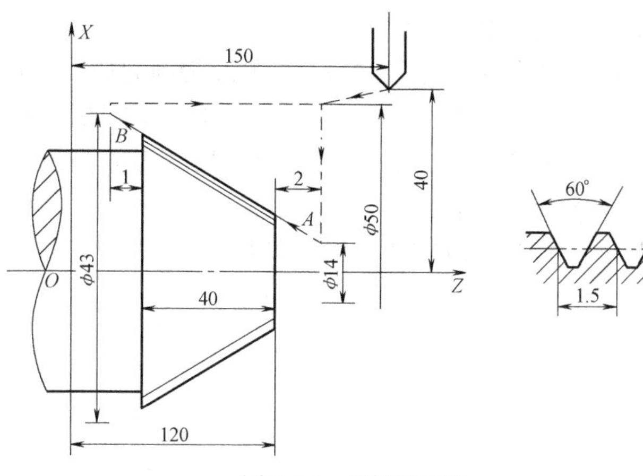

图 3-16　锥螺纹切削

```
O0013;
G50  X80  Z150;
S160  M03;
G90  G00  X50  Z122  M08;
     X13.2;
G32  U29  W-43  F1.5;
G00  U7;
     Z43;
     X12.6 ;
G32  X41.6  Z79  F1.5;
G00  X50;
     Z122;
     X12.4;
G32  X41.4  Z79  F1.5;
G00  X50;
     Z122;
     X12.2;
G32  X41.2  Z79  F1.5;
G00  X50;
     Z122;
X80  Z150  M09;
M02;
```

（2）螺纹切削循环指令 G92　螺纹切削循环指令把“切入—螺纹切削—退刀—返回”四个动作作为一个循环（图 3-17），用一个程序段来执行。其中，只有一段是主要用于车螺纹的工作进给路线，其余都是快速空程路线。采用简单固定循环编程虽然可简化程序，但要车出一个完整的螺纹还需要人工连续地安排几个这样的循环。

编程格式：G92　X(U)__ Z(W)__ I __ F __;

其中，X(U)、Z(W)——螺纹切削的终点坐标值；

I——螺纹部分半径之差，即螺纹切削起始点与切削终点的半径差。加工圆柱螺纹时，I=0。加工圆锥螺纹时，当 X 向切削起始点坐标小于切削终点坐标时，I为负，反之为正；

F——螺纹导程。

例 3.6 编写图3-17所示圆柱螺纹的加工程序如下：

```
……
G00  X35   Z104;
G92  X29.2  Z53  F1.5;
     X28.6;
     X28.2;
     X28.04;
G00  X200  Z200;
……
```

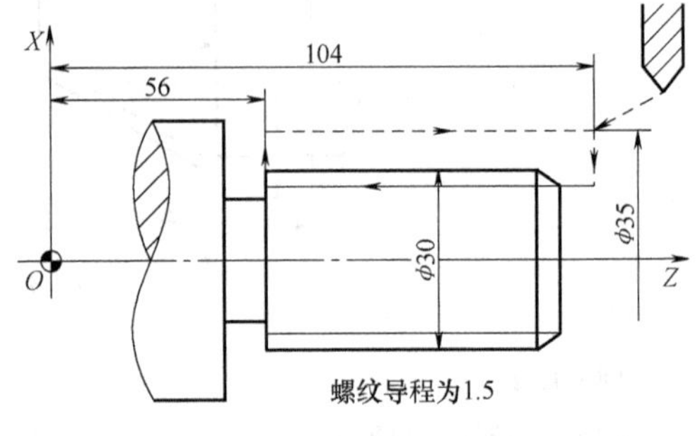

图3-17 圆柱螺纹切削循环

例 3.7 编写图3-18所示圆锥螺纹的加工程序如下：

```
……
G00  X80   Z62;
G92  X49.6  Z12  I-5  F2;
     X48.7;
     X48.1;
     X47.5;
     X47;
G00  X200  Z200;
……
```

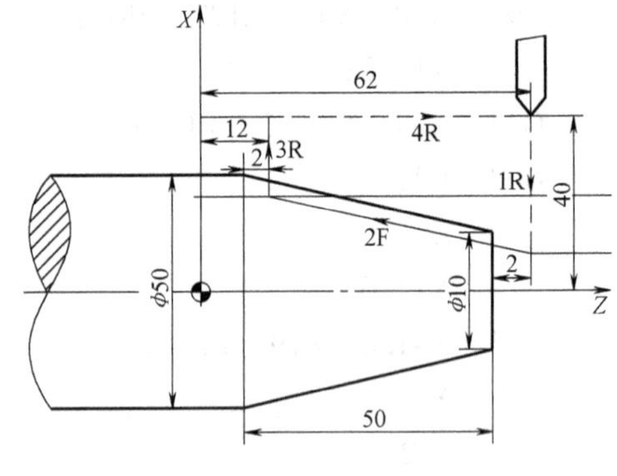

图3-18 圆锥螺纹切削循环

（3）复合螺纹切削循环指令G76 复合螺纹切削循环指令可以完成一个螺纹段的全部加工任务。它的进刀方法有利于改善刀具的切削条件，在编程中应优先考虑应用该指令，如图3-19所示。

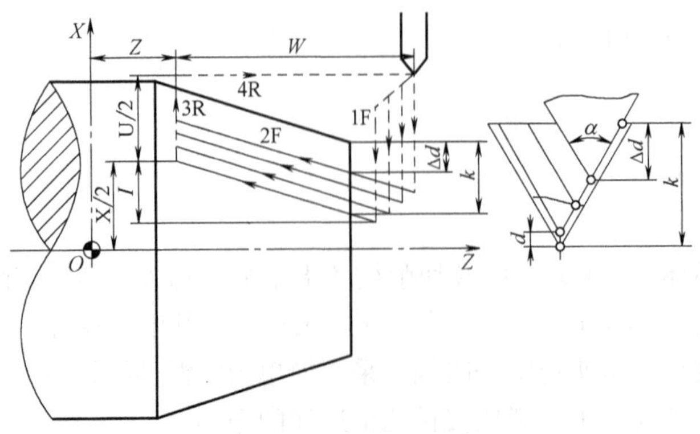

图3-19 复合螺纹切削循环与进刀法

编程格式：G76 P(m)(r)(α) Q($\Delta dmin$) R(d)；

G76 X(U)__ Z(W)__ R(I) F(f) P(k) Q(Δd)；

其中，m——精加工重复次数；

r——倒角量；

α——刀尖角；

$\Delta dmin$——最小切入量；

d——精加工余量；

X(U)、Z(W)——终点坐标；

I——螺纹部分半径之差，即螺纹切削起始点与切削终点的半径差，加工圆柱螺纹时 $I=0$，加工圆锥螺纹时，当 X 向切削起始点坐标小于切削终点坐标时 I 为负，反之为正；

k——螺纹牙型高度（X 轴方向的半径值）；

Δd——第一次切入量（X 轴方向的半径值）；

f——螺纹导程。

例 3.8　编写图 3-20 所示圆柱螺纹的加工程序，螺距为 6mm，程序如下：

```
G76  P 02 12 60  Q0.1  R0.1；
G76  X60.64  Z23  R0  F6  P3.68  Q1.8；
```

4. 数控车床加工案例——螺纹轴类零件

（1）工艺分析

1）分析零件图。图 3-21 所示螺纹类零件，其 ϕ28mm 外圆柱面直径处加工精度较高，同时需加工 M24×1.5 的螺纹，其材料为 45 钢，选择毛坯尺寸为 ϕ32mm×100mm。

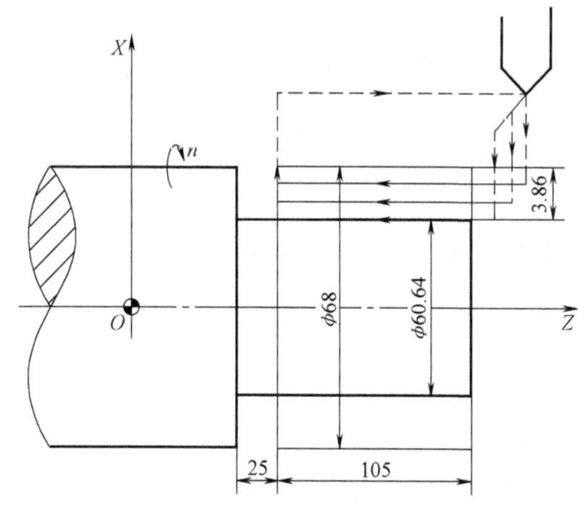

图 3-20　复合螺纹切削循环应用

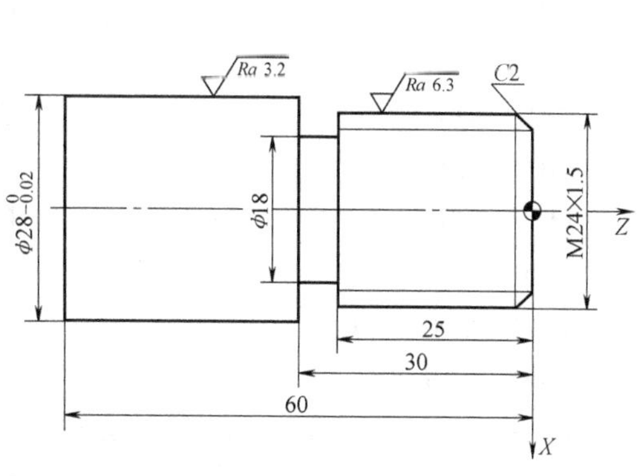

图 3-21　螺纹类零件

2）确定加工方案及加工路线。以零件端面中心 O 作为坐标系原点，设定工件坐标系。根据零件尺寸精度及技术要求，将粗、精加工分开来考虑，确定的加工工艺路线为：车削右端面→粗车外圆柱面 ϕ28.5mm→粗车螺纹外圆柱面为 ϕ24.5mm→车削倒角 C2mm→精车 ϕ23.85mm 螺纹大径→精车台阶→精车 ϕ28mm 外圆柱面→切槽→循环车削 M24×1.5 螺纹。

3）装夹零件及选择夹具。采用该机床本身标准的自定心卡盘，毛坯伸出自定心卡盘外

70mm，并找正夹紧。

4）选择刀具和切削用量

① 选择刀具。选择1号刀具为90°硬质合金机夹偏刀，用于粗、精车削加工。选择2号刀具为硬质合金机夹切断刀，其刀片宽度为5mm，用于切槽、切断车削加工。选择3号刀具为硬质合金机夹螺纹刀，用于螺纹车削加工。

② 选择切削用量。采用的切削用量主要考虑加工精度要求并兼顾提高刀具寿命、机床寿命等因素，确定主轴转速 $n=630\text{r/min}$，进给速度粗车为 $f=0.2\text{mm/r}$，精车为 $f=0.1\text{mm/r}$。

（2）数值计算

螺纹牙型高度：$t=0.65P=0.65\times1.5\text{mm}=0.975\text{mm}$

$d_{大}=d-0.1P=24\text{mm}-0.1\times1.5\text{mm}=23.85\text{mm}$

$d_{小}=d-1.3P=24\text{mm}-1.3\times1.5\text{mm}=22.05\text{mm}$

螺纹加工分为4刀，第1刀：ϕ23.0mm；第2刀：ϕ22.40mm；第3刀：ϕ22.10mm；第4刀：ϕ22.05mm。

（3）参考程序

```
O6677;
N10  G50  X100  Z100;            工件坐标系的设定
N20  S630  M03  T0101;           主轴正转630r/min，调用1号刀，刀具补偿号为1
N30  G00  X34  Z0;               快速点定位
N40  G01  X0  F0.2;              车削右端面
N50  G00  Z1;                    快速点定位
N60  X28.5;
N70  G01  Z-60;                  粗车外圆柱面为φ28.5mm
N80  X32;                        车削台阶
N90  G00  Z1;                    快速定位
N100  X24.5;
N110  G01  Z-30;                 粗车螺纹外圆柱面为φ24.5mm
N120  X28.5;                     车削台阶
N130  G00  Z0;                   快速点定位
N140  X19.85;
N150  G01  X23.85  Z-2  F0.1;    车削倒角C2mm
N160  W-28;                      精车φ23.85mm螺纹大径
N170  X28;                       精车台阶
N180  W-30;                      精车φ28mm外圆柱面
N190  X32;                       车削台阶
N200  G00  X100  Z100  T0100     快速退回刀具起始点，取消1号刀的刀具补偿
N210  T0202;                     调用2号刀，刀具补偿号为2
N220  G00  X30  Z-30;            快速点定位
N230  G01  X18;                  切槽
```

N240　G04　X1；	暂停1
N250　X30；	退刀
N260　X100　Z100　T0200；	快速退刀到起始点，取消2号刀的刀具补偿
N270　T0303　M00；	调用3号刀，刀具补偿号为3，主轴暂停，手动接通编码器
N280　G00　X26　Z2；	快速点定位
N290　G92　X23　Z-26　F1.5；	循环车削M24×1.5的螺纹
N300　X22.4；	
N310　X22.1；	
N320　X22.05；	
N330　G00　X100　Z100　T0300；	快速退回刀具起始点，取消3号刀的刀具补偿
N340　T0202；	调节用2号刀，刀具补偿号为2
N350　G00　X31　Z-65；	快速点定位
N360　G01　X0　F0.1；	切断
N370　G00　X30；	退刀
N380　X100　Z100　T0200；	快速退回刀具起始点，取消2号刀的刀具补偿
N390　M05；	主轴停止转动
N400　M30；	程序结束

四、任务实施

1. 工艺分析

（1）图样分析　如图3-1所示，这是一个由圆弧面、外圆锥面、外圆柱面、切槽及螺纹构成的轴类零件。ϕ25mm、ϕ30mm和ϕ36mm及R16.99mm外圆柱面、外圆锥面、圆弧面加工精度较高，材料为45钢，选择毛坯尺寸为ϕ40mm×100mm。

（2）加工方案及加工路线的确定　以零件右端面中心O作为坐标系原点，设定工件坐标系。根据零件尺寸精度及技术要求，将粗、精加工分开来考虑，确定的加工工艺路线为：车削右端面→粗车螺纹外圆柱面为ϕ20.5mm→车削倒角C2mm→粗车外轮廓面→精车ϕ19.85mm螺纹大径→精车台阶→精车外轮廓面→切槽→循环车削M20×2螺纹。

（3）零件的装夹及夹具的选择　采用该机床本身标准的自定心卡盘，零件伸出自定心卡盘外85mm左右，并找正夹紧。

（4）刀具和切削用量的选择

1）选择刀具。选择1号刀具为90°硬质合金机夹偏刀，用于粗、精车削加工，其副偏角应较大，否则加工凹曲面时易发生干涉现象。选择2号刀具为硬质合金机夹切断刀，其刀片宽度为4mm，用于切槽、切断等车削加工。选择3号刀具为60°硬质合金机夹螺纹刀，用于螺纹车削加工。

2）选择切削用量。采用切削用量主要考虑加工精度要求并兼顾提高刀具寿命、机床寿命等因素。确定粗车时主轴转速$n=600\text{r/min}$，进给速度为$f=0.2\text{mm/r}$，精车时主轴转速$n=1000\text{r/min}$，进给速度为$f=0.1\text{mm/r}$。

（5）数值计算　本任务主要计算螺纹的小径。螺纹牙型高度$h=5H/8=0.6495P=$

1.299mm，螺纹小径 = 20mm − 1.299 × 2mm = 17.402mm。

2. 参考程序

```
O0010;
N10  G54;
N15  T0101;
N20  G00  X40  Z5  M08;
N30  S600  M03;
N40  G71  U2  R0.5;
N50  G71  P60  Q130  U0.5  W0.2  F0.2;
N60  G00  G42  X11.85  Z2  S1000;
N70  G01  X19.85  Z-2  F0.1;
N80       Z-20;
N90       X21;
N95       X25  Z-22;
N100      Z-30;
N105      X30  Z-45;
N110  G03 X36  W-10  R16.99;
N120      Z-74;
N130      X45;
N140  G70 P60  Q130;
N150  G00 X100  Z100;
N160      T0202;
N170  G00 X26  Z-20;
N180      S60;
N190  G01 X16  F0.1;
N200      X25;
N210  G00 X40;
N220      Z-65;
N230  G01 X30  F0.1;
N240      X37;
N250  G00 X100  Z100;
N260      T0303;
N280  G00 X20  Z1;
N290  G92 X19.1  Z-22  F2;
N300      X18.5;
N310      X17.9;
N320      X17.5;
N330      X17.402;
N340  G00 X100  Z100;
```

N350　M02；

3. 数控加工

1）打开机床和数控系统。

2）接通电源，释放“急停”按钮，机床回零点。

3）安装工件和工艺装夹。

4）安装刀具。

5）输入程序（加载和修改）。

6）建立工件坐标系（对刀调整）。

7）进行程序仿真校验。

8）数控加工。在开始加工前检查倍率和主轴转速按钮，然后开启循环启动按钮，机床开始自动加工。

9）测量工件。

4. 学习评价

螺纹轴类零件的数控车削编程及加工任务评价见表3-3。

表3-3　螺纹轴类零件的数控车削编程及加工任务评价表

工件编号		技术要求	配分	总得分		
项目与权重	序号			评分标准	检测记录	得分
加工操作（25%）	1	尺寸精度符合要求	10	不合格每处扣2分		
	2	形位精度符合要求	5	不合格每处扣2分		
	3	表面粗糙度符合要求	10	不合格每处扣2分		
程序与工艺（25%）	4	程序格式规范	5	不规范每处扣2分		
	5	工艺过程规范合理	10	不合理每处扣5分		
	6	切削用量参数正确	5	不正确每处扣5分		
	7	程序正确完整	5	不完整全扣		
机床操作（20%）	8	刀具的选择与安装正确	5	不正确每次扣2分		
	9	对刀及坐标系设定正确	5	不正确每次扣2分		
	10	机床操作规范	5	不规范每次扣2分		
	11	工件加工不出错	5	出错全扣		
文明生产（10%）	12	安全操作	5	出错全扣		
	13	工作场所整理	5	不合格全扣		
相关知识及职业能力（20%）	14	槽及螺纹加工相关知识	10	提问		
	15	自学能力	10	根据学生情况，酌情给分		
		表达沟通能力				
		合作能力				
		创新能力				

五、训练

3.1　螺纹车削编程时应注意些什么问题？

3.2 螺纹车削时，主轴转速和进给速度之间有什么样的关系？数控机床上一般如何保证这样的关系？

3.3 螺纹车削时为什么有升速进刀段和减速退刀段？

3.4 什么是子程序？如何使用子程序？

3.5 选择加工图 3-22 ~ 图 3-25 所示零件时所需的刀具，并编制数控加工程序。

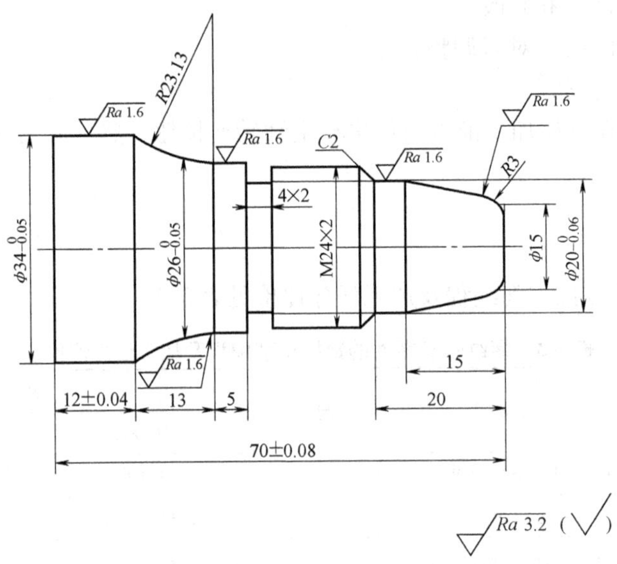

图 3-22 题图 1

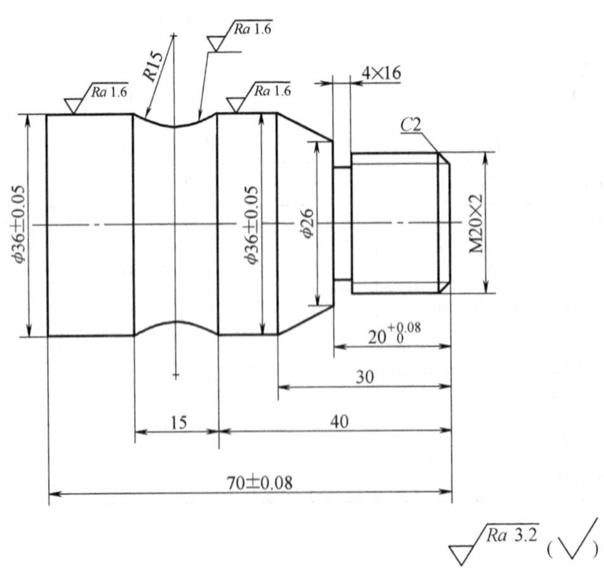

图 3-23 题图 2

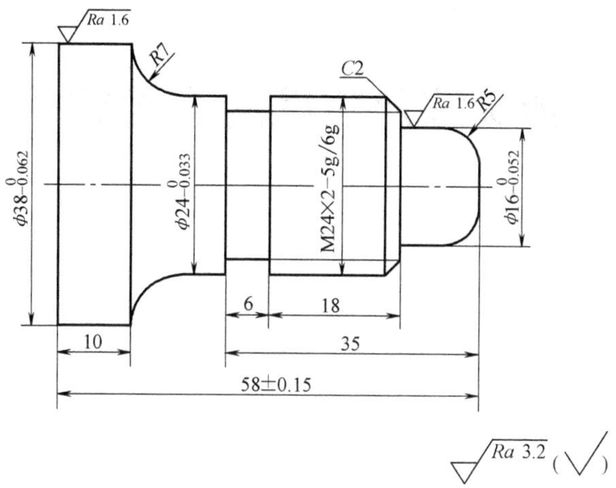

图 3-24　题图 3

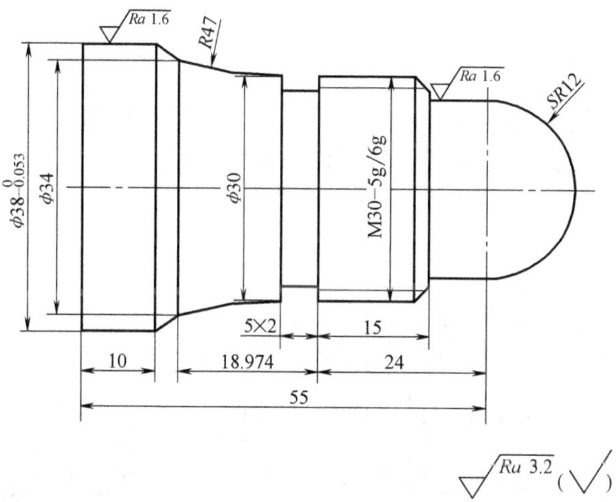

图 3-25　题图 4

任务4　轴类综合零件的数控编程及加工

学习目标

1. 掌握轴类综合零件的数控加工工艺分析
2. 会编制轴类综合零件的数控加工工艺文件
3. 掌握轴类综合零件的数控加工程序编制
4. 掌握加工圆柱面、圆锥面、圆弧面、沟槽、螺纹等综合零件的方法
5. 掌握加工质量及效益评价，工艺文件的整理及归档

一、任务引入

分析图4-1所示轴类综合零件的数控加工工艺，编制数控加工工艺文件，编写零件的数控程序，并在数控车床上进行加工，已知零件材料为45钢。

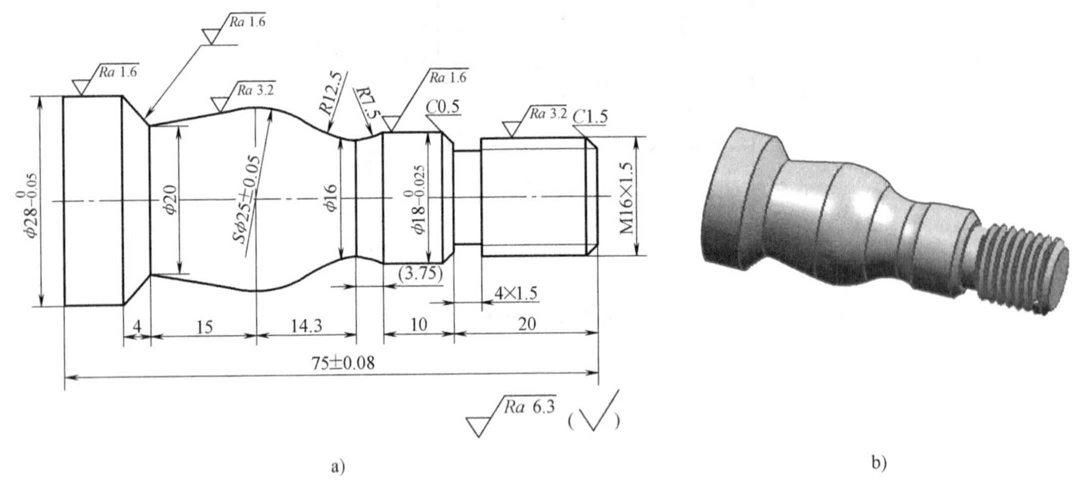

图4-1　轴类综合零件
a）零件图　b）立体图

二、任务分析

本任务主要涉及中等复杂程度的轴类综合零件数控编程及加工等相关内容。完成该任务的目的是为了进一步提高学生分析、解决工艺问题及数控编程、加工的能力。为此，学生应了解数控工艺文件的基础知识，并学会编写数控加工工序卡、数控加工刀具卡等工艺文件。

三、相关知识介绍

1. 数控加工工艺文件

数控加工工艺文件是数控加工工艺设计的内容之一，它不仅是进行数控加工和产品验收的依据，也是操作者遵守和执行的规程；同时它还为产品零件重复生产积累了必要的工艺资料，完成了技术储备。数控加工工艺文件是对数控加工的具体说明，目的是让操作者更明确加工程序的内容、装夹方式、各个加工部位所选用的刀具及其他技术问题。该文件包括了编程任务书、数控加工工序卡、数控加工刀具卡片、数控加工程序单等，下面提供了一些常用的文件格式。此外，文件格式也可根据企业实际情况自行设计。

（1）数控编程任务书　数控编程任务书是编程员与工艺人员协调工作和编制数控程序的重要依据之一，它阐明了工艺人员对数控加工工序的技术要求、工序说明和数控加工前应保证的加工余量，见表4-1。

表4-1　数控编程任务书

<table>
<tr><td colspan="2" rowspan="3">工　艺　处</td><td colspan="4" rowspan="3">数控编程任务书</td><td colspan="2">产品零件图号</td><td></td><td colspan="2">任务书编号</td></tr>
<tr><td colspan="2">零件名称</td><td></td><td colspan="2"></td></tr>
<tr><td colspan="2">使用数控设备</td><td></td><td colspan="2">共　页第　页</td></tr>
<tr><td colspan="11">主要工序说明及技术要求：</td></tr>
<tr><td colspan="6" rowspan="2"></td><td colspan="2">编程收到日期</td><td>月　日</td><td>经手人</td><td></td></tr>
<tr><td colspan="2"></td><td></td><td></td><td></td></tr>
<tr><td>编 制</td><td></td><td>审 核</td><td></td><td>编 程</td><td></td><td>审 核</td><td></td><td>批 准</td><td></td><td></td></tr>
</table>

（2）数控加工工序卡片　数控加工工序卡与普通加工工序卡很相似，所不同的是：工序简图中应注明编程原点与对刀点，要有编程说明及切削参数的选择等，它是操作人员进行数控加工的主要指导性工艺资料，见表4-2。如果工序加工内容比较简单，也可采用数控加工工艺卡片的形式，见表4-3。

（3）数控加工刀具卡片　数控加工时，对刀具的要求十分严格，一般要在机外对刀仪上预先调整刀具直径和长度。刀具卡片是组装刀具和调整刀具的依据，主要反映刀具编号、刀具结构、尾柄规格、组合件名称代号、刀片型号和材料等，见表4-4。

（4）数控加工工件安装和原点设定卡　它应表示出数控加工原点定位方法和夹紧方法，并应注明加工原点设置位置和坐标方向、使用的夹具名称和编号等，见表4-5。

（5）数控加工走刀路线图　在数控加工中，常常要注意并防止刀具在运动过程中与夹具或工件发生意外碰撞，为此必须设法告诉操作者关于编程中的刀具运动路线，刀具从哪里下刀、在哪里抬刀、哪里是斜下刀等。为简化走刀路线图，一般可采用统一约定的符号来表示。不同的机床可以采用不同的图例与格式，表4-6为一种常用格式。

表 4-2 数控加工工序卡片

单 位	数控加工工序卡片	产品名称或代号				零件名称		零件图号
工序简图		车间				使用设备		
		工艺序号				程序编号		
		夹具名称				夹具编号		
工步号	工步作业内容	加工面	刀具号	刀补量	主轴转速	进给速度	背吃刀量	备 注
编制		审核		批准		年 月 日	共 页	第 页

表 4-3 数控加工工艺卡片

单位名称		产品名称或代号		零件名称		零件图号		
工序号	程序编号	夹具名称		使用设备		车间		
工步号	工步内容	刀具号	刀具规格	主轴转速	进给速度	背吃刀量	备注	
编制		审核		批准		年 月 日	共 页	第 页

表 4-4 数控加工刀具卡片

<table>
<tr><td colspan="2">产品名称或代号</td><td></td><td>零件名称</td><td></td><td>零件图号</td><td></td></tr>
<tr><td>序号</td><td>刀具号</td><td>刀具规格名称</td><td>数量</td><td colspan="2">加工表面</td><td>备注</td></tr>
<tr><td></td><td></td><td></td><td></td><td colspan="2"></td><td></td></tr>
<tr><td></td><td></td><td></td><td></td><td colspan="2"></td><td></td></tr>
<tr><td></td><td></td><td></td><td></td><td colspan="2"></td><td></td></tr>
</table>

<table>
<tr><td>编制</td><td></td><td>审核</td><td></td><td>批准</td><td></td><td>共 页</td><td>第 页</td></tr>
</table>

表 4-5 工件安装和原点设定卡片

<table>
<tr><td>零件图号</td><td></td><td rowspan="2">数控加工工件安装和原点设定卡片</td><td>工序号</td><td rowspan="2"></td></tr>
<tr><td>零件名称</td><td></td><td>装夹次数</td></tr>
</table>

<table>
<tr><td colspan="3" rowspan="3"></td><td></td><td></td><td></td><td></td></tr>
<tr><td></td><td></td><td></td><td></td></tr>
<tr><td></td><td></td><td></td><td></td></tr>
<tr><td>编制(日期) 审核(日期)</td><td></td><td>批准(日期)</td><td>第 页</td><td></td><td></td><td></td></tr>
<tr><td></td><td></td><td></td><td>共 页</td><td>序号</td><td>夹具名称</td><td>夹具图号</td></tr>
</table>

表 4-6 数控加工走刀路线图

<table>
<tr><td colspan="2">数控加工走刀路线图</td><td>零件图号</td><td></td><td>工序号</td><td></td><td>工步号</td><td></td><td>程序号</td><td>O100</td></tr>
<tr><td>机床型号</td><td></td><td>程序段号</td><td></td><td>加工内容</td><td colspan="3"></td><td>共1页</td><td>第 页</td></tr>
<tr><td colspan="8" rowspan="4"></td><td colspan="2"></td></tr>
<tr><td>编程</td><td></td></tr>
<tr><td>校对</td><td></td></tr>
<tr><td>审批</td><td></td></tr>
</table>

<table>
<tr><td>符号</td><td>⊙</td><td>⊗</td><td></td><td></td><td></td><td></td><td></td><td></td><td></td></tr>
<tr><td>含义</td><td>抬刀</td><td>下刀</td><td>编程原点</td><td>起刀点</td><td>走刀方向</td><td>走刀线相交</td><td>爬斜坡</td><td>铰孔</td><td>行切</td></tr>
</table>

2. 数控车削加工的注意事项

数控车床加工的工艺与普通车床的加工工艺类似，但由于数控车床是一次装夹，连续自动加工完成所有的车削工序，因而应注意以下几个方面。

（1）切削用量的合理选择 对于高效率的金属切削加工来说，被加工材料、切削工具、切削条件是三大要素。这些决定着加工时间、刀具寿命和加工质量。经济有效的加工方式必然是合理地选择了切削条件。切削条件的三要素——切削速度、进给量和切削深度直接引起刀具的损伤。伴随着切削速度的提高，刀尖温度会上升，会产生机械的、化学的、热的磨损。切削速度提高 20%，刀具寿命会减少 1/2。进给条件与刀具后面磨损关系在极小的范围内产生。进给量大，切削温度上升，后面磨损大，它比切削速度对刀具的影响小。切削深度对刀具的影响虽然没有切削速度和进给量大，但以微小切削深度切削时，被切削材料产生硬化层，同样会影响刀具的寿命。用户要根据被加工的材料、硬度、切削状态、材料种类、进给量、切削深度等选择切削速度。然而，在实际作业中，刀具寿命的选择与刀具磨损、被加工尺寸变化、表面质量、切削噪声、加工热量等有关，所以在确定加工条件时，需要根据实际情况进行研究。对于不锈钢和耐热合金等难加工材料来说，可以采用冷却剂或选用刚性好的切削刃来进行切削加工。

（2）刀具的合理选择

1）粗车时，要选强度高、寿命长的刀具，以满足粗车时大背吃刀量、大进给量的要求。

2）精车时，要选精度高、寿命长的刀具，以保证加工精度的要求。

3）为减少换刀时间和方便对刀，应尽量采用机夹刀和机夹刀片。

（3）夹具的合理选择

1）尽量选用通用夹具装夹工件，避免采用专用夹具。

2）零件定位基准重合，以减少定位误差。

（4）加工路线的确定 加工路线是指数控机床加工过程中，刀具相对零件的运动轨迹和方向。

1）应能保证加工精度和表面粗糙度的要求。

2）应尽量缩短加工路线，减少刀具空行程时间。

（5）加工路线与加工余量的联系 目前，在数控车床还未达到普及使用的条件下，一般应把毛坯上过多的余量，特别是含有锻、铸硬皮层的余量安排在普通车床上加工。如必须用数控车床加工时，则需注意程序的灵活安排。

（6）夹具安装要点 目前液压卡盘和液压夹紧缸的联接是靠拉杆实现的。液压卡盘夹紧要点如下：首先用扳手卸下液压缸上的螺母，卸下拉管，并从主轴后端抽出，再用扳手卸下卡盘固定螺钉，即可卸下卡盘。刀具上的修光刃，指的是在刀具切削刃后面副偏角方向磨出的一小段与刀尖平行的切削刃，主要用于切削刃切削后进行一次二次切削，相当于精加工过程，可去除毛刺等，目的是降低工件的表面粗糙度值，多用于进行精加工的刀具上。

3. 返回类指令

（1）回参考点检验指令 G27 G27 指令用于检查 X 轴和 Z 轴是否能准确返回参考点。

编程格式：G27 X(U)__ Z(W)__;

执行该指令时，其前提是机床必须返回过一次参考点（手动返回或用 G27 指令返回）。执行 G27 指令时，各坐标轴以快速定位的方式返回各坐标轴的参考点。定位结束后，参考点的指示灯亮，说明各坐标轴正确回到了参考点；反之，如指令中所给的参考点坐标值不对或机床定位误差过大，则报警。需要注意的是，使用 G27 指令时，必须预先取消刀补量，否则会发生不正确的动作。

（2）自动返回参考点指令 G28　该指令可以使刀具从任何位置以快速点定位的方式经中间点返回参考点。

编程格式：G28　X(U)__　Z(W)__；

X、Z 中的坐标值是中间点的坐标值，参考点的坐标值不需指定。执行 G28 指令时，各轴先以 G00 指令指定的速度快移到程序指令的中间点位置，然后自动返回参考点。到达参考点后，相应坐标方向的指示灯亮。需要注意的是，使用 G28 指令前，要求机床在通电后必须（手动）返回过一次参考点；使用 G28 指令时，必须预先取消刀补量（用 T0000），否则会发生不正确的动作。

（3）从参考点返回指令 G29　执行 G29 指令时，各轴先以 G00 指令指定的速度快移到由前段 G28 指令定义的中间点位置，然后再向程序指令指定的目标点快速定位。

编程格式：G29　X(U)__　Z(W)__；

G28、G29 指令均属非模态指令，只在本程序段内有效。使用 G28、G29 指令时，从中间点到参考点的移动量不需计算。G29 指令一般在 G28 指令后出现，其应用习惯通常为：在换刀程序前先执行 G28 指令回参考点（换刀点），执行换刀程序后，再用 G29 指令往新的目标点移动。

例 4.1　图 4-2 所示从 *A* 点到 *C* 点移动的程序如下：

绝对编程：

G90　G28　X70　Z130；　　*A*→*B*→*R*

T0202；　　换刀

G29　X30　Z180；　　*R*→*B*→*C*

增量（相对）编程：

G91　G28　X40　Z100；

T0202；

G29　X-80　Z50；

图 4-2　G28 、G29 指令的应用

对于没有参考点设定功能的机床，在需要换刀时，应先用 G00 指令快速移到远离工件的某一坐标处（注意不要超程）；再在 M00 程序指令下，用手工旋动刀架进行换刀（旋动前应松动刀架锁紧手柄，转位后则应锁紧手柄）；然后，按“循环启动”或 F 功能键继续运行下一段带刀补功能 T 代码的程序，实施刀补。

4. 数控车床加工案例——轴类综合零件

例 4.2　如图 4-3 所示零件，毛坯直径为 54mm，材料为铝材，试编制其数控车削加工程序。

（1）工艺分析

1）技术要求。如图 4-3 所示，M20 螺纹为双线螺纹，导程为 2mm，螺距为 1mm。

2）确定加工工艺。

① 确定装夹定位。用自定心卡盘与顶尖定位并夹紧，工件前端面距卡爪端面距离

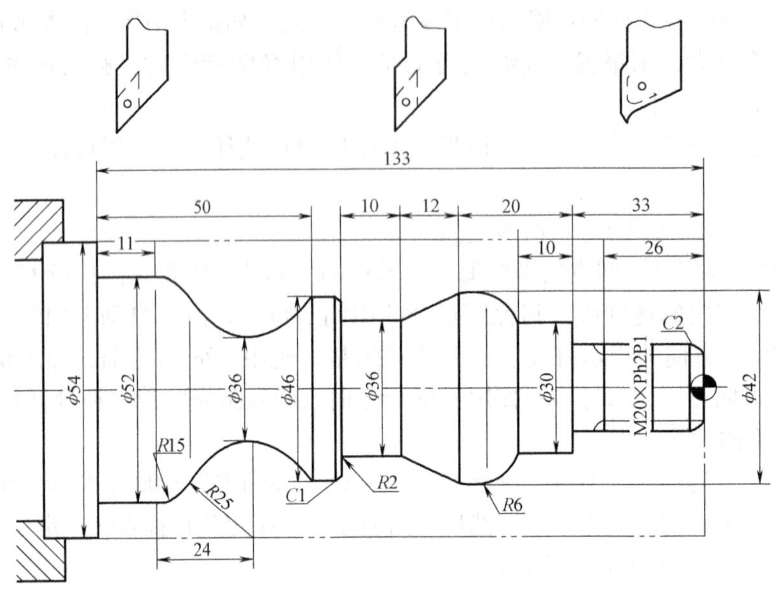

图 4-3 加工零件图

为 150mm。

② 确定加工起点和换刀点。因工件较小，为了加工路线清晰，加工起点与换刀点可以设为同一点，其位置的确定原则为：该处方便拆卸工件，不发生碰撞，空行程不长；要特别注意尾座对 Z 轴位置的限制，故放在 Z 向距工件前端面 80mm、X 向距轴线 50mm 的位置。

③ 确定工艺路线。首先通过复合固定循环，用外圆粗加工车刀加工工件轮廓，并保留 0.5mm 精加工余量。再用外圆车刀将外形轮廓加工到尺寸。最后用米制螺纹车刀，每线分三次加工 M24mm 双线螺纹的牙型。

3）确定加工刀具。采用外圆端面车刀、外圆粗加工车刀、外圆精加工车刀、米制螺纹车刀。

4）确定切削用量。加工外圆时，主轴转速为 500r/min，粗加工进给量为 0.3mm/r，精加工进给量为 0.2mm/r；加工螺纹时，主轴转速为 200r/min，螺纹分三次进给，背吃刀量分别为 0.7mm、0.4mm、0.2mm，另加两次光整加工。

（2）参考程序

```
O3355;                      主程序号
G50  X100  Z80  T0101;      建立工件坐标系，进行刀具补偿
M03  S500;                  主轴正转，转速为 500 r/min
G00  X100  Z80;             到程序起点或换刀点位置
     X60  Z5;               到简单端面循环起点位置
G94  X0  Z1.5  F0.3;        简单端面循环，加工毛坯端面
     Z0;                    简单端面循环，加工毛坯端面
G00  X100  Z80;             到程序起点或换刀点位置
     T0202;                 换 2 号外圆粗加工车刀
G00  X60  Z3;               到简单外圆循环起点位置
```

G90　X52.6　Z－133　F0.3；	简单外圆循环，加工毛坯外圆
G01　X54；	到复合循环起点位置
G71　U0.3　R0.1；	有凹槽的外径粗切复合循环
G71　P60　Q120　U1　W1　F0.3；	
G00　X100　Z80；	粗加工后到换刀点位置
T0303；	换3号外圆精加工车刀
G70　P60　Q120；	精加工循环
G00　G42　X70　Z3；	到精加工起点
N60　G01　X10　F0.2；	到倒角延长线上
X19.95　Z－2；	$C2$mm 倒角
Z－33；	精加工螺纹外径
X30；	精加工 $Z=-33$ 端面处
Z－43；	精加工 $\phi30$mm 外圆
G03　X42　Z－49　R6；	精加工 $R6$mm 圆弧
G01　Z－53；	精加工 $\phi42$mm 外圆
X36　Z－65；	精加工下切锥面
Z－75；	精加工 $\phi36$mm 槽径外圆
G02　X40　Z－75　R2；	精加工 $R2$mm 过渡圆弧
G01　X44；	精加工 $Z=-75$ 端面处
X46　Z－76；	精加工 $C1$mm 倒角
Z－83；	精加工 $\phi46$mm 槽径
G02　Z－113　R25；	精加工 $R25$mm 圆弧凹槽
G03　X52　Z－122　R15；	精加工 $R15$mm 圆弧
G01　Z－133；	精加工 $\phi52$mm 外圆
N120　G01　X54；	退出已加工表面
G00　G40　X100　Z80；	取消刀具半径补偿，到程序起点或换刀点位置
M05；	主轴停
T0404；	换4号螺纹车刀
M03　S200；	主轴正转，转速为200r/min
G00　X30　Z5；	到螺纹循环起点位置
G92　X19.3　Z－26　F2；	加工双线螺纹，背吃刀量（双边）为0.7mm
G92　X18.9　Z－26　F2；	加工双线螺纹，背吃刀量（双边）为0.4mm
G92　X18.7　Z－26　F2；	加工双线螺纹，背吃刀量（双边）为0.2mm
G92　X18.7　Z－26　F2；	光整加工螺纹
G92　X18.7　Z－26　F2；	光整加工螺纹
G00　X100　Z80；	到程序起点位置
M30；	主轴停 程序结束并复位

例4.3　如图4-4所示，零件毛坯直径为25mm，材料为45钢，试编制其数控车削加工程序。

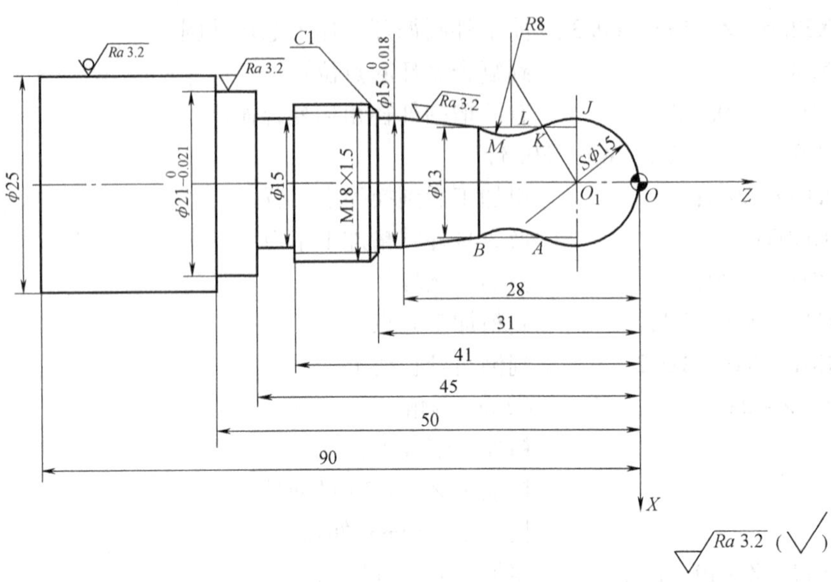

图 4-4 轴类零件图

（1）工艺分析

1）分析零件图。如图 4-4 所示，这是一个由球面、圆弧面、外圆锥面、外圆柱面、螺纹构成的外形较复杂的轴类零件。ϕ25mm 外圆柱面不加工，ϕ15mm 和 ϕ21mm 外圆柱面处加工精度较高，材料为 45 钢，选择毛坯尺寸为 ϕ25mm × 90mm。

2）确定加工方案及加工路线。以零件右端中心 *O* 作为坐标系原点，设定工件坐标系。根据零件尺寸精度及技术要求，将粗、精加工分开来考虑，确定的加工工艺路线为：车削右端面→粗车外圆柱面为 ϕ21. 5mm→ϕ18. 5mm，ϕ15. 5mm→粗车球面为 $S\phi$15. 5mm→粗车圆弧面为 *R*7. 75mm→粗车外圆锥面→精车 $S\phi$15mm 球面→精车 *R*8mm 圆弧面→精车外圆锥面→精车 ϕ20mm 外圆柱面倒角 *C*1→精车螺纹大径→精车 ϕ21mm 外圆柱面→切槽→循环车削 M18 × 1. 5 的螺纹。

3）装夹零件及选择夹具。采用该机床本身标准的自定心卡盘，零件伸出自定心卡盘外 60mm 左右，并找正夹紧。

4）选择刀具和切削用量。

① 选择刀具。选择 1 号刀具为 90°硬质合金机夹偏刀，用于粗、精车削加工，其副偏角应较大，否则加工凹曲面时易发生干涉现象。选择 2 号刀具为硬质合金机夹切断刀，其刀片宽度为 4mm，用于切槽、切断等车削加工。选择 3 号刀具为 60°硬质合金机夹螺纹刀，用于螺纹车削加工。数控加工刀具卡片见表 4-7。

表 4-7 数控加工刀具卡片

产品名称或代号			零件名称	典型轴	零件图号	
序号	刀具号	刀具规格名称	数量	加工表面		备注
1	T01	右手外圆偏刀	1	粗、精车外轮廓表面		20mm × 20mm
2	T02	切槽刀	1	切 4mm 槽、切断		*B* = 4mm 20mm × 20mm

（续）

产品名称或代号			零件名称	典型轴	零件图号	
序号	刀具号	刀具规格名称	数量	加工表面		备注
3	T03	60°外螺纹车刀	1	螺纹加工		20mm×20mm
编制		审核	批准		共　页	第　页

② 选择切削用量。选择切削用量主要考虑加工精度要求并兼顾提高刀具寿命、机床寿命等因素，确定的主轴转速，进给量见表4-8。

表4-8　典型轴的数控加工工艺卡片

单位名称		产品名称或代号			零件名称		零件图号	
					典型轴			
工序号	程序编号	夹具名称			使用设备		车间	
001		自定心卡盘			CK6140 数控车床		数控中心	
工步号	工步内容（尺寸单位：mm）		刀具号	刀具规格	主轴转速 /(r/min)	进给量 /(mm/r)	背吃刀量 /mm	备注
1	从右至左粗车各面		T01	20mm×20mm	800	0.25	2	
2	从右至左精车各面		T01	20mm×20mm	1500	0.15	0.5	
3	切槽		T02	20mm×20mm	400	0.1		
4	车 M18×1.5 螺纹		T03	20mm×20mm	300	1.5		
编制		审核	批准		年　月　日		共　页	第　页

（2）数值计算

A 点：$X=13$，$Z=-(7.5+3.74)\text{mm}=-11.24\text{mm}$；

B 点：$X=13$，$Z=-(11.24+2\times3.99)\text{mm}=-19.22\text{mm}$；

AB 弧的圆心 O_2 点：$X=(13\text{mm}+2\times6.93\text{mm})=-26.86\text{mm}$，$Z=-(11.24+3.99)\text{mm}=-15.23\text{mm}$；

螺纹牙型高度：$t=0.65P=0.65\times1.5\text{mm}=0.975\text{mm}$；

$d_{大}=d_{公称}-0.1P=18\text{mm}-0.1\times1.5\text{mm}=17.85\text{mm}$；

$d_{小}=d_{公称}-1.3P=18\text{mm}-1.3\times1.5\text{mm}=16.05\text{mm}$。

螺纹加工分四刀进给切削加工，加工的螺纹根径依次为：第一刀17.0mm，第二刀16.50mm，第三刀16.20mm，第四刀16.05mm。

（3）参考程序

```
O1122;
N10  G50  X100  Z100;          工件坐标系的设定
N20  S800  M03  T0101;         主轴正转，转速为800r/min，调用1
                               号刀，刀具补偿号为1
N30  G00  X26  Z0;             快速点定位
N40  G01  X0  F0.25;           车削右端面
N50  G00  Z1;                  快速点定位
```

```
N60  X21.5;
N70  G01  Z-50;                          粗车外圆柱面为φ21.5mm
N80  X25;                                车削台阶
N90  G00  Z1;                            快速点定位
N100  X18.5;
N110  G01  Z-45 ;                        粗车外圆柱面为φ18.5mm
N120  X21.5;                             车削台阶
N130  G00  Z1;                           快速点定位
N140  X15.5;
N150  G01  Z-31;                         粗车外圆柱面为φ15.5mm
N160  X18.5;
N170  G00  Z0.25 ;                       快速点定位
N180  X0;
N190  G03  X13.43  Z-11.37  R7.75;       粗车球面为Sφ15.5mm
N200  G02  Z-19.1  R7.75;                粗车圆弧面为R7.75mm
N210  G01  X15.5  Z-28;                  粗车外圆锥面
N220  X16;                               退刀
N230  G00  Z0  S1500;                    快速点定位
N240  X0;
N250  G03  X13  Z-11.24  R7.5  F0.15;    精车Sφ15mm球面
N260  G02  Z-19.22  R8;                  精车R8mm圆弧面
N270  G01  X15  Z28;                     精车外圆锥面
N280  W-3;                               精车φ15mm外圆柱面
N290  X15.85;                            车削台阶
N300  X17.85  W-1;                       倒角C1
N310  Z-45;                              精车螺纹大径
N320  X21;                               车削台阶
N330  Z-50;                              精车φ21mm外圆柱面
N340  X25;                               车削台阶
N350  G00  X100  Z100  T0100;            快速退回刀具起始点，取消1号刀的
                                         刀具补偿
N360  T0202                              调用2号刀，刀具补偿号为2
N370  G00  X22  Z-45  S400;              快速点定位
N380  G01  X15  F0.1;                    切槽
N390  G04  X1;                           暂停1s
N400  X22;                               退刀
N410  G00  X100  Z100  T0200;            快速退回刀具起始点，取消2号刀的
                                         刀具补偿
N420  T0303  M00;                        调用3号刀，刀具补偿号为3，主轴
```

	暂停，手动接通编码器
N430 G00 X20 Z－28 S300；	快速点定位
N440 G92 X17 Z－42 F1.5；	循环车削 M18×1.5 的螺纹
N450 X16.5；	
N460 X16.2；	
N470 X16.05；	
N480 G00 X100 Z100 T0300；	快速退回刀具起始点，取消 3 号刀具的刀具补偿
N490 M05；	主轴停止转动
N500 M30；	程序结束

四、任务实施

1. 工艺分析

（1）零件图的分析 该零件表面由圆柱面、圆锥面、凸圆弧面、凹圆弧面、沟槽及螺纹等表面组成。零件材料为 45 钢，毛坯尺寸为 $\phi30mm\times L110mm$，无热处理和硬度要求。

（2）设备的选择 根据被加工零件的外形和材料等条件，选用 CK6140 型数控车床。

（3）零件定位基准和装夹方式的确定

1）定位基准。确定坯料轴线和左端面为定位基准。

2）装夹方法。采用自定心卡盘自定心夹紧。

（4）加工顺序及进给路线的确定 加工顺序按先车端面，然后遵循“由粗到精、由近到远”（由右到左）的原则。即先从右到左粗车各面（留 0.5mm 精车余量），然后从右到左精车各面，最后切槽、车削螺纹、切断。

（5）刀具的选择 刀具材料为 W18Cr4V，其选择卡片见表 4-9。

表 4-9 刀具选择卡片

产品名称或代号				零件名称	综合轴类零件		零件图号	
序号	刀具号	刀具规格名称		数量	加工表面			备注
1	T01	右手外圆偏刀		1	粗车外轮廓表面			20mm×20mm
2	T02	右手外圆偏刀		1	精车外轮廓表面			20mm×20mm
3	T03	60°外螺纹车刀		1	车螺纹			20mm×20mm
4	T04	切槽刀		1	切 4mm 槽、切断			$B=4mm$ 20mm×20mm
编制			审核		批准		共 页	第 页

（6）切削用量的确定 根据被加工表面质量要求、刀具材料和工件材料，参考切削用量手册或有关资料，选取切削速度与每转进给量，然后利用公式 $v_c=\pi dn/1000$ 和 $v_f=nf$，计算主轴转速与进给速度（计算过程略），最后根据实践经验进行修正，计算结果填入表 4-10 工序卡中。

综合前面分析的各项内容，并将其填入表 4-10 所示的数控加工工艺卡片。

表 4-10 综合轴的数控加工工艺卡片

<table>
<tr><td rowspan="2">单位名称</td><td rowspan="2"></td><td colspan="3">产品名称或代号</td><td colspan="2">零件名称</td><td colspan="2">零件图号</td></tr>
<tr><td colspan="3"></td><td colspan="2">综合轴类零件</td><td colspan="2"></td></tr>
<tr><td>工序号</td><td>程序编号</td><td colspan="3">夹具名称</td><td colspan="2">使用设备</td><td colspan="2">车间</td></tr>
<tr><td>001</td><td></td><td colspan="3">自定心卡盘</td><td colspan="2">CK6140 型数控车床</td><td colspan="2">数控中心</td></tr>
<tr><td>工步号</td><td>工步内容
（尺寸单位：mm）</td><td>刀具号</td><td>刀具规格</td><td>主轴转速
/(r/min)</td><td>进给量
/(mm/r)</td><td>背吃刀量
/mm</td><td>备注</td><td></td></tr>
<tr><td>1</td><td>从右至左粗车各面</td><td>T01</td><td>20mm×20mm</td><td>800</td><td>0.25</td><td>2</td><td></td><td></td></tr>
<tr><td>2</td><td>从右至左精车各面</td><td>T02</td><td>20mm×20mm</td><td>1500</td><td>0.15</td><td>0.5</td><td></td><td></td></tr>
<tr><td>3</td><td>切槽</td><td>T04</td><td>20mm×20mm</td><td>400</td><td>0.1</td><td></td><td></td><td></td></tr>
<tr><td>4</td><td>车 M16×1.5 螺纹</td><td>T03</td><td>20mm×20mm</td><td>300</td><td>1.5</td><td></td><td></td><td></td></tr>
<tr><td>5</td><td>切断</td><td>T04</td><td>20mm×20mm</td><td>400</td><td>0.1</td><td></td><td></td><td></td></tr>
<tr><td>编制</td><td></td><td>审核</td><td></td><td>批准</td><td></td><td>年 月 日</td><td>共 页</td><td>第 页</td></tr>
</table>

2. 参考程序

```
O0012;
N10 G54 G21 G40 G99;
N15 T0101;
N20 G00 X30 Z5 M08;
N30 G96 S800 M03;
N40 G71 U2 R0.5;
N50 G71 P60 Q130 U0.5 W0 F0.25;
N60 G00 G42 X10 Z1.5 ;
N70 G01 X15.85 Z-1.5 F0.15 ;
N80 Z-20;
N90 X17;
N95 X18 Z-20.5;
N100 Z-30;
N105 G02 X16 W-3.75 R7.5;
N110 G02 X20.506 W-7.15 R12.5;
N115 G03 X24.65 W-9.233 R12.5;
N116 G01 X20 Z-63.05;
N120 X28 W-4;
N125 Z-79;
```

```
N130  G00  X40;
N135  G00  X100  Z100;
N136  T0202;
N140  G70  P60  Q130;
N150  G00  X100  Z100;
N160  T0404;
N170  G00  X20  Z-20;
N180  S400;
N190  G01  X13  F0.1;
N200  X20;
N210  G00  X100  Z100;
N220  T0303;
N230  G97  S300;
N240  G00  X16  Z1;
N250  G92  X15.2  Z-22  F1.5;
N260  X14.6;
N270  X14.2;
N280  X14.04;
N290  G00  X100  Z100;
N300  T0404;
N310  G00  X30  Z-79;
N320  G96  S400;
N330  G01  X0  F0.1;
N340  G00  X30;
N350  G00  X100  Z100;
N360  M02;
```

3. 数控加工

1）打开机床和数控系统。

2）接通电源，释放“急停”按钮，机床回零点。

3）安装工件和工艺装夹。

4）安装刀具。

5）输入程序（加载和修改）。

6）建立工件坐标系（对刀调整）。

7）进行程序仿真校验。

8）数控加工。

在开始加工前检查倍率和主轴转速按钮，然后开启循环启动按钮，机床开始自动加工。

9）测量工件。

4. 学习评价

轴类综合零件的数控车削编程及加工任务评价内容见表4-11。

表 4-11 轴类综合零件的数控车削编程及加工任务评价表

<table>
<tr><td colspan="2">工件编号</td><td rowspan="2">技术要求</td><td rowspan="2">配分</td><td colspan="3">总得分</td></tr>
<tr><td>项目与权重</td><td>序号</td><td>评分标准</td><td>检测记录</td><td>得分</td></tr>
<tr><td rowspan="3">加工操作
（25%）</td><td>1</td><td>尺寸精度符合要求</td><td>10</td><td>不合格每处扣 2 分</td><td></td><td></td></tr>
<tr><td>2</td><td>形位精度符合要求</td><td>5</td><td>不合格每处扣 2 分</td><td></td><td></td></tr>
<tr><td>3</td><td>表面粗糙度符合要求</td><td>10</td><td>不合格每处扣 2 分</td><td></td><td></td></tr>
<tr><td rowspan="4">程序与工艺
（25%）</td><td>4</td><td>程序格式规范</td><td>5</td><td>不规范每处扣 2 分</td><td></td><td></td></tr>
<tr><td>5</td><td>工艺过程规范合理</td><td>10</td><td>不合理每处扣 5 分</td><td></td><td></td></tr>
<tr><td>6</td><td>切削用量参数正确</td><td>5</td><td>不正确每处扣 5 分</td><td></td><td></td></tr>
<tr><td>7</td><td>程序正确完整</td><td>5</td><td>不完整全扣</td><td></td><td></td></tr>
<tr><td rowspan="4">机床操作
（20%）</td><td>8</td><td>刀具的选择与安装正确</td><td>5</td><td>不正确每次扣 2 分</td><td></td><td></td></tr>
<tr><td>9</td><td>对刀及坐标系设定正确</td><td>5</td><td>不正确每次扣 2 分</td><td></td><td></td></tr>
<tr><td>10</td><td>机床操作规范</td><td>5</td><td>不规范每次扣 2 分</td><td></td><td></td></tr>
<tr><td>11</td><td>工件加工不出错</td><td>5</td><td>出错全扣</td><td></td><td></td></tr>
<tr><td rowspan="2">文明生产
（10%）</td><td>12</td><td>安全操作</td><td>5</td><td>出错全扣</td><td></td><td></td></tr>
<tr><td>13</td><td>工作场所整理</td><td>5</td><td>不合格全扣</td><td></td><td></td></tr>
<tr><td rowspan="5">相关知识
及职业能力
（20%）</td><td>14</td><td>轴类零件加工相关知识</td><td>10</td><td>提问</td><td></td><td></td></tr>
<tr><td rowspan="4">15</td><td>自学能力</td><td rowspan="4">10</td><td rowspan="4">根据学生情况，酌情给分</td><td rowspan="4"></td><td rowspan="4"></td></tr>
<tr><td>表达沟通能力</td></tr>
<tr><td>合作能力</td></tr>
<tr><td>创新能力</td></tr>
</table>

五、训练

4.1 数控加工常用的工艺文件有哪些?

4.2 数控车削加工的注意事项有哪些?

4.3 使用返回类指令时需要注意哪些问题?

4.4 分析图 4-5、图 4-6 所示零件的车削加工工艺，并编制数控加工程序。

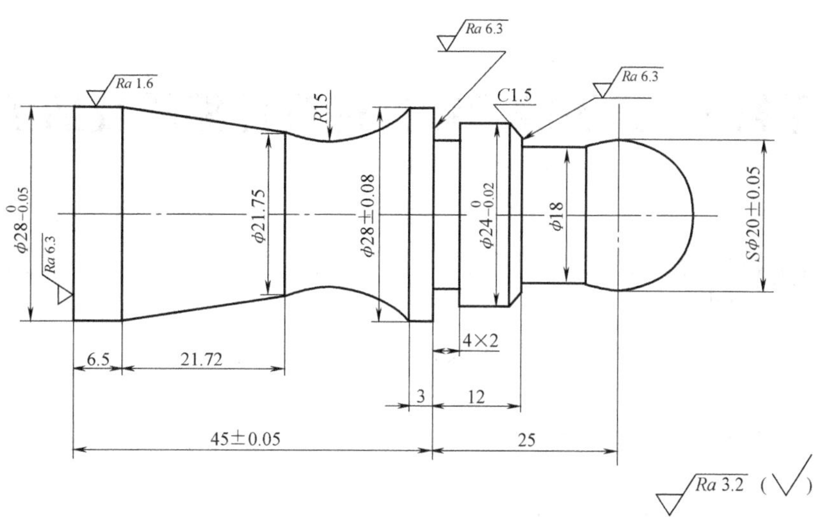

图 4-5 题图 1

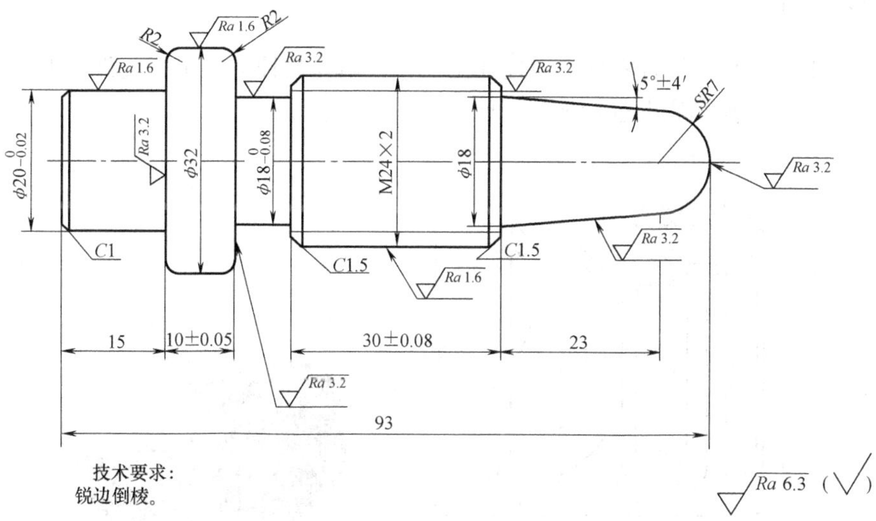

图 4-6 题图 2

任务5　套类综合零件的数控编程及加工

学习目标

1. 知道数控车床上孔加工的常用刀具及使用方法
2. 掌握数控车削内孔的加工工艺
3. 掌握数控车削内轮廓加工方法的选择
4. 掌握各类孔的测量方法
5. 掌握套类综合零件的数控编程及加工

一、任务引入

分析图5-1所示套类综合零件的数控加工工艺，填写数控加工工艺文件，编写零件的数控加工程序，并在数控车床上进行加工，已知材料为铝合金。

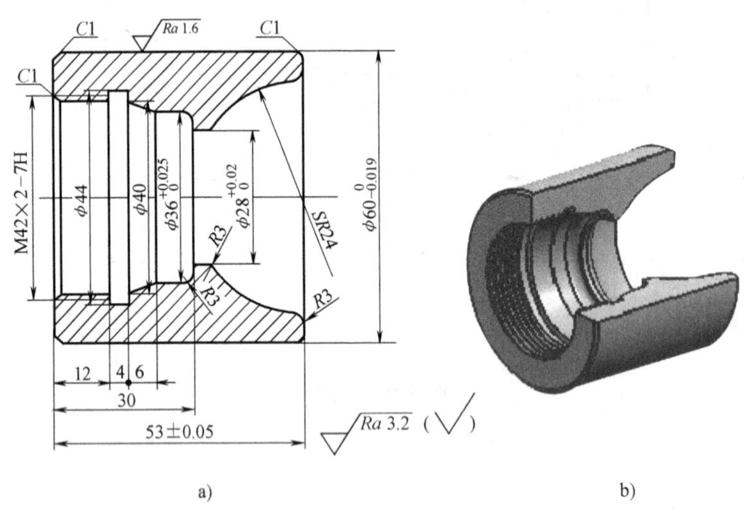

图5-1　套类综合零件
a）零件图　b）立体图

二、任务分析

本任务主要涉及数控车床上孔加工的常用刀具及使用方法、内孔的加工方法、内孔加工的编程方法。要完成本任务，需要掌握数控车床内孔、内锥面、内沟槽、内螺纹的加工工艺和编程方法等相关知识。

三、相关知识介绍

1. 数控车床上孔加工的常用刀具

根据不同的加工情况，常用孔加工刀具有麻花钻、扩孔钻、铰刀、内孔车刀等。其中内孔车刀可分为通孔车刀和不通孔车刀两种（图 5-2a、b）。

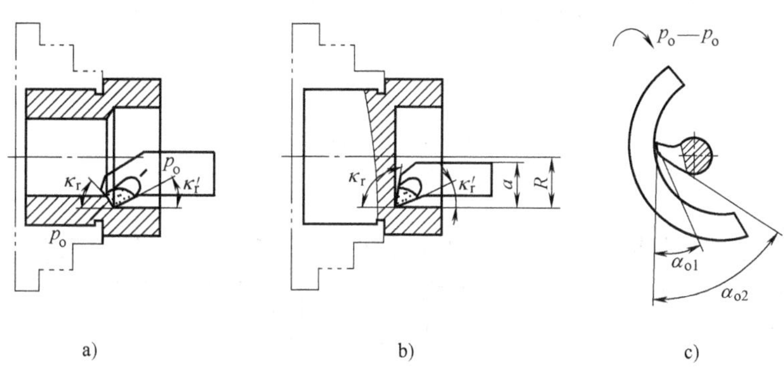

图 5-2　内孔车刀

a）通孔车刀　b）不通孔车刀　c）双后角

（1）通孔车刀　车削直通孔时采用的内孔车刀为通孔车刀，也称为通孔镗刀，其切削部分的几何形状基本上与外圆车刀相似，如图 5-2a 所示。在选用通孔车刀时应注意以下几点：

1）刀杆的长度不能太长，否则刀具刚性太差，易产生让刀、振动现象。刀杆长度一般比被加工孔深度多 5 ~ 10mm。

2）通孔车刀的刀杆及刀具后刀面呈圆弧形状，刀杆直径根据孔径尽量大些，略小于孔的半径，以增加刚性，避免刀杆碰伤工件内表面，并使刀杆能进入孔内。

3）为减小径向切削抗力，防止车孔时振动，主偏角应取得大些，一般在 60° ~ 75°之间，副偏角一般为 15° ~ 30°。为了防止内孔车刀后刀面和孔壁的摩擦，又不使后角磨得太大，一般磨成两个后角，如图 5-2c 所示的 α_{o1} 和 α_{o2}，其中 α_{o1} 取 6° ~ 12°，α_{o2} 取 30°左右。

（2）不通孔车刀　不通孔车刀用来车削不通孔或台阶孔，切削部分的几何形状基本上与偏刀相似，它的主偏角大于 90°，一般为 92° ~ 95°，如图 5-2b 所示，后角的要求和通孔车刀一样。不同之处是不通孔车刀夹在刀杆的最前端，刀尖到刀杆外端的距离 a 小于半径 R，否则无法车平孔的底面。

2. 直通孔与台阶孔的加工工艺

（1）直通孔加工的工艺路线　车削直通孔时的进给路线与车削外圆相似，仅是 X 方向的进给方向相反。另外在退刀时，注意正确的退刀路线（图 5-3），径向移动量不能太大，以免刀杆与内孔相碰。

（2）台阶孔加工的工艺路线　台阶孔加工一般也根据“先近后远、先粗后精”的原则，先粗车大孔、小孔，然后再精车大孔、小孔，但有时还要根据具体的零件及要求特殊处理。

图 5-4 所示是一个需要加工各孔直径的套筒，若按一般情况来安排精车各孔的走刀线路，是从右至左依次车出各孔，这时，其加工基准由所车的第一个孔（ϕ80mm）来体现，

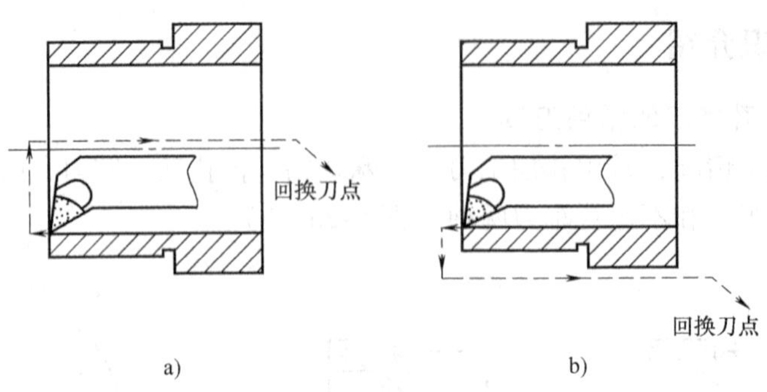

图 5-3 退刀路线

a）正确 b）错误

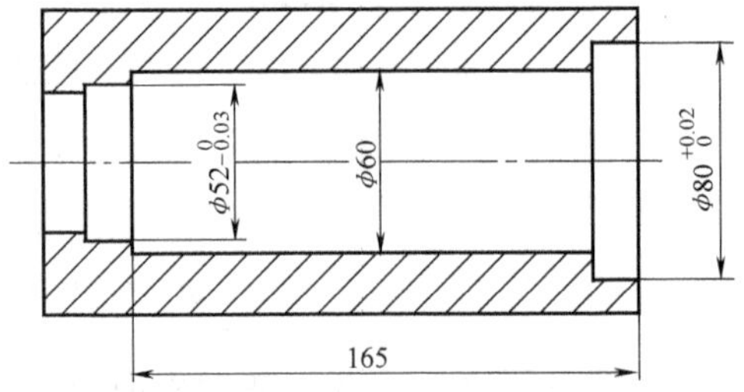

图 5-4 套筒加工的特殊处理

并以此基准进行对刀。但是，因与滚动轴承组成过渡配合的 ϕ52mm 孔较深，尺寸公差等级要求较高（IT7），加上纵向丝杠在其加工段区域的误差，以及刀尖在切削过程中的磨损等因素的影响，当镗至 ϕ52mm 孔的时候，精度就难以保证。对此，确定工艺路线时不能按“先近后远、先粗后精”的原则进行处理，较好的处理方法是将 ϕ52mm 孔作为加工基准，并按照 ϕ52mm→ϕ80mm→ϕ60mm 的次序安排加工各孔，这样该套筒的尺寸公差要求才能保证。

3. 内轮廓加工的工艺特点

1）内轮廓零件一般都要求具有较高的尺寸精度、较小的表面粗糙度值和较高的形位精度。在安装套类零件时，关键是要保证位置精度要求。

2）内轮廓加工工艺常采用“钻→粗车（或镗）→精车（或镗）”的加工方式，孔径较小时可采用手动方式或 MDI 方式“钻→铰”加工。

3）工件精度较高时，按粗、精加工交替进行内、外轮廓切削，以保证形位精度。

4）较窄内槽采用等宽内槽切刀通过一刀或两刀切出（槽深时中间退一刀以利于断屑和排屑），宽内槽多采用内槽刀多次切削成形后精镗一刀。

5）内轮廓加工刀具由于受到孔径和孔深的限制，刀杆细而长，刚性差，切削条件差，切削用量较切削外轮廓时应选取得小些（约小 30% ~50%）。但是，因孔直径较外轮廓直径小，实际主轴转速可能会比切削外轮廓时大。

6）内轮廓切削时切削液不易进入切削区域，切屑不易排出，切削温度可能会较高，车或镗深孔时可以采用工艺性退刀，以促进切屑排出。

7）内轮廓切削时切削区域不易观察，加工精度不易控制，大批量生产时测量次数需安排得多一些。

8）中空工件的刚性一般较差，装夹时应选好定位基准，控制夹紧力的大小，以防止工件变形，保证加工精度。

4. 孔加工的切削用量

车直通孔的切削用量选择与车削外圆时相似，粗车、精车分开，但由于直通孔车刀的刀杆直径受孔径的限制，刚性较差，故其背吃刀量及进给量应略小于外圆加工。

5. 内孔车刀的对刀方法

内孔车刀的对刀方法与车外圆时的方法基本相同，所不同的是毛坯若不带内孔必须先钻孔，再用内孔车刀试切对刀。为使测量准确，内孔对刀时须用内径百分表测量尺寸。另外，内孔对刀也可用反钩法，即用内孔刀车外圆，然后测量外圆直径的方法。当然，在输入X向直径时应加“－”。

6. 孔径的测量

测量孔径时，应根据工件的尺寸、数量及精度要求，采用相应的量具进行。如果孔的精度要求较低，可采用钢直尺、游标卡尺测量；精度要求较高则可采用以下几种方法测量：

（1）塞规　在成批生产中，为测量方便，常用塞规测量孔径，如图5-5a所示。塞规由通端、止端和手柄组成（图5-5b），通端的尺寸等于孔的最小极限尺寸，止端的尺寸等于孔最大极限尺寸。为了明显区别通端与止端，塞规止端的长度比通端的长度要短一些。测量时，通端通过，而止端不能通过，说明尺寸合格。测量不通孔的塞规应在外圆上沿轴向开有排气槽。使用塞规时，应尽可能使塞规与被测工件的温度一致，不要在工件还未冷却到室温时就去测量。测量内孔时，不可硬塞强行通过，一般靠塞规自身重力自由通过。测量时，塞规轴线应与孔轴线一致，不可歪斜。

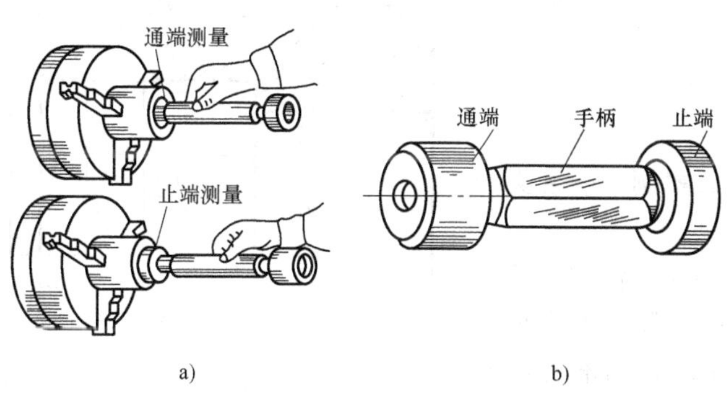

图5-5　塞规使用
a）测量方法　b）塞规结构

（2）内径千分尺　用内径千分尺可测量孔径。内径千分尺的外形如图5-6a所示，由测微头和各种尺寸的接长杆组成。其测量范围为50～1500mm，其分度值为0.01mm，每根接长杆上都注有公称尺寸和编号，可按需要选用，其使用方法如图5-6b所示。内径千分尺的读数方法和外径千分尺相同，但由于内径千分尺无测力装置，因此测量误差较大。

7. 内轮廓加工的编程特点

1）内轮廓加工刀具回旋空间小，刀具进、退刀方向与车外轮廓时有较大区别，编程时进、退刀尺寸必要时需仔细计算。例如切削内沟槽时，进刀采用从孔中心先进　Z方向，后进$-X$方向，退刀时先退少量$+X$，后退$+Z$方向。为防止干涉，退$+X$方向时退刀尺寸必要时需计算。

2）大锥度锥孔和较深的弧形槽、球窝等加工余量较大的表面加工时，可采用固定循环编程或子程序编程，一般直孔和小锥度锥孔采用钻孔后两刀车（或镗）出即可。

3）确定换刀点时，要考虑镗刀刀杆的方向和长度，以免换刀时刀具与工件、尾座（可

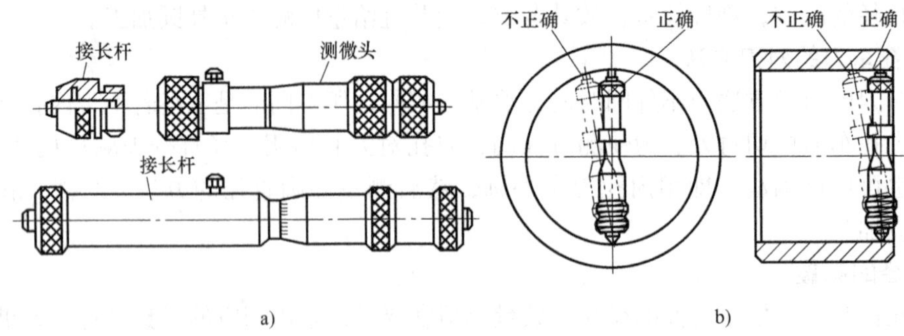

图 5-6 内径千分尺的使用

a）外形结构 b）使用方法

能有钻头）发生干涉。

4）车内螺纹时，一般先钻孔或扩孔。由于切削时的挤压作用，内孔直径会缩小（塑性金属较明显），所以车螺纹前孔径略大于小径的基本尺寸。车内螺纹的编程指令与车外螺纹的编程指令相同，但其进刀、退刀方向正好与车外螺纹相反，编程时应注意。

8. 数控车床加工案例——套类综合零件

例 5.1 图 5-7 所示为活塞缸盖零件简图。该零件采用数控车床加工，设左端长 51mm 的外圆部分已由上一道工序加工完成，现为装夹定位端。本次装夹好后，先后完成外形、内孔和切槽等的车削，其程序编写如下：

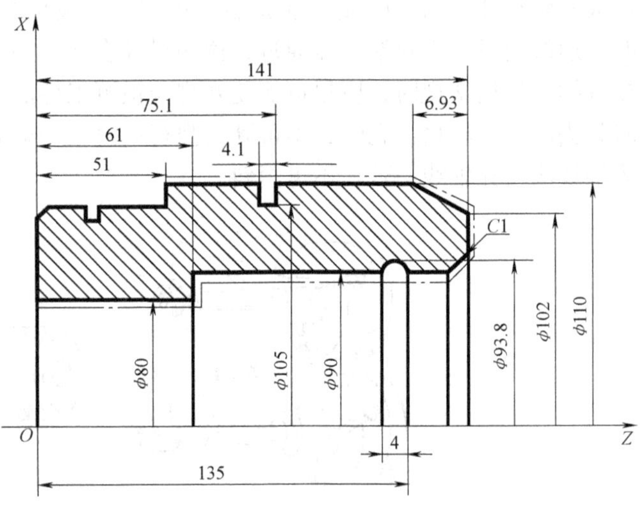

图 5-7 活塞缸盖零件图

O0021；	主程序号
G50 X150 Z200 T0101；	建立工件坐标系，进行刀具补偿
S300 M03；	主轴正转，转速为 300 r/min
G90 G00 X118 Z141.5 ；	快进到 $X=118$，$Z=141.5$
G01 X82 F0.3；	X 方向工进到 $X=82$，进给量为 0.3mm/r（粗车端面）
G00 X103；	快退至 $X=103$
G01 X110.5 Z135 F0.2；	工进至 $X=110.5$，$Z=135$（粗车短锥面）
Z48 F0.3；	Z 向进给至 $Z=48$（粗车 ϕ110mm 的外圆）
G00 X150 Z200 T0100；	返回起刀点，取消刀补
T0303；	自动换刀，并进行刀具补偿
G00 X89.5 Z180；	快进至 $X=89.5$，$Z=180$

Z145；	Z 向快进至 $Z=145$
G01　Z61.5　F0.3；	Z 向工进至 $Z=61.5$（粗车 ϕ90mm 的孔）
X79.5；	X 向工进至 $X=79.5$（粗车内孔阶梯面）
Z－5；	Z 向工进至 $Z=-5$（粗车 ϕ80mm 的孔）
G00　X75；	X 向快退至 $X=75$
Z180；	Z 向快退至 $Z=180$
G00　X150　Z200　T0300；	返回起刀点，取消刀补（或用 G28 指令）
T0505；	自动换刀，并进行刀具补偿
S600　M03；	主轴正转，转速为 600r/min
G00　X85　Z145；	快进至 $X=85$，$Z=145$
G01　Z141　F0.5；	Z 向工进至 $Z=141$
X102　F0.2；	X 向工进至 $X=102$（精车端面）
G91　X8　Z－6.93；	精车短锥面
G90　G01　Z48　F08；	Z 向工进至 $Z=48$（精车 ϕ110mm 的外圆）
G00　X112；	X 向快退至 $X=112$
X150　Z200　T0500；	返回起刀点，取消刀补（或用 G28 指令）
T0707；	自动换刀，并进行刀具补偿
S200　M03；	主轴正转，转速为 200r/min
G00　X85　Z180；	快进至 $X=85$，$Z=180$
Z131　M08；	Z 向快进至 $Z=131$，打开切削液
G01　X93.8　F0.2；	X 向工进至 $X=93.8$（车 ϕ93.8mm 的槽）
G00　X85；	X 向快退至 $X=85$
Z180；	Z 向快退至 $Z=180$
X150　Z200　T0700　M09；	返回起刀点，取消刀补，关闭切削液
T0909；	自动换刀，并进行刀具补偿
S600　M03；	主轴正转，转速为 600r/min
G00　X94　Z180；	快进至 $X=94$，$Z=180$
Z142；	Z 向快进至 $Z=142$
G01　X90　Z140　F0.2；	工进至 $X=90$，$Z=140$（内孔倒角）
Z61；	Z 向工进至 $Z=61$（精车 ϕ90mm 的内孔）
X80.2；	X 向工进至 $X=80.2$（精车内孔阶梯面）
Z－5；	Z 向工进至 $Z=-5$（精车 ϕ80mm 的内孔）
G00　X75；	X 向快退至 $X=75$
Z180；	Z 向快退至 $Z=180$
X150　Z200　T0900；	返回起刀点，取消刀补
T1111；	自动换刀，并进行刀具补偿
S240　M03；	主轴正转，转速为 240r/min
G00　X115　Z71；	快进至 $X=115$，$Z=71$
G01　X105　F0.1　M08；	X 向工进至 $X=105$，打开切削液，（车 4.1mm ×

	2.5mm 的槽)
X115;	X 向退至 $X=115$
G00 X150 Z200 T1100 M09;	返回起刀点，取消刀补，关闭切削液
M30;	程序结束，复位

例 5.2 图 5-8 所示为圆锥螺母套零件图，生产类型为单件小批量生产，下面以圆锥螺母套为例介绍轴套类零件的加工工艺及编程。

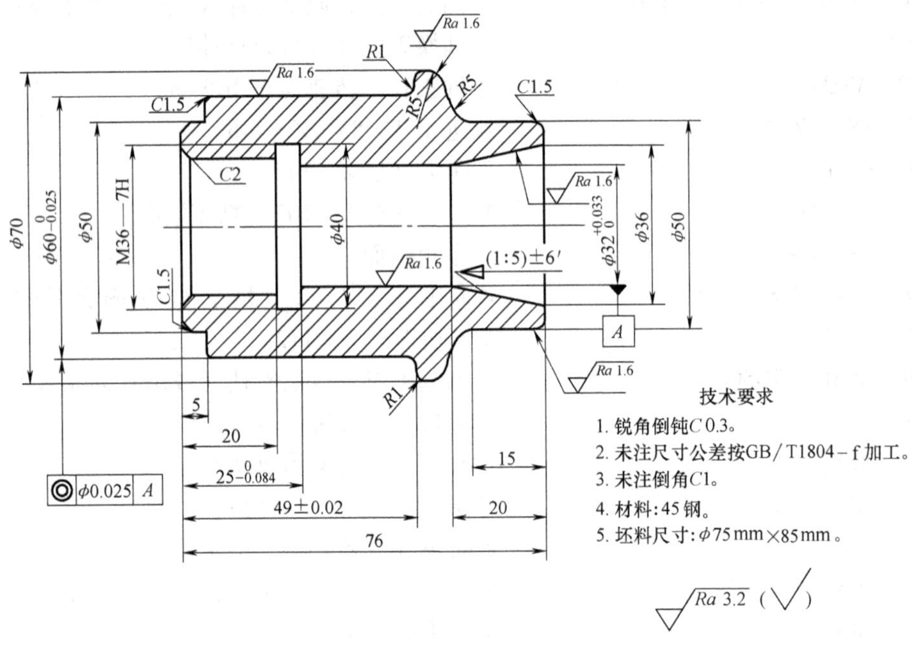

图 5-8 圆锥螺母套零件图

(1) 分析零件图样 圆锥螺母套由内、外圆柱面，内圆锥面，顺圆弧，逆圆弧及内螺纹等表面组成，其中多个直径尺寸与轴向尺寸有较高的精度要求，同时多个表面有较高的表面粗糙度要求。零件材料为 45 钢，切削加工性能较好，无热处理和硬度要求。

零件图样上带公差的尺寸，除内螺纹退刀槽尺寸 $25_{-0.084}^{0}$mm 公差值较大，编程时可取平均值 24.958mm 外，其他尺寸因公差值较小，编程时可不必取其平均值，而取其公称尺寸即可。

(2) 设计工艺

1) 选择加工方法。孔 $\phi32_{0}^{+0.033}$mm 因为精度较高，采用"钻→镗→铰"的加工方法，外圆柱面采用粗车→精车的加工方法。

2) 确定加工顺序。加工顺序的确定按"由内到外、由粗到精、由近到远"的原则确定，在一次装夹中尽可能加工出较多的工件表面。结合此零件的结构特征，可先加工内孔各表面，然后加工外轮廓表面。

因为圆锥螺母套的左、右端面均为多个尺寸的设计基准，所以在相应工序加工前，应该先将左、右端面车出来；内孔圆锥面加工完后，需调头加工内螺纹，具体加工工序见表 5-1。

表 5-1 圆锥螺母套数控加工工序卡

单位名称		产品名称	零件名称	零件图号
			圆锥螺母套	
工序号	程序编号	夹具名称	使用设备	车间
001	O1111～O1115	自定心卡盘和自制心轴	CK7150	

工步号	工步内容	刀具号	刀具规格	主轴转速 /(r/min)	进给速度 /(mm/min)	背吃刀量 /mm	备注
1	车端面	T01	25mm×25mm	320		1	手动
2	钻中心孔	T02	ϕ4mm	950		2	手动
3	钻孔	T03	ϕ31.5mm	200		15.75	手动
4	镗通孔至尺寸 ϕ31.9mm	T04	20mm×20mm	320	40	0.2	自动
5	铰孔至尺寸 $\phi32^{+0.033}_{0}$mm	T05	ϕ32	300		0.1	手动
6	镗锥孔保证锥度为(1∶5)±6′	T04	20mm×20mm	320	40	0.2	自动
7	粗车外圆至尺寸 ϕ71mm	T08	25mm×25mm	320	40	1	手动
8	调头车另一端面，保证长度尺寸 76mm	T01	25mm×25mm	320			自动
9	精镗螺纹底孔至尺寸 ϕ31.67mm	T04	20mm×20mm	320	25	0.1	自动
10	切 5mm 内孔退刀槽	T06	16mm×16mm	320			手动
11	ϕ31.67mm 孔边倒角 $C2$	T07	16mm×16mm	320			手动
12	车内孔螺纹至 M36-7H	T07	16mm×16mm	320		0.4	自动
13	自右至左车外表面	T08	25mm×25mm	400	30	0.2	自动
14	自左至右车外表面	T09	25mm×25mm	400	30	0.2	自动

编制		审核		批准		年 月 日	共 1 页	第 1 页

3）选择加工设备。圆锥螺母套在数控车床上完成全部表面的加工，选用 CK7150 型数控车床，系统为 BEIJING-FANUC 0i Mate-TB。

4）确定装夹方案和选择夹具。内孔加工时以外圆定位，用自定心卡盘夹紧。加工外轮廓时，为保证同轴度要求和便于装夹，以坯件左侧端面和轴线为定位基准，为此需要设一心轴装置（图 5-9 所示的双点画线部分），用自定心卡盘夹持心轴左端，心轴右端留有中心孔并用尾座顶尖顶紧，以提高工艺系统的刚性。

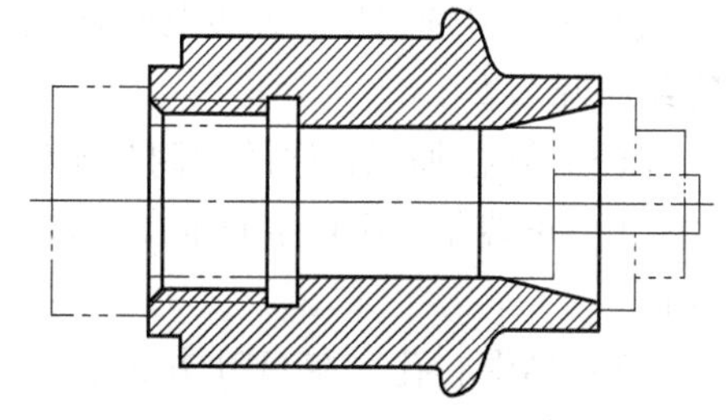

图 5-9 外轮廓车削装夹方案

5）确定走刀路线。由于圆锥螺母套为单件小批量生产，设计走刀路线时不必考虑最短进给路线或最短空行程路线，外轮廓表面车削时的走

刀路线可沿零件轮廓顺序进行，如图5-10所示。

6）选择刀具。

① 车削端面选用45°硬质合金端面车刀。

② ϕ4mm 中心钻，钻中心孔以利于钻削底孔时刀具找正。

③ ϕ31.5mm 高速钢钻头，钻内孔底孔。

④ 镗内孔选用内孔镗刀。

⑤ 内孔精加工选用 ϕ32mm 铰刀。

⑥ 螺纹退刀槽加工选用5mm 内槽车刀。

⑦ 内螺纹切削选用60°内螺纹车刀。

⑧ 选用93°硬质合金右偏刀，副偏角选35°，自右到左车削外圆表面。

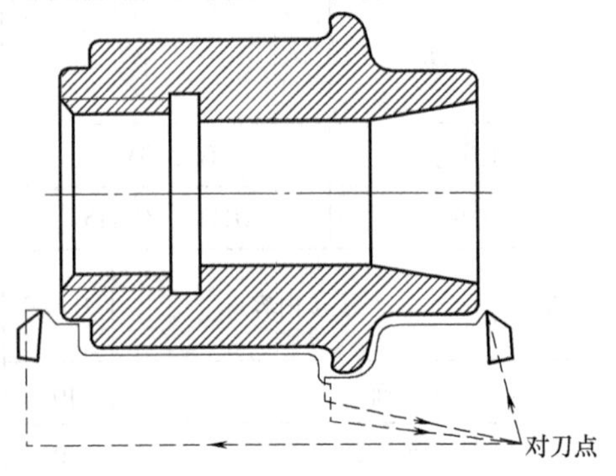

图5-10 外轮廓加工走刀路线图

⑨ 选用93°硬质合金左偏刀，副偏角选35°，自左到右车削外圆表面。

将所选定的刀具参数填入表5-2中，以便于编程和操作管理。

表5-2 圆锥螺母套数控加工刀具卡片

产品代号			零件名称	圆锥螺母套	零件图号	01
序号	刀具号	刀具名称	加工表面		刀尖半径/mm	备注
1	T01	45°硬质合金端面车刀	车端面		0.5	
2	T02	ϕ4mm 中心钻	钻 ϕ4mm 中心孔			
3	T03	ϕ31.5mm 钻头	钻孔			
4	T04	镗刀	镗孔及镗内孔锥面		0.4	
5	T05	ϕ32mm 铰刀	铰孔			
6	T06	内槽车刀	切5mm 宽螺纹退刀槽		0.4	
7	T07	内螺纹车刀	车内螺纹及螺纹孔倒角		0.4	
8	T08	93°右偏刀	自右至左车外表面		0.8	
9	T09	93°左偏刀	自左至右车外表面		0.8	
编制		审核	批准		共1页	第1页

7）选择切削用量。根据被加工表面质量要求、刀具材料和工件材料，参考切削用量手册或有关资料选取切削速度与每转进给量，然后根据计算公式计算主轴转速与进给速度，计算结果见表5-1。

（3）数控加工程序的编制与操作步骤

1）车端面。用自定心卡盘夹住毛坯一端，在MDI方式下，用45°硬质合金端面车刀车端面。

2）钻中心孔。在MDI方式下，用 ϕ4mm 中心钻，钻深为3～5mm的中心孔。

3）钻孔。在MDI方式下，用 ϕ31.5mm 钻头钻通孔。

4）镗孔。在自动方式下，用镗刀镗 ϕ32mm 孔至尺寸 ϕ31.91mm，编程原点设在工件的左端面，其参考程序如下：

```
O1111;
N10 G50 X150 Z150;
N20 G98;
N30 M03 S320;
N40 T0404;
N50 G00 Z80;
N60 X31.9;
N70 G01 X31.9 Z-2 F40;
N80 X30;
N90 G00 Z150;
N100 X150;
N110 M05;
N120 M30;
```

5）铰 ϕ32mm 的孔。在 MDI 方式下，用 ϕ32mm 的铰刀铰孔。

6）镗锥孔。在自动方式下，用镗刀镗锥孔，使锥度为（1∶5）±6′，深度为 20mm，程序如下：

```
O1112;
N10 G50 X150 Z150;
N20 G98;
N30 M03 S320;
N40 T0404;
N50 G00 Z80;
N60 X36;
N70 G01 Z76 F40;
N80 X32 Z56;
N90 X30;
N100 G00 Z150;
N105 X150;
N110 M05;
N120 M30;
```

7）车外表面。选精基准在 MDI 方式下，用 93°右偏刀对外表面车一刀，作为二次装夹的精基准。

8）长度加工。调头重新装夹，要注意找正。在 MDI 方式下，用 45°硬质合金端面车刀车端面，保证长度为 76mm。

9）镗孔。在自动方式下，用镗孔扩刀使孔直径为 ϕ31.67mm，深度为 $25_{-0.084}^{0}$mm 工件坐标系原点设在工件的最左端，其参考程序如下：

```
O1113;
N10 G50 X150 Z150;
N20 G98;
```

```
N30   M03   S320;
N40   T0404;
N50   G00   Z80;
N60   X31.67;
N70   G01   X31.67   Z41   F25;
N80   X30;
N90   G00   Z150;
N95   X150;
N100   M05;
N110   M30;
```

10）切5mm内孔退刀槽。在MDI方式下，用切槽刀加工内孔退刀槽，使其宽度为5mm，内孔直径为ϕ40mm。

11）倒孔ϕ31.67mm的孔边角。在上一工步的基础上，用内螺纹车刀倒孔ϕ31.67mm的孔边角为C2mm。

12）加工内螺纹。在自动方式下，用内螺纹车刀加工M36 -7H螺纹，查表得该螺纹的螺距为4mm，小径为31.67mm。设升速进刀段为4mm，降速退刀段为3mm，其参考程序如下：

```
O1114;
N10   G50   X150   Z150;
N20   M03   S320;
N30   T0707;
N40   G00   Z80;
N50   X31.67;
N60   G92   X33.17   Z48   F4;
N70   X33.9;
N80   X34.6;
N90   X35;
N100   X35.4;
N110   X35.8;
N120   X36;
N130   G01   X32;
N140   G00   Z150;
N150   X150;
N160   M05;
N170   M30;
```

13）精车外表面。用自定心卡盘夹紧心轴，装上工件用螺母固定，采用尾座支承，且找正使其同心，在自动方式下用93°左、右偏刀进行加工，其参考程序如下：

```
O1115;
N10   G50   X150   Z150;
N20   G98;
```

```
N30   M03   S400;
N50   M08;
N60   T0808;
N70   G00   X150   Z150;
N80   Z78;
N90   X43;
N100   G01   X50   Z74.5   F30;
N110   Z61;
N120   G02   X60   Z56   R5;
N130   G03   X70   Z51   R5;
N140   G01   Z50;
N150   X72;
N160   G00   X150;
N170   Z150;
N180   T0909;
N190   G00   Z-2;
N200   X43 ;
N210   G01   X50   Z1.5   F30;
N220   Z5;
N230   X57;
N240   X60   Z6.5;
N250   Z48;
N260   G03   X62   Z49   I1   K0;
N270   G01   X68;
N280   G02   X70   Z50   I0   K1;
N290   G01   Z51;
N300   G01   X72;
N310   G00   X150;
N320   Z150;
N330   M09;
N340   M05;
N350   M30;
```

四、任务实施

1. 图样分析

如图 5-1 所示，该零件外轮廓较简单，内轮廓较复杂，主要由 SR24mm 凹球面，ϕ28mm、ϕ36mm 等圆柱面，及 ϕ44mm×4mm 沟槽，M42×2 内螺纹等组成。轮廓描述清晰，尺寸齐全。其中 ϕ60mm、ϕ28mm、ϕ36mm 及长度 53mm 等尺寸要求较严格，其余尺寸均为未注公差，外圆柱面表面粗糙度值为 Ra1.6μm，其余为 Ra3.2μm，要求一般。

2. 加工工艺的制订

（1）工艺方案的确定 根据上述分析，加工方案可按加工端面→钻孔→粗车外轮廓→粗、精车左侧内轮廓→车内沟槽→车内螺纹→精车外轮廓→调头→粗、精车内轮廓、端面、倒角的顺序进行。编程指令可用前述 G00、G01 指令分层切削方式进行，也可用 G90、G94 等指令完成。最方便的是利用内、外圆粗车循环指令完成。

（2）编程原点和装夹方案的确定 根据毛坯形状，使用自定心卡盘装夹，用 ϕ60mm 外圆作为定位基准，编程原点设在工件右端面与轴线交点处，调头加工时以 ϕ60mm 表面及左侧端面定位装夹。

（3）刀具的选择 用一把 90°外圆车刀完成外圆、端面、倒角的加工，用一把不通孔车刀完成内轮廓的粗车与精车，此外还要内螺纹车刀、内沟槽刀（刀宽 3mm）各一把，中心钻、ϕ25mm 钻头各一把。

（4）切削用量的选择 粗车时主轴转速 $n=800$r/min，进给速度 $v_f=60$mm/min，背吃刀量 $a_p \leqslant 1.5$mm；精车时 $n=1200$r/min，进给速度 $v_f=40$mm/min，背吃刀量 $a_p=0.5\sim1$mm。

（5）加工工序

1）手动车端面，钻孔 ϕ25mm。

2）粗车外圆 ϕ60mm 至 ϕ60.5mm。

3）粗、精车左侧内轮廓。

4）车槽。

5）车螺纹 M42×2。

6）精车外圆 ϕ60mm。

7）检验。

8）倒角，切断，调头。

9）粗、精车右侧内轮廓。

10）检验。

3. 数值计算

此例的计算主要是右侧内轮廓的 SR24mm 与 R3mm 的切点坐标。手工计算较为复杂，此处利用 CAD 绘图并标注尺寸，精确到小数点后四位，计算结果如图 5-11 所示。

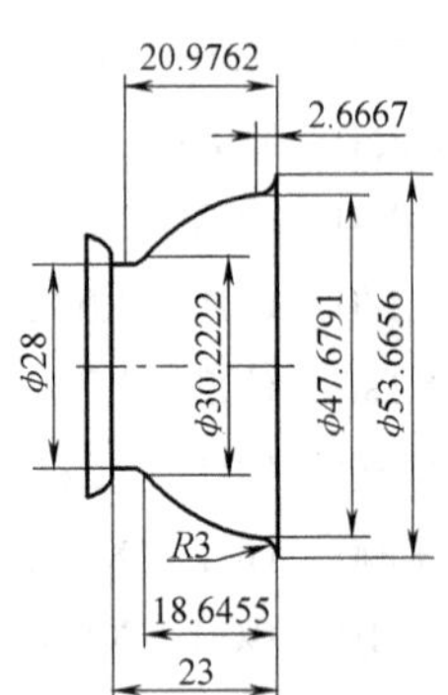

图 5-11 内轮廓编程尺寸

4. 参考程序

左侧加工程序：

```
O3601;                       程序号
G98  G21  G40  G54;          程序初始化
M03  S800;                   主轴正转，转速为 800r/min
     T0101;                  1 号外圆车刀
G00  X60.5  Z1;              粗车外圆
G01  Z-57  F60;
     X65;
G00  X80  Z50;
     T0505;                  换 5 号镗孔刀
```

```
G00  X24  Z1;
G71  U1  R0.2;                              粗镗内孔
G71  P100  Q200  U-0.5  W0.1  F60;
N100  G00  X44  S1200;
G01  X40  Z-1  F40;
     Z-16;
     X36.012  Z-22;
     Z-27;
G03  X30.012  Z-30  R3;
N200  G01  X24;
G70  P100  Q200;                            精车内轮廓
G00  X80  Z50;
T0606;                                      换6号内沟槽刀（刀宽3mm）
G00  X36;
     Z-16;
G75  R0.5;                                  车内沟槽
G75  X44  Z-15  P1500  Q1000  F30;
G00  Z2;
X80  Z50;
T0707;                                      换7号内螺纹刀
G00  X36  Z4;
G76  P030060  Q50  R0.3;                    车内螺纹
G76  X42  Z-14  P1082  Q200  F2;
G00  X80  Z50;                              回换刀点
T0101;                                      精车倒角、φ60mm外圆
G00  X56  Zl  S1200;
G01  X59.99  Z-1  F40;
     Z-54;
     X65  F200;
G00  X80  Z50;
T0202;                                      换2号切断刀（刀宽3mm）
G00  X80;
G00  X61  Z-57;
G01  X50  F40;
G00  X61;
     Z-54.5;
G01  X58  Z-56;                             倒角
     X-44;                                  切断
G00  X 80;                                  回换刀点
```

```
    Z50;
M30;                                        程序结束
右侧加工程序:
O3602;                                      程序名
G98  G21  G40  G54;                         程序初始化
M03  S800;                                  主轴正转，转速为800r/min
T0505;                                      换5号镗孔刀
G00  X23  Z2;
G71  U1  R0.2;                              粗镗内孔
G71  P100  Q200  U-0.5  W0.1  F80;
N100  G00  X60  S1200;
G01  Z0  F40;
X53.666;
G02  X47.68  Z-2.667  R3;
G03  X30.222  Z-18.646  R24;
G02  X28  Z-20.976  R3;
G01  Z-24;
N200  G01  X24;
G70  P100  Q200;                            精车内轮廓
G00  X80  Z50;                              回换刀点
M30;                                        程序结束
```

5. 数控加工

1）安装工件、刀具。夹毛坯外圆，伸出卡盘70mm。将90°外圆车刀装于1号刀位，切断刀装于2号刀位，镗孔刀装于5号刀位，内沟槽刀装于6号刀位，内螺纹刀装于7号刀位，中心钻装于尾座。

2）对刀，设定工件坐标系。将编程原点设在工件右端面中心，对刀，设置补偿参数。

3）程序校验、试切。采用数控机床图形显示功能进行校验并试切削，测量并修正相关参数。

4）自动运行加工。启动程序进行自动加工，并根据加工情况适当调整切削速度、进给速度。

5）检验。自动加工结束后，按图样要求对工件进行检测。

6. 学习评价

套类综合零件的数控车削编程及加工任务评价内容见表5-3。

表5-3 套类综合零件的数控车削编程及加工任务评价表

工件编号		技术要求	配分	总得分		
项目与权重	序号			评分标准	检测记录	得分
程序与工艺（20%）	1	程序格式规范、正确、完整	5	不规范每处扣2分		
	2	切削用量合理	5	不合理每处扣5分		
	3	工艺过程规范、合理	10	不合理每处扣5分		

（续）

工件编号		技术要求	配分	总得分		
项目与权重	序号			评分标准	检测记录	得分
机床操作（10%）	4	刀具安装、对刀正确	5	不正确每次扣2分		
	5	机床操作规范、处置得当	5	不规范每次扣2分		
工件质量（40%）	6	尺寸精度符合要求	15	不合格每处扣2分		
	7	表面粗糙度符合要求	15	不合格每处扣2分		
	8	形位公差符合要求	10	不合格每处扣5分		
文明生产（15%）	9	安全操作	10	出错全扣		
	10	机床清理	5	不合格全扣		
相关知识及职业能力（15%）	11	自学能力	15	教师根据学员的学习情况、表达沟通能力、合作能力和创新能力酌情给0~15分		
		表达沟通能力				
		合作能力				
		创新能力				

五、训练

5.1 数控车削内轮廓的加工工艺特点有哪些？

5.2 数控车削用内孔车刀有哪些？各用在什么场合？

5.3 在数控车床上进行内轮廓编程时应注意哪些问题？

5.4 分析图5-12、图5-13所示套类零件的车削加工工艺，编制数控加工程序。

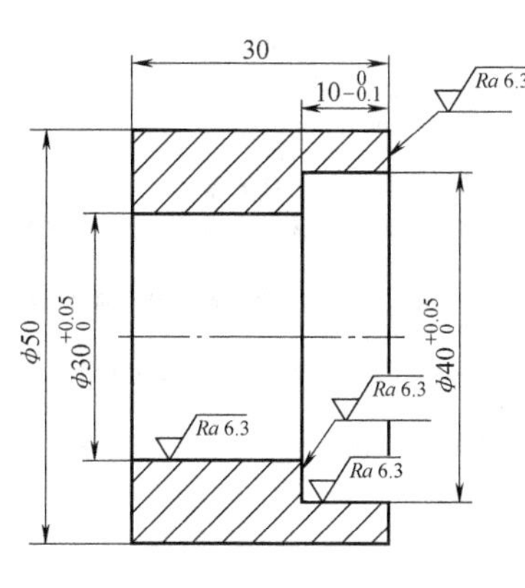

图5-12 题图1

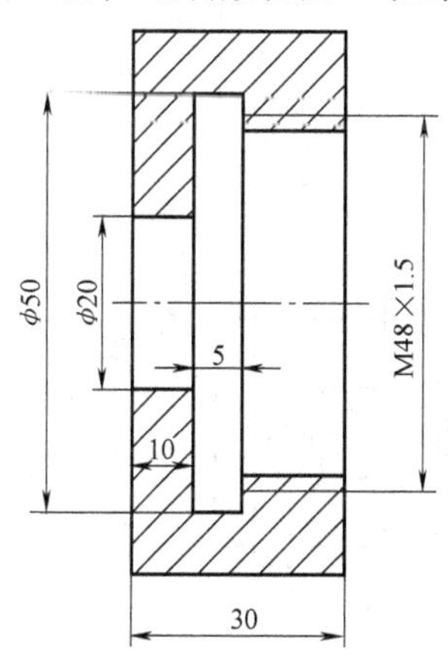

图5-13 题图2

任务6　车削组合件的数控编程及加工

学习目标

1. 掌握车削组合件的加工工艺分析方法
2. 掌握数控车削加工工艺文件的内容、编制方法
3. 能对车削类零件的误差进行分析
4. 掌握车削类零件提高精度的措施

一、任务引入

分析图6-1所示车削组合件的数控加工工艺，填写数控加工工艺文件，编写零件的数控加工程序，并在数控车床上进行加工，已知材料为45钢。

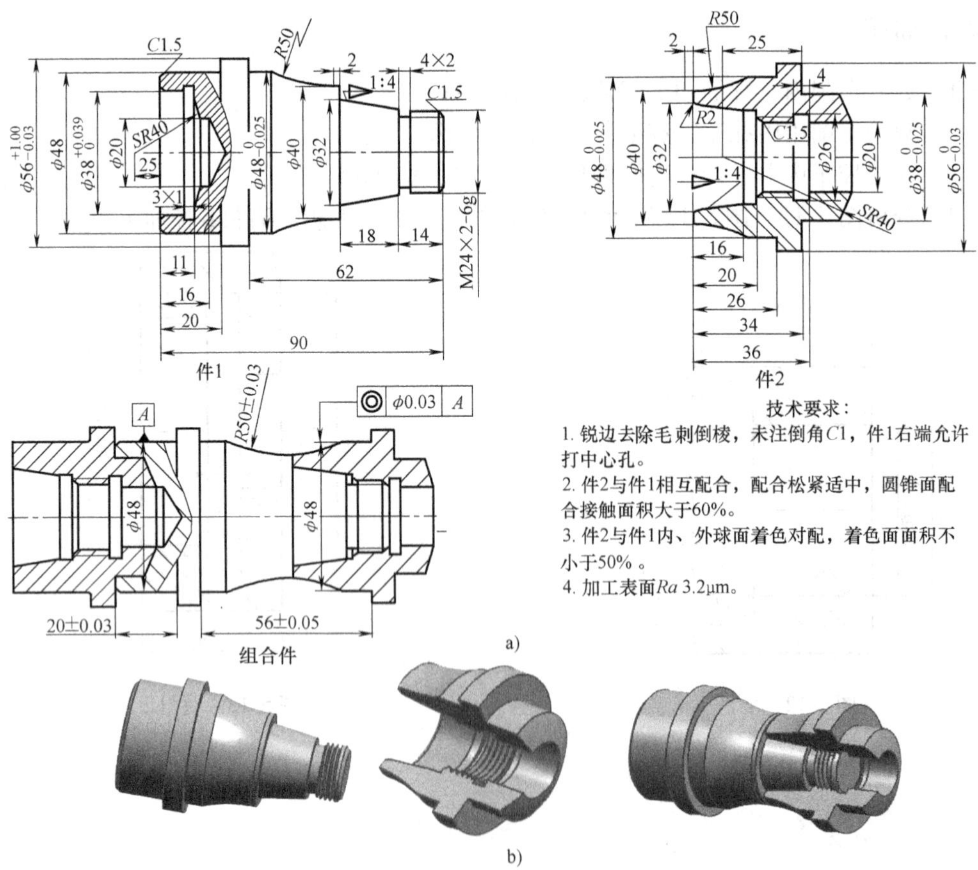

图6-1　车削组合件
a）零件图　b）立体图

二、任务分析

该任务是一个典型的车削组合件加工，完成该任务的目的是为了进一步提高学生分析、解决工艺问题的能力及数控编程、加工的能力。在编程与加工前合理地安排加工工艺，将会达到事半功倍的效果。

三、相关知识介绍

数控加工前对工件进行工艺设计是必不可少的准备工作，无论是手工编程还是自动编程，在编程前都要对所加工的工件进行工艺分析、拟订工艺路线、设计加工工序。因此，合理的工艺设计方案是编制加工程序的依据，工艺设计做不好是数控加工出差错的主要原因之一，这往往造成工作反复、工作量成倍增加的后果。编程人员必须首先搞好工艺设计，再考虑编程。

1. 数控加工工艺的主要内容

数控加工工艺主要包括的内容如下：

1）选择并确定进行数控加工的零件及内容。

2）对零件图进行数控加工的工艺分析。

3）进行数控加工的工艺设计。

4）对零件图样进行数学处理。

5）编写加工程序单。

6）按程序单制作控制介质。

7）进行程序的校验与修改。

8）进行首件试加工与现场问题处理。

9）对数控加工工艺文件进行定型与归档。

2. 对加工程序的说明

若程序是用于长期、批量生产的，则编程人员很难都到达现场。再者，如果编程人员临时不在现场或调离，或者已经熟悉的操作工人不在现场或调离，麻烦就更多，处理不好会造成质量事故或临时停产。因此，对加工程序进行必要的、详细的说明是很有用的，特别是对于那些需要长时间保存和使用的程序尤其重要。

根据应用实践，一般应对加工程序作出说明的主要内容如下：

1）所用数控设备的型号及控制机型号。

2）程序原点、对刀点及允许的对刀误差。

3）工件相对于机床的坐标方向及位置（用简图表述）。

4）所用刀具的规格、图号及其在程序中对应的刀具号。

5）整个程序加工内容的顺序安排（相当于工步内容说明与工步顺序），使操作者明白先干什么后干什么。

6）子程序说明。对程序中编入的子程序应说明其内容，使操作者明白每个子程序的功用。

7）其他需要作特殊说明的问题，例如，需要在加工中更换夹紧点（挪动压板）的计划停机程序段号，中间测量用的计划停机程序段号，允许的最大刀具半径和长度补偿值等，都应说明清楚。

四、任务实施

1. 零件图样分析

（1）形状分析　该任务由两个工件配对而成。件1的主要加工内容有：两端面、ϕ48mm、ϕ56mm外圆柱面、R50mm圆弧面、1∶4的圆锥面、退刀槽、外螺纹、ϕ38mm内孔、SR40mm球面、内沟槽及ϕ20mm底孔等。件2的主要加工内容有：端面、ϕ48mm、ϕ56mm、ϕ38mm外圆柱面、R50mm圆弧面、1∶4的内圆锥面、内退刀槽、内螺纹、SR40mm球面、内沟槽及ϕ20mm底孔等。

（2）尺寸精度分析　该零件尺寸标注齐全，多处有公差要求，公差等级为IT7～IT8。配合后槽宽及R50mm也有公差要求，其他均为未注尺寸公差。

（3）形位精度分析　本例中配合后件2的ϕ48mm轴线对件1左侧ϕ48mm轴线有同轴度要求。

（4）表面粗糙度分析　本例中表面粗糙度值均为Ra3.2μm。

上述尺寸精度要求较高，在加工中主要通过正确对刀、正确设置刀具补偿、制订合理的加工工艺及正确的工件安装、找正以及合理的切削用量、刀具几何参数来保证。另外，根据配合后的同轴度、尺寸精度要求，R50mm圆弧应在配合后加工，以保证精度要求。

2. 加工工艺分析

（1）加工方案的确定　从上述分析可知，该任务按以下加工方案进行。

1）加工件2。粗车端面→钻孔→粗、精车左侧外轮廓→粗、精车左侧内轮廓→车内沟槽→车内螺纹→调头→粗车右侧外轮廓。

2）加工件1。粗车端面→钻孔→粗、精车左侧外轮廓→粗、精车左侧内轮廓→车内沟槽→调头→粗、精车右侧外轮廓→车槽→车螺纹。

3）配合后加工。旋上件2→精车件2右侧外轮廓→精车沟槽→精车R50mm圆弧面。

（2）装夹方案的确定

1）加工件1。加工该零件左侧时以毛坯外圆定位，用自定心卡盘装夹，右侧加工时以ϕ48mm外圆柱面定位装夹。

2）加工件2。加工该零件左侧时以毛坯外圆定位，用自定心卡盘装夹，右侧加工时以ϕ48mm外圆柱面定位装夹。

3）确定刀具。填写数控加工刀具卡，选用图6-2所示刀具。刀具名称、加工表面见表6-1。

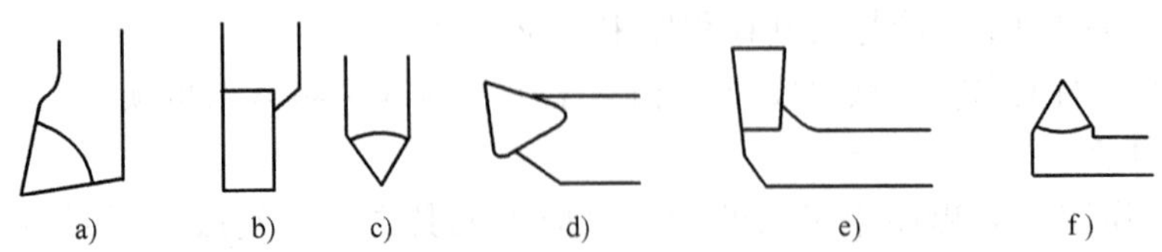

图6-2　刀具的选用

a）外圆车刀　b）切槽刀　c）螺纹车刀　d）内孔镗刀　e）内沟槽刀　f）内螺纹车刀

表 6-1 数控加工刀具卡片

产品名称或代号		零件名称	数控加工刀具卡			零件图号	程序编号		使用设备
		组合件加工							
序号	刀具号	刀具规格及名称	刀具型号		刀尖圆弧半径	加工表面			备注
			刀体	刀片					
1	T0101	90°外圆车刀				用于外轮廓的粗车与精车			
2	T0202	切槽刀（刀宽3mm）				4mm×2mm 退刀槽、R50mm 两侧槽的加工			
3	T0303	60°螺纹车刀				M28×2 的加工			
4	T0505	90°内孔镗刀				用于左侧内轮廓的粗、精车			
5	T0606	内沟槽刀（刀宽3mm）				用于内沟槽的加工			
6	T0707	60°内螺纹车刀				用于内螺纹的加工			
7		A3 中心钻				用于手动钻孔			
8		ϕ20mm 麻花钻				用于手动钻孔			
编制		审核		批准		共__页 第__页			

根据加工条件，各车刀可用整体式车刀或机夹式车刀，刀片材料均为 YT15。另外，本零件加工还需中心钻一个、ϕ20mm 钻头一个用于钻底孔。本例中使用整体式车刀，故刀具型号、刀尖圆弧半径均未填。

4）选择切削用量。考虑到实际加工的安全性，采用较小的切削用量，详见各加工工序卡。

5）制订加工工艺，填写数控加工工序卡。件 2 的左侧数控加工工序卡，见表 6-2；件 2 的右侧数控加工工序卡，见表 6-3；件 1 的左侧数控加工工序卡，见表 6-4；件 1 的右侧数控加工工序卡，见表 6-5；配合后的数控加工工序卡，见表 6-6。

表 6-2 件 2 的左侧数控加工工序卡

单位	数控加工工序卡片	产品名称或代号		零件名称	材料	零件图号	
工序号	程序编号	夹具编号		使用设备		车间	
	O5201						
工步号	工步内容	刀具号	刀具规格	主轴转速/(r/min)	进给量/(mm/r)	背吃刀量/mm	备注
1	手动车端面	T0101		800	0.2		
2	手动钻中心孔		A3	250			
3	钻孔 ϕ20mm		ϕ20mm	250			
4	粗车外轮廓	T0101		800	0.5	≤2	
5	粗车内轮廓	T0505		1000	0.1	≤1	
6	精车内轮廓	T0505		1200	0.05	0.5	

（续）

工步号	工步内容	刀具号	刀具规格	主轴转速/(r/min)	进给量/(mm/r)	背吃刀量/mm	备注
7	车内沟槽	T0606		600	0.05		
8	车内螺纹	T0707		400			
9	检验						
编制	审核		批准		共__页 第__页		

表 6-3 件 2 的右侧数控加工工序卡

单位	数控加工工序卡片	产品名称或代号		零件名称	材料	零件图号	
工序号	程序编号	夹具编号		使用设备		车间	
	O5202						
工步号	工步内容	刀具号	刀具规格	主轴转速/(r/min)	进给量/(mm/r)	背吃刀量/mm	备注
1	手动车端面	T0101		800	0.2		
2	粗车外轮廓	T0101		800	0.5	≤2	
3	检验						
编制	审核		批准		共__页 第__页		

表 6-4 件 1 的左侧数控加工工序卡

单位	数控加工工序卡片	产品名称或代号		零件名称	材料	零件图号	
工序号	程序编号	夹具编号		使用设备		车间	
	O5203						
工步号	工步内容	刀具号	刀具规格	主轴转速/(r/min)	进给量/(mm/r)	背吃刀量/mm	备注
1	手动车端面	T0101		800	0.2		
2	手动钻中心孔		A3.15/8.0	250			
3	钻孔 ϕ20mm		ϕ20mm	250			
4	粗车外轮廓	T0101		800	0.5	≤2	
5	精车外轮廓	T0101		1200	0.01	0.5	
6	粗车内轮廓	T0505		1000	0.1	≤1	
7	精车内轮廓	T0505		1200	0.05	0.5	
8	车内沟槽	T0606		600	0.05		
9	检验						
编制	审核		批准		共__页 第__页		

表 6-5　件 1 的右侧数控加工工序卡

单位	数控加工工序卡片		产品名称或代号		零件名称	材料	零件图号	
工序号	程序编号		夹具编号		使用设备		车间	
	O5204							
工步号	工步内容		刀具号	刀具规格	主轴转速 /(r/min)	进给量 /(mm/r)	背吃刀量 /mm	备注
1	手动车端面		T0101		800	0.2		
2	粗车外轮廓		T0101		800	0.5	≤2	
3	精车外轮廓		T0101		1200	0.05	0.5	
4	车沟槽		T0202		600	0.05		
5	车螺纹		T0303		400			
6	检验							
编制		审核		批准		共__页　第__页		

表 6-6　配合后的数控加工工序卡

单位	数控加工工序卡片		产品名称或代号		零件名称	材料	零件图号	
工序号	程序编号		夹具编号		使用设备		车间	
	O5205							
工步号	工步内容		刀具号	刀具规格	主轴转速 /(r/min)	进给量 /(mm/r)	背吃刀量 /mm	备注
1	精车外轮廓		T0101		1200	0.01	0.5	
2	精车沟槽		T0202		1200	0.05		
3	精车 *R*50mm		T0303		800	0.02		
4	检验							
编制		审核		批准		共__页　第__页		

3. 数值计算

该加工任务的数学计算主要有 *R*40mm 与 *R*50mm 圆弧的基点坐标、圆锥的基点坐标计算，此处以 CAD 绘图标注尺寸完成，如图 6-3、图 6-4 和图 6-5 所示。

4. 参考程序

(1) 件 2 的左侧数控加工程序

```
O5201;
N05  G54  G21  G40  G99;            程序初始化
N10  T0101;
N15  G00  X62  Z2  M03  S800;
N20  G71  U2  R0.5;                 G71 指令粗车循环车外轮廓
N25  G71  P30  Q55  U1  W0  F0.5;
N30  G00  X40  S1200;
```

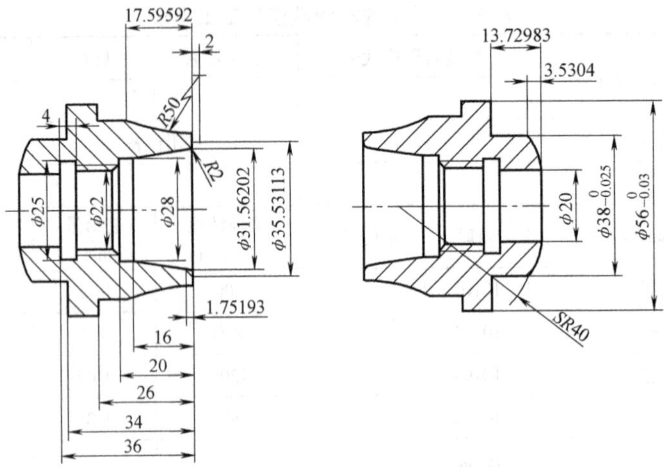

图6-3 加工件2的编程相关尺寸

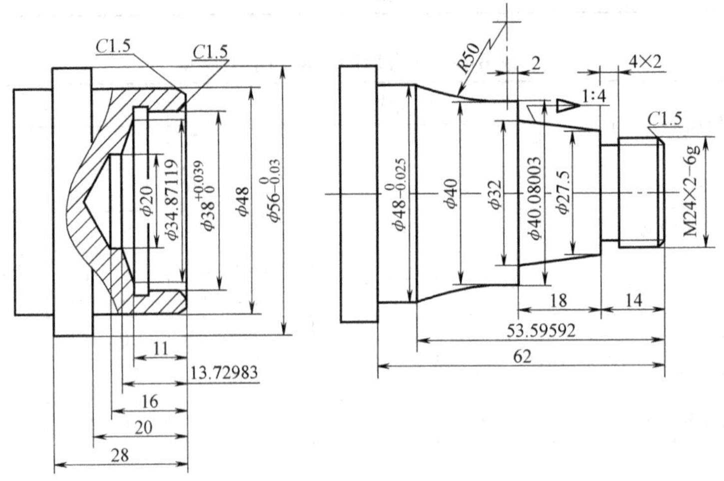

图6-4 加工件1的编程相关尺寸

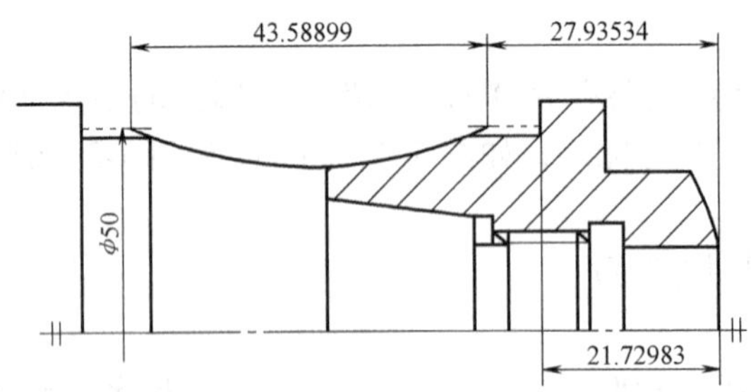

图6-5 配合后加工的编程相关尺寸

```
N35 G02 X48 Z-17.596 R50 F0.05;
N40 G01 Z-26;
N45 X56;
```

```
N50  Z-34;
N55  X61;
N60  G00  X100  Z80;                                   退刀到换刀点，精车在配合后完成
N65  T0505;                                            换5号镗孔刀
N70  G00  X18  Z1;                                     到镗孔起点
N75  G71  U1  R0.5;                                    G71循环粗镗
N80  G71  P85  Q130  U-0.5  W0.1  F0.1;
N85  G00  X41  S1200;                                  N85~N130为精车走刀路线
G90  G01  Z0  F0.05;
N95  X35.531;
N100  G02  X31.562  Z-1.752  R2;
N105  G01  X28  Z-16;
N110  Z-20;
N115  X25;
N120  X22  W-1.5
N125  Z-36;
N130  X19;
N135  G70  P85  Q130;                                  精车内轮廓
N140  G00  X100  Z80;                                  退刀到换刀点
N145  T0606;                                           换6号内沟槽刀
N150  G00  X18  Z1  S600;
N155  Z-36;                                            到内沟槽加工起点
N160  G75  R0.3;                                       车内沟槽
N165  G75  X25  Z-35  P2000  Q1000  F0.05;
N168  G00  Z2;                                         退刀
N170  G00  X100  Z80;                                  到换刀点
N175  T0707;                                           换7号内螺纹刀
N180  G00  X20  Z3  S400;                              到内螺纹加工起点
N183  Z-17;
N185  G76  P010060  Q100  R0.1;                        车内螺纹
N190  G76  X24  Z-34  R0  P1082  Q400  F2;
N195  G00  Z3;
N200  X100  Z80;                                       退刀
N205  M30;                                             程序结束
```

（2）件2的右侧数控加工程序

```
O5202;
N05  G54  G21  G40  G99;                               程序初始化
N10  T0101;
N15  G00  X62  Z2  M03  S800;
```

N20　G71　U1　R0.5；
N25　G71　P30　Q60　U1　W0.1　F0.5；
N30　G00　X19；
N35　G01　Z0　F0.5；
N40　X20
N50　G03　X38　Z－3.53　R40；
N55　G01　Z－13.73；
N60　X61；
N65　G00　X100　Z80；
N70　M30；

注意事项：

1）程序中使用的刀架为8位刀，如为4刀位刀架，则先安装1号、5号、6号、7号刀，并更改相应的刀号。

2）该零件的外轮廓加工均留1mm余量，配合后精车。

（3）件1的左侧外轮廓数控加工程序

程序	说明
O5203；	
N05　G54　G21　G40　G99；	程序初始化
N10　T0101；	选1号刀，1号刀补
N15　G00　X62　Z1　M03　S800；	循环粗车起点，主轴正转，转速为800r/min
N20　G71　U2　R0.5；	G71指令循环粗车，精车余量为1mm
N25　G71　P30　Q65　U0.5　W0.1　F0.5；	
N30　G00　X43　S1200；	N30～N65为精车走刀路线
N40　G01　X48　Z－1.5；	
N50　Z－20；	
N55　X56；	
N60　Z－30；	
N65　X61；	
N70　G70　P30　Q65；	
N71　G00　X100　Z80；	
N72　T0505；	换5号镗孔刀
N73　G00　X18　Z1；	到镗孔起点
N75　G71　U1　R0.5；	G71指令循环粗镗
N80　G71　P85　Q130　U－0.5　W0.1　F0.1；	
N85　G00　X43　S1200；	快速定位到精车起点，主轴变速到1200r/min
N90　G01　X38　Z－1.5　F0.02；	以0.02mm/r的进给量开始精车，N85～N130为精车走刀

程序	说明
	路线
N95 Z-11;	
N98 X34.871;	
N100 G02 X20 Z-13.73 R40;	
N130 G01 X19;	
N135 G70 P85 Q130;	精车
N140 G00 X100 Z80;	退刀到换刀点
N145 T0606;	换6号内沟槽刀
N150 G00 X36 Z2 S600;	到内沟槽加工起点
N155 Z-11;	
N160 G01 X40 F0.05;	车内沟槽
N165 G00 X36;	退刀
N170 Z2	
N180 X100 Z80;	到换刀点
N205 M30;	程序结束

(4) 件1的右侧外轮廓数控加工程序

O5204;

程序	说明
N05 G54 G21 G40 G99;	程序初始化
N10 T0101;	选1号外圆刀，1号刀补
N15 G00 X62 Z2 M03 S800;	到循环加工起点，主轴正转，转速为800r/min
N20 G71 U2 R0.2;	G71指令循环粗车外轮廓，精车余量X向为0.5mm，Z向为0.1mm
N25 G71 P30 Q80 U0.5 W0.1 F0.5;	
N30 G00 X0 S1200;	N30~N80为精车加工路径。
N35 G01 Z0 F0.01;	
N38 X21;	
N39 X23.8 Z-1.5;	
N40 Z-14;	
N45 X27.5;	
N50 X32 W-18;	
N55 X40.08;	
N65 G02 X48 Z-53.596 R50;	
N75 G01 Z-62;	
N80 X61;	
N85 G70 P30 Q80;	精车
N90 G00 X100 Z60;	退刀到换刀点
N95 T0202;	换2号割刀

N100 G00 X25 Z-14 S600; 快速到切槽起点、主轴变速到600r/min
N105 G75 R0.3; 车槽
N110 G75 X20 Z-13 P2000 Q1000 F0.5;
N120 G00 X100 Z80; 退刀到换刀点
N125 T0303; 换3号螺纹刀
N130 G00 X26 Z3 S400; 到螺纹加工起点
N135 G76 P010060 Q100 R0.1; 车螺纹
N140 G76 X21.835 Z-12 R0 P1082 Q400 F2;
N45 G00 X100 Z80; 回换刀点
N150 M30; 程序结束

(5) 组合件加工程序

O5205;
N05 G54 G21 G40 G99; 程序初始化
N10 T0101; 选1号刀，1号刀补
N15 G00 X18 Z0 M03 S1200; N35~N55为精车件2的加工路径
N35 G01 X20 F0.01;
N40 G03 X38 Z-3.53 R40;
N45 G01 Z-13.73;
N50 X56;
N53 W-9;
N55 X57;
N90 G00 X100 Z60;
N95 T0202; 换2号割刀
N100 G00 X57 Z-24.73 S1200; 精车槽
N105 G01 X47.988;
N110 W-56;
N115 X57;
N120 G00 X100 Z80;
N125 T0303; 换3号螺纹刀
N130 G00 X50 Z-27.935 S800;
N135 G02 X50 W-43.589 R50; 精车50mm圆弧
N140 G00 X100;
N145 Z80;
N150 M30; 程序结束

5. 数控加工

(1) 工件和刀具的安装

1) 加工工件2左侧时夹毛坯外圆，伸出卡盘长约40mm左右。

2) 加工工件2右侧时夹ϕ48mm，左侧台阶紧靠卡盘端面。

3）加工件 1 左侧时夹毛坯外圆，伸出卡盘长约 40mm 左右。

4）加工件 1 右侧时，垫铜皮，夹 ϕ48mm 外圆，左侧台阶紧靠卡盘端面。

5）将图 6-2 所示的刀具依次装于 1 号、2 号、3 号、5 号、6 号、7 号刀位。

（2）对刀和工件坐标系的设定　对刀时，统一以卡盘端面为坐标原点设置刀具补偿，加工时根据各个工序工件伸出卡盘的距离设置工件坐标系，配合后精加工件 2 时仅需在原工件坐标系基础上增加 15. 73mm 即可。

（3）程序校验和试切　采用数控机床图形显示功能进行校验、试切，测量并修正相关参数。

（4）自动运行加工　启动程序进行自动加工，并根据加工情况适当调整切削速度、进给速度。

（5）检验　自动加工结束后，按图样要求对工件进行检测，并进行误差及质量分析。

6. 学习评价

组合件数控车削编程及加工任务评价内容见表 6-7。

表 6-7　组合件数控车削编程及加工任务评价表

工件编号		技术要求	配分	总 得 分		
项目与权重	序号			评分标准	检测记录	得分
程序与工艺（20%）	1	程序正确、完整	10	每错一处扣 2 分		
	2	工艺过程规范、合理	10	不合理每处扣 2 分		
机床操作（10%）	3	刀具选择正确、安装正确，对刀及坐标系设定正确	5	误操作每次扣 2 分		
	4	机床操作规范处置得当	5	误操作每次扣 2 分		
工件质量（50%）	5	尺寸精度符合要求	20	不合格每处扣 2 分		
	6	表面粗糙度符合要求	10	不合格每处扣 2 分		
	7	形位公差符合要求	10	不合格全扣		
	8	配合后尺寸符合要求	10	不合格每处扣 5 分		
文明生产（10%）	9	安全操作	5	违反安全操作规程全扣		
	10	机床整理	5	不合格全扣		
相关知识及职业能力（10%）	11	自学能力	10	教师根据学员的学习情况、表达沟通能力、合作能力和创新能力酌情给 0 ~ 10 分		
		表达沟通能力				
		合作能力				
		创新能力				

五、训练

6. 1　分析图 6-6 所示螺纹组合件的车削加工工艺，并编制数控加工程序。

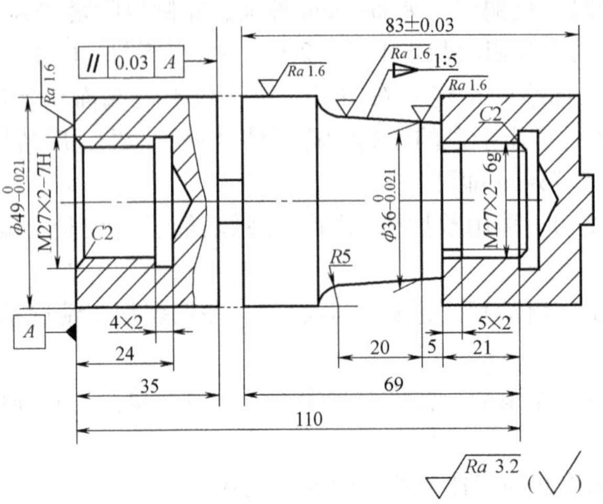

图6-6 题图1

6.2 分析图6-7所示两头组合件零件的数控车削加工工艺，并编制数控加工程序。

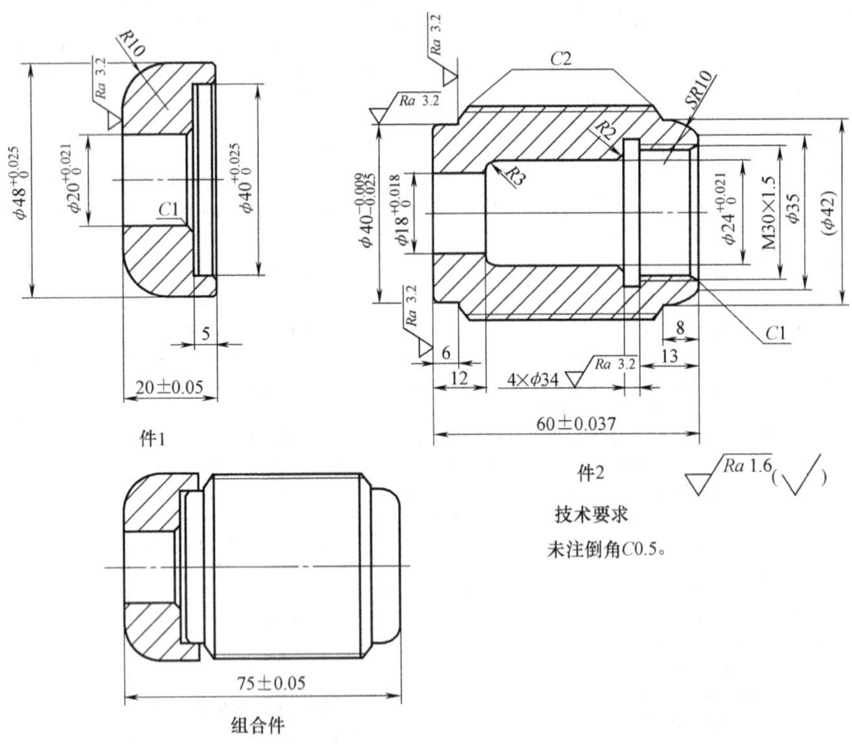

图6-7 题图2

模块2　数控铣床/加工中心的编程及加工

任务7　平面凸廓类零件的数控编程及加工

学习目标

1. 具备数控铣削加工工艺知识，掌握数控铣削用量、数控铣削刀具的选择方法
2. 正确分析平面凸廓类零件的加工工艺，掌握其加工工艺编制方法
3. 掌握数控铣床/加工中心的加工坐标系的设定方法
4. 掌握数控系统的基本编程指令
5. 能使用数控系统的基本指令，合理编制平面凸廓类零件的数控加工程序
6. 掌握数控铣床/加工中心的基本操作
7. 掌握平面凸廓类零件的数控编程及加工

一、任务引入

加工如图7-1所示零件的外形轮廓（已知毛坯尺寸为100mm×80mm×30mm，材料为45钢），制订加工工艺，编制加工程序，并在数控铣床/加工中心上完成零件加工。

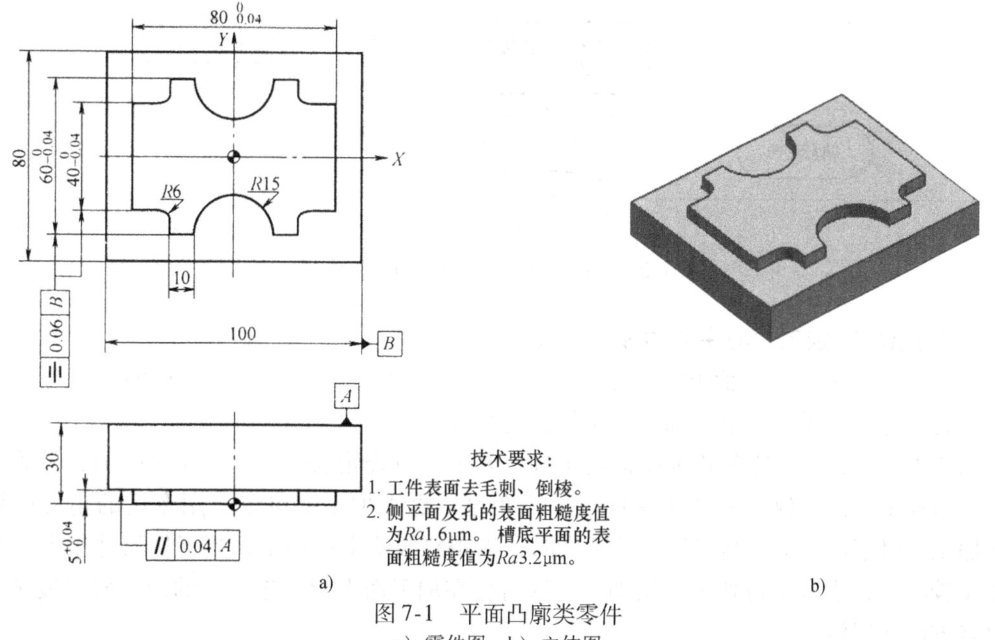

图7-1　平面凸廓类零件
a）零件图　b）立体图

二、任务分析

平面凸廓类零件是数控铣削加工的典型零件，该类零件一般分为平面和外轮廓的铣削加工。本任务首先学习数控铣削工艺知识及数控铣削加工编程指令，然后制订平面凸廓类零件的数控加工工艺，编制加工程序，完成加工任务。

三、相关知识介绍

（一）数控铣削加工工艺

1. 数控铣床/加工中心的加工流程

数控铣床/加工中心的加工流程如图7-2所示。

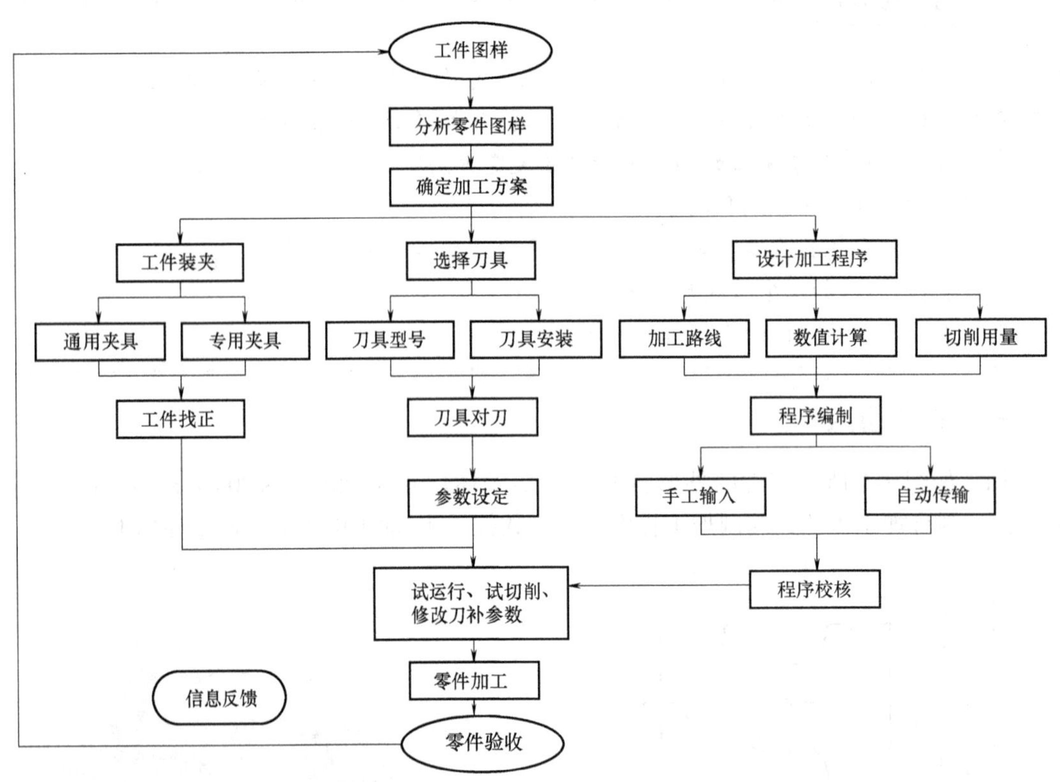

图7-2 数控铣床/加工中心的加工流程

2. 数控铣床/加工中心主要的加工对象

（1）平面类零件 平面类零件是指加工面平行或垂直于水平面，以及加工面与水平面的夹角为一定值的零件，这类加工面可展开为平面。

图7-3所示的三个零件均为平面类零件。其中，曲线轮廓面 *A* 垂直于水平面，可采用圆柱立铣刀加工。凸台侧面 *B* 与水平面成一定角度，这类加工面可以采用专用的角度成形铣刀来加工。对于斜面 *C*，当工件尺寸不大时，可用斜板垫平后加工；当工件尺寸很大，斜面坡度又较小时，也常用行切加工法加工，这时会在加工面上留下进刀时的刀锋残留痕迹，要用钳修方法加以清除。

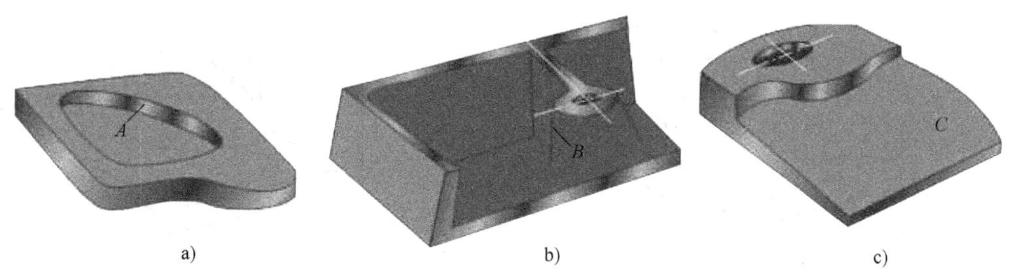

图 7-3　平面类零件
a）曲线轮廓面 A　b）凸台侧面 B　c）斜面 C

（2）曲面类零件

1）直纹曲面类零件。直纹曲面类零件是指由直线依某种规律移动所产生的曲面类零件。图 7-4 所示零件的加工面就是一种直纹曲面，当直纹曲面从截面①至截面②变化时，其与水平面间的夹角从 3°10′均匀变化为 2°32′，从截面②到截面③时，又均匀变化为 1°20′，最后到截面④，斜角均匀变化为 0°。直纹曲面类零件的加工面不能展开为平面。

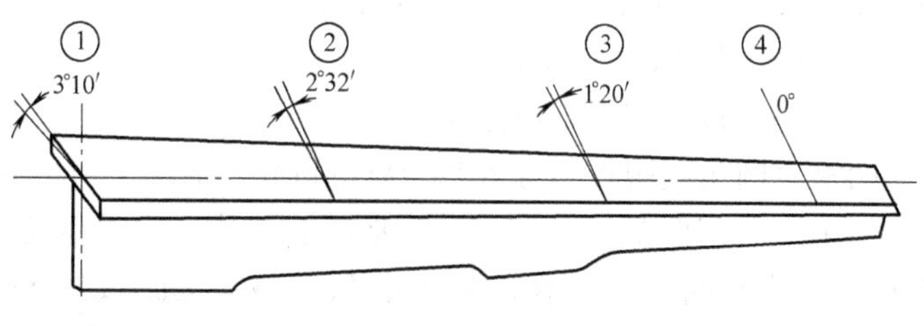

图 7-4　直纹曲面

当采用四坐标或五坐标数控铣床加工直纹曲面类零件时，加工面与铣刀圆周接触的瞬间为一条直线。这类零件也可在三坐标数控铣床上采用行切加工法实现近似加工。

2）立体曲面类零件。加工面为空间曲面的零件称为立体曲面类零件。这类零件的加工面不能展成平面，一般使用球头铣刀切削，加工面与铣刀始终为点接触；若采用其他刀具加工，易产生干涉而铣伤邻近表面。加工立体曲面类零件一般使用三坐标数控铣床，采用以下两种加工方法。

① 行切加工法，即刀具与零件轮廓的切点轨迹是一行一行的，行间距按零件加工精度要求而确定，需三坐标联动或两轴半联动，如图 7-5 所示。

② 三坐标联动加工，即采用三坐标数控铣床三轴联动加工，进行空间直线插补。如半球形零件可用行切加工法加工，也可用三坐标联动的方法加工，这时数控铣床用 X、Y、Z 三坐标联动的空间直线插补，实现球面加工，如图 7-6 所示。

（3）箱体类零件　箱体类零件一般是指具有一个以上孔系，内部有一定型腔或空腔，在长、宽、高方向有一定比例的零件。这类零件在机械行业、汽车、飞机制造等各个行业用得较多，如汽车的发动机缸体和变速器箱体，机床的主轴箱，柴油机缸体和齿轮泵壳体等。

3. 零件图工艺分析

针对数控铣削加工的特点，下面列举出一些经常遇到的工艺性问题，作为对零件图进行工艺性分析的要点来加以分析。

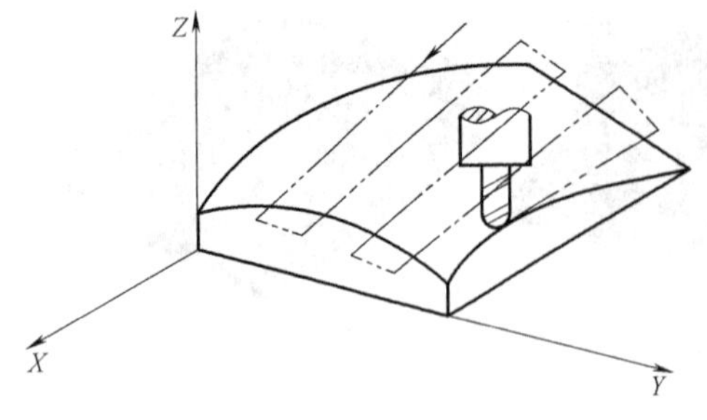

图 7-5 行切加工法

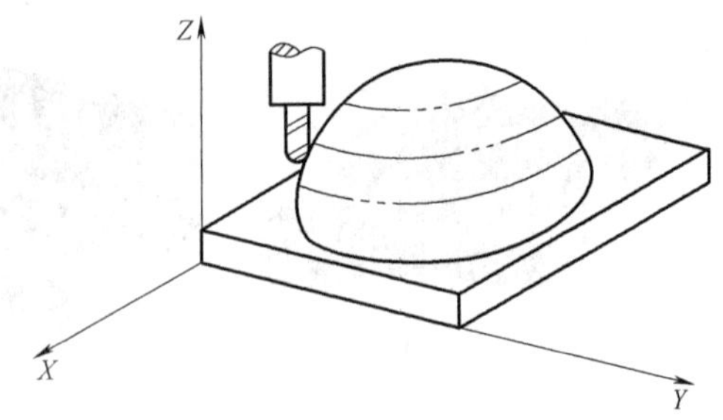

图 7-6 三坐标联动加工

1）构成零件轮廓图形的各种几何元素的条件要充分，各几何元素的相互关系（如相切、相交、垂直和平行等）应明确，无引起矛盾的多余尺寸或影响工序安排的封闭尺寸，图样尺寸的标注方法要方便编程等。

2）零件尺寸所要求的加工精度、尺寸公差应得到保证，特别要注意过薄的腹板与缘板的厚度公差，因为加工时产生的切削拉力及薄板的弹性退让极易产生切削面的振动，使薄板的厚度尺寸公差难以保证，其表面粗糙度也将恶化或变坏。根据实践经验，当面积较大的薄板厚度小于 3mm 时就应充分重视这一问题。

3）内槽及缘板之间的内转接圆弧不应过小。

4）零件铣削面的槽底圆角或腹板与缘板相交处的圆角半径 r 不应太大。

5）零件图中各加工面的凹圆弧（R 与 r）不要过于零乱，应尽量统一。因为在数控铣床上多换一次刀要增加不少新问题，如增加铣刀规格，计划停机次数和对刀次数等，不但给编程带来许多麻烦，增加生产准备时间而降低生产率，而且也会因频繁换刀增加了工件加工面上的接刀阶差而降低了表面质量，所以在一个零件上的这种凹圆弧半径在数值上的一致性问题对数控铣削的工艺性显得相当重要。一般来说，即使不能寻求完全统一，也要力求将数值相近的圆弧半径分组靠拢，达到局部统一，以尽量减少铣刀规格与换刀次数。

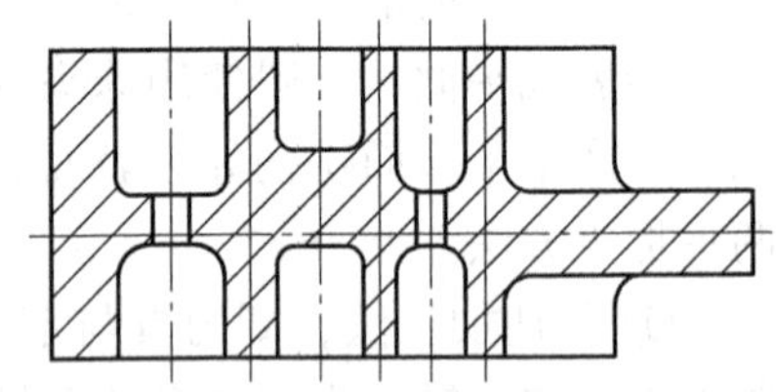

图 7-7 必须两次安装加工的零件

6）零件上应有统一基准，以保证两次装夹加工后其相对位置的正确性。有些零件需要在铣完一面后再重新安装铣削另一面，如图 7-7 所示。由于数控铣削时不能使用通用铣床加工时常用的试削方法来接刀，往往会因为零件的重新安装而接不好刀（即与上道工序加工的面接不齐或造成本来要求一致的两对应面上的轮廓错位）。为了避免上述问题的产生，减小两次装夹误差，最好采用统一基准定位，因此零件上最好有合适的孔作为定位基准孔。如果零件上没有基准孔，也可以专门设置工艺孔作为定位基准（如在毛坯上增加工艺凸耳或在后续工序要铣去的余量上设基准孔）。如实在无法设置出基准孔，起码也要用经过精加工的面作为统一基准。如果连这也办不到，则最好只加工其中一个最复杂的面，另一面放弃数控铣削而改由通用铣床加工。

7）分析零件的形状及原材料的热处理状态，哪些部位最容易变形，应当考虑采取一些必要的工艺措施进行预防变形，如对钢件进行调质处理，对铸铝件进行退火处理。对不能用热处理方法解决的，也可考虑粗、精加工及对称去除余量等常规方法。此外，还要分析加工后的变形问题，以及采取什么工艺措施来解决加工后的变形。

4. 数控铣削加工工艺路线的设计

（1）工序的划分 在数控铣床上加工零件，工序比较集中，一般只需一次装夹即可完成全部工序的加工。根据数控铣床的特点，为了提高数控铣床的使用寿命，保持数控铣床的精度，降低零件的加工成本，通常是把零件的粗加工，特别是零件的基准面、定位面在普通机床上加工。数控铣床经常使用的有以下几种工序的划分方法：

1）刀具集中分序法，就是按所用刀具来划分工序，用同一把刀具加工完成所有可以加工的部位，然后再换刀。这种方法可以减少换刀次数，缩短辅助时间，减少不必要的定位误差。

2）粗、精加工分序法，即根据零件的形状、尺寸精度等因素，按粗、精加工分开的原则，先粗加工，再半精加工，最后精加工。

3）加工部位分序法，即先加工平面、定位面，再加工孔，先加工简单的几何形状，再加工复杂的几何形状，先加工精度比较低的部位，再加工精度比较高的部位。

（2）零件装夹方法的确定 在数控加工中，为了保证加工质量，减少辅助时间，提高加工效率，要注意选用能准确和迅速定位并夹紧零件的装夹方法。零件的定位基准应尽量与设计基准及测量基准重合，以减少定位误差。在数控铣床上的零件装夹方法与普通铣床一样，所使用的夹具往往并不很复杂，只要有简单的定位、夹紧机构就行。为了不影响进给和切削加工，在装夹零件时一定要将加工部位敞开。选择夹具时应尽量做到在一次装夹中将零件要求加工的表面都加工出来。

（3）加工顺序的安排 一般数控铣削采用工序集中的方式，通常按照“从简单到复杂”的原则，先加工平面、沟槽、孔，再加工内腔、外形，最后加工曲面，并且先加工精度要求低的表面，再加工精度要求高的部位等。在安排数控铣削加工工序时应注意以下问题：

1）上道工序的加工不能影响下道工序的定位与夹紧，中间穿插有通用机床加工工序的也要综合考虑。

2）一般先进行内形、内腔加工工序，后进行外形加工工序。

3）以相同定位、夹紧方式或同一把刀具加工的工序，最好连续进行，以减少重复定位次数与换刀次数。

4）在同一次安装中进行的多道工序，应先安排对工件刚性破坏较小的工序。

总之，工序的安排应根据零件的结构和毛坯状况，以及定位安装与夹紧的需要综合考虑。

（4）进给路线的确定 合理地选择进给路线不但可以提高切削效率，还可以提高零件的表面精度。对于数控铣床，在确定进给路线时，应重点考虑以下几个方面：能保证零件的加工精度和表面粗糙度的要求；应使走刀路线最短，既可简化程序段，又可减少刀具空行程时间，提高加工效率；应使数值计算简单，程序段数量少，以减少编程工作量。

铣削平面类零件外轮廓时，一般采用立铣刀的侧刃进行切削。为了减少接刀痕迹，保证零件表面质量，对刀具的切入和切出程序需要精心设计。

铣削外表面轮廓时，如图 7-8 所示，铣刀应沿零件轮廓曲线的延长线切入和切出零件表面，而不应沿法向直接切入零件，以避免加工表面产生划痕，保证零件轮廓光滑。图 7-9 所示为圆弧插补方式铣削外圆时的走刀路线。当外圆加工完毕时，不要在切点处退刀，而应让刀具沿切线方向多运动一段距离，以免取消刀补时，刀具与工件表面相碰，造成工件报废。

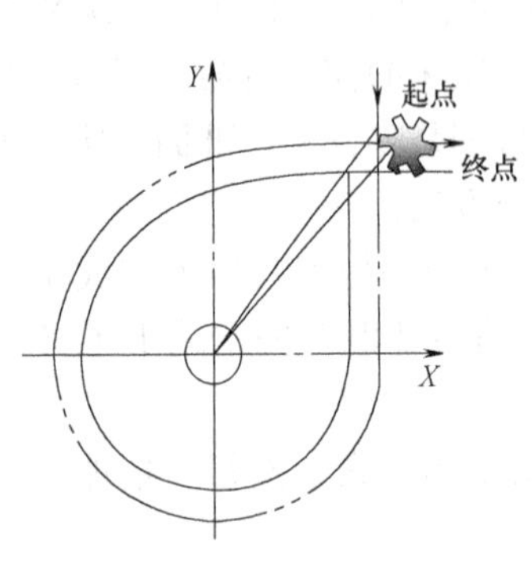

图 7-8 刀具切入和切出时的外延

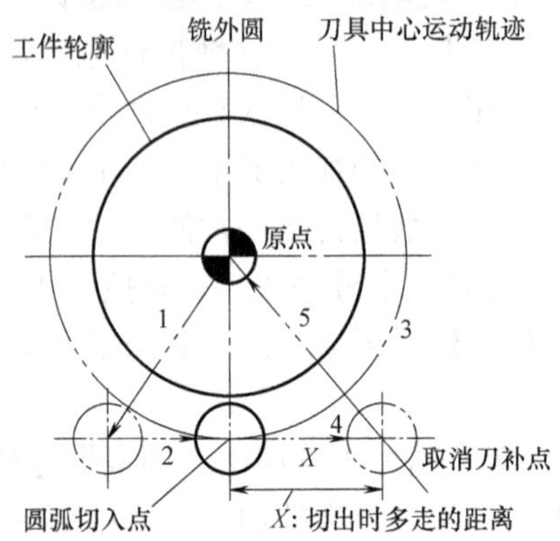

图 7-9 外圆铣削

5. 数控铣床/加工中心的夹具

数控铣床/加工中心用夹具的种类很多，按通用化程度可分为通用夹具、专用夹具、成组夹具和组合夹具等类型。

(1) 通用夹具 数控铣床上的机用虎钳、分度头等均属于通用夹具。这类夹具已实现了标准化，其特点是通用性强、结构简单，装夹工件时无需调整或稍加调整即可，主要用于单件小批量生产。

(2) 专用夹具 专用夹具是专为某个零件的某道工序设计的，其特点是结构紧凑、操作迅速方便。但这类夹具的设计和制造的工作量大、周期长、投资大，只有在大批量生产中才能充分发挥它的经济效益。

(3) 成组夹具 成组夹具是随着成组加工技术的发展而产生的。它是根据成组加工工艺，把工件按形状、尺寸和工艺的共性分组，针对每组相近工件而专门设计的，其特点是使用对象明确、结构紧凑和调整方便。

(4) 组合夹具 组合夹具是由一套预先制造好的标准元件组装而成的专用夹具，它具有专用夹具的优点，用完后可拆卸存放，从而缩短了生产准备周期，减少了加工成本。因此，组合夹具既适用于单件及中、小批量生产，又适用于大批量生产。

6. 数控铣削加工的常用刀具

(1) 常用刀具的分类

1) 按刀具材料分类，数控铣削加工常用的刀具可分为如下几类：

① 高速钢刀具。高速钢通常是型坯材料，韧性较硬质合金好，硬度、耐磨性和热硬性较硬质合金差，不适于切削硬度较高的材料，也不适于进行高速切削。高速钢刀具使用前需生产者自行刃磨，且刃磨方便，适于各种特殊需要的非标准刀具。此外，高速钢刀具价格相对低廉，属于经济型刀具。

② 硬质合金刀具。硬质合金刀片切削性能优异，在数控铣削中被广泛使用。硬质合金刀具价格较高，特别是整体式硬质合金刀具价格更加昂贵。硬质合金刀片有标准规格系列产品，具体技术参数和切削性能由刀具生产厂家提供，其按国际标准分为三大类：P 类、M

类、K类。其中，P类适于加工钢、长屑可锻铸铁（相当于我国的YT类），M类适于加工奥氏体不锈钢、铸铁、高锰钢、合金铸铁等（相当于我国的YW类），M-S类适于加工耐热合金和钛合金，K类适于加工铸铁、冷硬铸铁、短屑可锻铸铁、非钛合金（相当于我国的YG类），K-N类适于加工铝、非铁合金，K-H类适于加工淬硬材料。

③ 陶瓷刀具。其不仅用于加工各种铸铁和不同钢料，也适用于加工非铁金属和非金属材料。使用陶瓷刀片，无论什么情况都要用负前角，为了不易崩刃，必要时可将刃口倒钝。陶瓷刀具在下列情况下使用效果欠佳：短零件的加工；冲击大的断续切削和重切削；铍、镁、铝和钛等的单质材料及其合金的加工（易产生亲和力，导致切削刃剥落或崩刃）。

④ 立方氮化硼刀具。立方氮化硼刀片一般适用加工硬度大于450HBS的冷硬铸铁、合金结构钢、工具钢、高速钢、轴承钢以及硬度不小于350HBS的镍基合金、钴基合金和高钴粉末冶金零件。

⑤ 金刚石刀具。聚晶金刚石刀片一般仅用于加工非铁金属和非金属材料。

金刚石和立方氮化硼都属于超硬刀具材料，它们可用于加工任何硬度的工件材料，具有很高的切削性能，加工精度高，表面粗糙度值小，一般可用切削液。

2）按刀具用途分类

① 盘铣刀，一般采用在盘状刀体上机夹刀片或刀头组成，常用于端铣较大的平面。

② 面铣刀，其是数控铣削加工中最常用的一种铣刀，广泛用于加工平面类零件。面铣刀除用其端刃铣削外，也常用其侧刃铣削，有时端刃、侧刃同时进行铣削。

③ 模具铣刀，其由立铣刀发展而成，可分为圆锥形立铣刀、圆柱形球头立铣刀和圆锥形球头立铣刀三种，柄部有直柄、削平型直柄和莫氏锥柄。它的结构特点是球头或端面上布满切削刃，圆周刃与球头刃圆弧连接，可以作径向和轴向进给。铣刀工作部分用高速钢或硬质合金制造。

④ 键槽铣刀，其一般只有两个刀齿，圆柱面和端面都有切削刃，端面切削刃延伸至中心，既像立铣刀，又像钻头。加工时先轴向进给达到槽深，然后沿键槽方向铣出键槽全长。

⑤ 鼓形铣刀，在单件或小批量生产中，为取代多轴联动机床，常采用鼓形刀或锥形刀来加工一些变斜角零件。

⑥ 成形铣刀，其廓形是根据零件廓形设计出来的，反映在铣刀前刀面上。尽管成形铣刀的廓形形态各异，但可以认为它是由若干直线段和若干曲线段组合而成的。直线段的长度和位置不同，曲线段的半径、位置及对应的圆心角不同，组合在一起就形成了形态各异的成形铣刀廓形。

（2）常用刀具参数选择　常用铣刀类型及有关参数可按下述经验数据选取，如图7-10所示。

1）刀具半径 r 应小于零件内轮廓面的最小曲率半径 ρ，一般取 $r=(0.8\sim0.9)\rho$。

2）零件的加工高度 $H=(1/6\sim1/4)r$，以保证刀具有足够的刚度。

3）对深槽孔，选取 $l=H+(5\sim10)\mathrm{mm}$，其中 l 为刀具切削部分长度，H 为零件高度。

4）加工外形及通槽时，选取 $l=H+r_\varepsilon+(5\sim10)\mathrm{mm}$，$r_\varepsilon$ 为刀尖圆弧半径。

5）粗加工内轮廓面时，铣刀最大直径 $D_{粗}$ 可按下式计算（图7-10）

$$D_{粗}=2\times\frac{\delta\sin\frac{\varphi}{2}-\delta_1}{1-\sin\frac{\varphi}{2}}+D$$

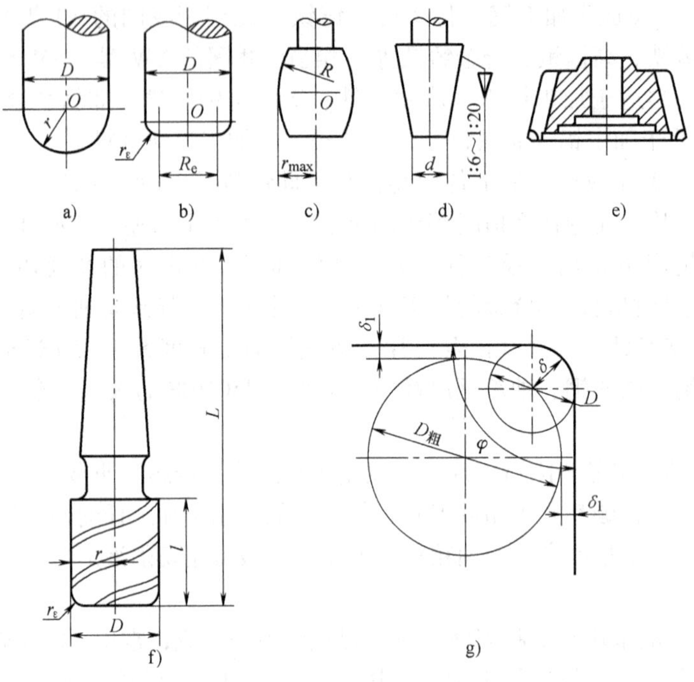

图 7-10　常用铣刀及其刀具参数

a）球头刀　b）环形刀　c）鼓形刀　d）锥形刀

e）盘形刀　f）铣刀长度的选择　g）铣刀直径的选择

式中　D——轮廓的最小凹圆角半径（mm）；

δ——圆角邻边夹角等分线上的精加工余量（mm）；

δ_1——精加工余量（mm）；

φ——圆角两邻边的最小夹角（rad）。

6）加工肋板时，刀具直径为 $D=(5\sim10)b$，其中 b 为肋的厚度。

在加工中心上，各种刀具分别安装在刀库上，按程序规定随时进行选刀和换刀工作。因此，必须有一套联接普通刀具的接杆，以便使钻、镗、扩、铰、铣削等工序用的标准刀具迅速、准确地装到机床主轴或刀库上去。编程人员应了解机床上所用刀杆的结构尺寸、调整方法及调整范围，以便在编程时确定刀具的径向和轴向尺寸。目前，我国的加工中心采用 TSG 工具系统，其柄部有直柄和锥柄两类。

7. 切削用量的选择

在编程时，编程人员必须确定每道工序的切削用量。选择切削用量时，一定要充分考虑影响切削的各种因素，正确地选择切削条件，合理地确定切削用量，这样才可以有效地提高机械加工质量和产量。影响切削条件的因素有：机床、工具、刀具及工件的刚性；切削速度、背吃刀量、进给量；工件精度及表面粗糙度；刀具预期寿命及最大生产率；切削液的种类、冷却方式；工件材料的硬度及热处理状况；工件数量；机床的寿命。

（1）主要影响因素　上述因素中以切削速度、背吃刀量、进给量为主要因素。

1）切削速度，其快慢直接影响切削效率。若切削速度过小，则切削时间会加长，刀具无法发挥其功能；若切削速度太快，虽然可以缩短切削时间，但是刀具容易产生高热量，影响刀具的寿命。切削速度的影响因素：

① 刀具材料。刀具材料不同，允许的最高切削速度也不同。高速钢刀具耐高温切削速度不到50m/min，碳化物刀具耐高温切削速度可达100m/min以上，陶瓷刀具的耐高温切削速度可高达1000m/min。

② 工件材料。工件材料硬度会影响刀具切削速度，同一刀具加工硬材料时切削速度应降低，而加工较软材料时，切削速度可以提高。

③ 刀具寿命。刀具使用时间（寿命）要求长，则应采用较低的切削速度；反之，可采用较高的切削速度。

④ 背吃刀量与进给量。背吃刀量与进给量大，切削力也大，切削热会增加，故切削速度应降低。

⑤ 刀具的形状。刀具的形状、角度的大小、刃口的锋利程度都会影响切削速度的选取。

⑥ 切削液的使用。切削液的正确选用，可以降低切削摩擦产生的阻力，适当提高切削速度。

上述影响切削速度的因素中，刀具材料的影响最为主要。主轴转速要根据机床和刀具允许的切削速度来确定，可以用计算法或查表法来选取。

2）背吃刀量，其主要受机床刚度的制约。在机床刚度允许的情况下，背吃刀量应尽可能大；如果不受加工精度的限制，可以使背吃刀量等于零件的加工余量，这样可以减少走刀次数。

3）进给量f(mm/r)或进给速度v_f(mm/min)要根据零件的加工精度、表面粗糙度、刀具和工件材料来选。最大进给速度受机床刚度和进给驱动及数控系统的限制。

（2）铣削时切削用量的选择　编程员在选取切削用量时，要根据机床说明书的要求和刀具寿命，选择适合机床特点及并使刀具寿命最长的切削用量。铣削加工的切削用量包括切削速度、进给速度、背吃刀量和侧吃刀量。从刀具寿命出发，切削用量的选择方法是：先选择背吃刀量或侧吃刀量，其次选择进给速度，最后确定切削速度。

1）选择背吃刀量。背吃刀量a_p为沿平行于铣刀轴线测量的切削层尺寸，单位为mm。端铣时，a_p为切削层深度；而圆周铣削时，其为被加工表面的宽度。侧吃刀量a_e为沿垂直于铣刀轴线测量的切削层尺寸，单位为mm。端铣时，a_e为被加工表面宽度；而圆周铣削时，a_e为切削层深度，如图7-11所示。

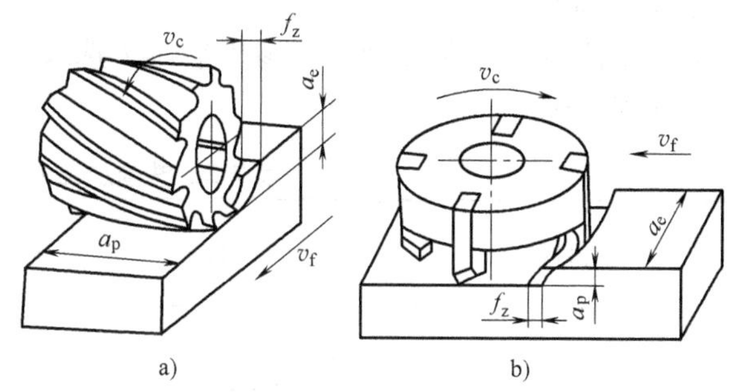

图7-11　铣削加工的切削用量
a）圆周铣时的切削用量　b）端铣时的切削用量

背吃刀量或侧吃刀量的选取主要由加工余量和对表面质量的要求决定。

① 当工件表面粗糙度值要求为Ra12.5～25μm时，如果圆周铣削加工余量小于5mm，端面铣削加工余量小于6mm，粗铣一次进给就可以达到要求。但是在余量较大，工艺系统刚性较差或机床动力不足时，可分为两次进给完成。

② 当工件表面粗糙度值要求为Ra3.2～12.5μm时，应分为粗铣和半精铣两步进行。粗铣时背吃刀量或侧吃刀量选取同前。粗铣后留0.5～1.0mm余量，在半精铣时切除。

③ 当工件表面粗糙度值要求为Ra0.8～3.2μm时，应分为粗铣、半精铣、精铣三步进

行。半精铣时背吃刀量或侧吃刀量取1.5～2mm；精铣时，圆周铣侧吃刀量取0.3～0.5 mm，端面铣时背吃刀量取0.5～1mm。

2）选择进给量与进给速度。铣削加工的进给量f(mm/r)是指刀具转一周，工件与刀具沿进给运动方向的相对位移量；进给速度v_f(mm/min)是单位时间内工件与铣刀沿进给方向的相对位移量。进给速度与进给量的关系为$v_f=nf$（n为铣刀转速，单位为r/min）。进给量与进给速度是数控铣床加工切削用量中的重要参数。根据零件的表面粗糙度、加工精度要求、刀具及工件材料等因素，参考切削用量手册选取或通过选取每齿进给量f_z，再根据公式$f=zf_z$（z为铣刀齿数）计算。

每齿进给量f_z的选取主要依据工件材料的力学性能、刀具材料、工件表面粗糙度等因素。工件材料强度和硬度越高，f_z越小；反之则越大。硬质合金铣刀的每齿进给量高于同类高速钢铣刀。工件表面粗糙度要求越高，f_z就越小。每齿进给量的确定可参考表7-1选取。工件刚性差或刀具强度低时，应取较小值。

表7-1 铣刀每齿进给量参考值

工件材料	f_z/(mm/z)			
	粗　铣		精　铣	
	高速钢铣刀	硬质合金铣刀	高速钢铣刀	硬质合金铣刀
钢	0.10～0.15	0.10～0.25	0.02～0.05	0.10～0.15
铸铁	0.12～0.20	0.15～0.30		

3）选择切削速度。铣削的切削速度v_c与刀具寿命、每齿进给量、背吃刀量、侧吃刀量以及铣刀齿数成反比，而与铣刀直径成正比。其原因是：当f_z、a_p、a_e和z增大时，切削刃负载增加，而且同时工作的齿数也增多，使切削热增加，刀具磨损加快，从而限制了切削速度的提高。为提高刀具寿命，允许使用较低的切削速度。加大铣刀直径则可改善散热条件，提高切削速度。

铣削加工的切削速度v_c可参考表7-2选取，也可参考有关切削用量手册中的经验公式通过计算选取。

表7-2 铣削加工的切削速度参考值

工件材料	硬度（HBS）	v_c/(m/min)	
		高速钢铣刀	硬质合金铣刀
钢	<225	18～42	66～150
	225～325	12～36	54～120
	325～425	6～21	36～75
铸铁	<190	21～36	66～150
	190～260	9～18	45～90
	260～320	4.5～10	21～30

（二）数控铣床/加工中心的编程

1. 数控铣床/加工中心坐标系的设定

（1）数控铣床/加工中心坐标系　数控铣床/加工中心坐标系有机床坐标系、工件坐标系和加工坐标系，其中工件坐标系又称为编程坐标系。

1）机床坐标系是生产厂家在机床上设定的坐标系，其原点是机床上的一个固定点，作为数控机床运动部件的运动参考点。

2）设定工件坐标系的目的是为了编程方便。设置工件坐标系原点的原则：尽可能选择在工件的设计基准和工艺基准上。工件坐标系的坐标轴方向与机床坐标系的坐标轴方向保持一致。编程时，刀具轨迹相对于工件坐标系原点运动，故工件坐标系的原点又称为编程原点。

3）加工坐标系是确定以加工原点为基准所建立的坐标系。加工原点也称程序原点，是指工件被装夹好后，相应的编程原点在机床坐标系中的位置。加工时，程序控制刀具相对于加工原点而运动。设置加工坐标系的目的：将编程原点转换为加工原点，并确定加工原点的位置，在数控系统中给予设定。图 7-12 所示为机床坐标系与工件坐标系的关系。

（2）数控铣床/加工中心坐标系设定的相关指令　下面以 FANUC Series 0i Mate-MB 系统为例来讲解数控铣床/加工中心坐标系的设定。

1）通过 G92 指令设置加工坐标系。

编程格式：G92　X__　Y__　Z__;

G92 指令是将加工原点设定在相对于刀具起始点的某一空间点上。若程序格式为：

G92　X20　Y10　Z10;

其确立的加工原点在距离刀具起始点 $X=-20$，$Y=-10$，$Z=-10$ 的位置上，如图 7-13 所示。

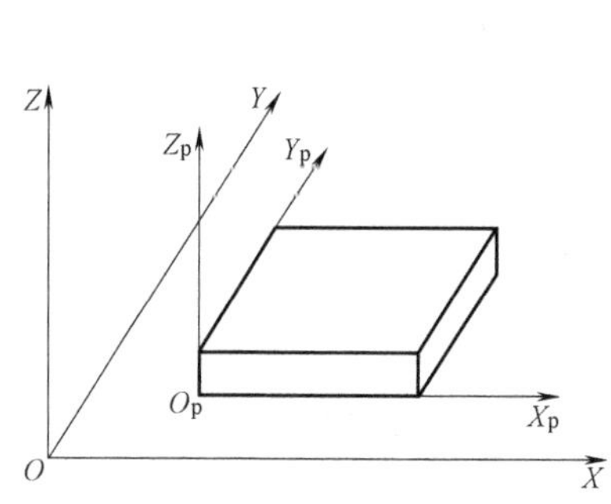

图 7-12　机床坐标系与工件坐标系

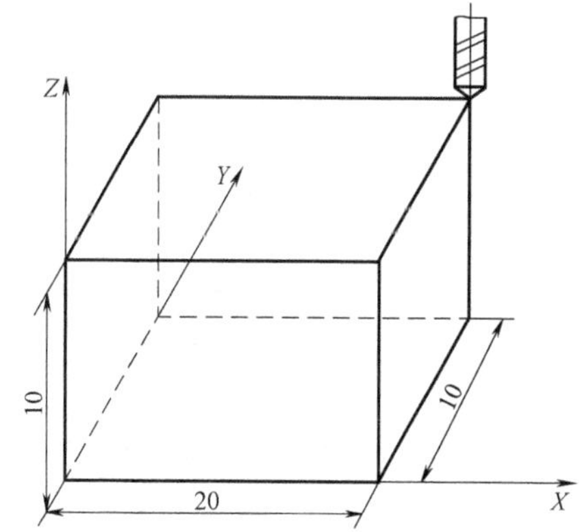

图 7-13　设置加工坐标系 G92

每次执行程序时应将刀尖停在加工坐标系 X = +20，Y = +10，Z = +10 的位置。

2）通过 G53 指令选择机床坐标系。

编程格式：G53　G90　X__　Y__　Z__;

G53 指令使刀具快速定位到机床坐标系中的指定位置上，格式中 X、Y、Z 后的值为机床坐标系中的坐标值，其尺寸均为负值。

例 7.1　G53　G90　X-100　Y-100　Z-20;

执行该指令后，刀具在机床坐标系中的位置如图 7-14 所示。

3）通过 G54、G55、G56、G57、G58、G59 指令选择 1 ~ 6 号加工坐标系。

这些指令可以分别用来选择相应的加工坐标系。

编程格式：G54　G90　G00(G01)　X __ Y __ Z __(F __)；

该指令执行后，所有坐标值指定的坐标尺寸都是选定的工件加工坐标系中的位置。1 ~ 6 号加工坐标系是通过 CRT/MDI 方式设置的。

例 7.2　如图 7-15 所示，用 CRT/MDI 在参数设置方式下设置了两个加工坐标系：

G54(X -50　Y -50　Z -10)；

G55(X -100　Y -100　Z -20)；

这时，建立了原点在 O′的 G54 加工坐标系和原点在 O″的 G55 加工坐标系。

若执行下述程序段：

G53　G90　X0　Y0　Z0；

G54　G90　G01　X50　Y0　Z0　F100；

G55　G90　G01　X100　Y0　Z0　F100；

则刀尖点的运动轨迹如图 7-15 所示的 *OAB*。

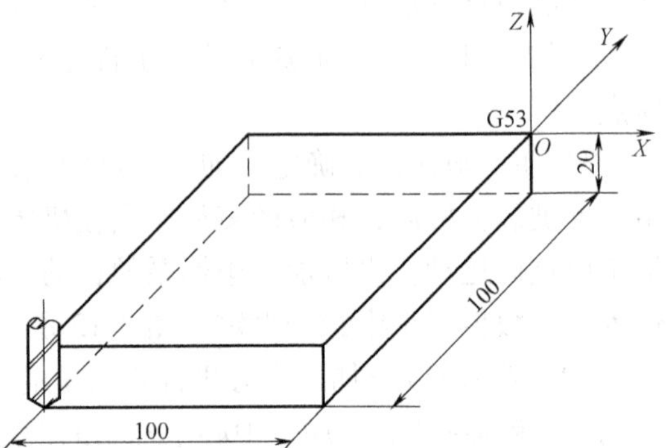

图 7-14　选择机床坐标系 G53 指令

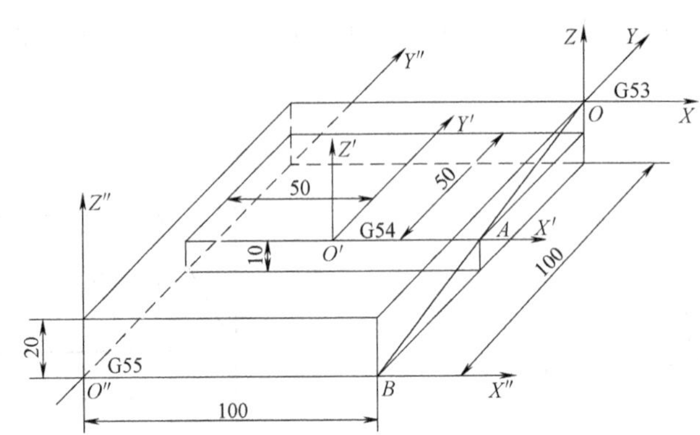

图 7-15　CRT/MDI 在参数设置方式下设置的两个加工坐标系

4）明确一些注意事项。

① G54 指令与 G55 ~ G59 指令的区别：G54 ~ G59 指令设置加工坐标系的方法是一样的，但在实际情况下，机床厂家为了用户的不同需要，在使用中有一些区别，即利用 G54 指令设置机床原点的情况下，进行回参考点操作时机床坐标值显示为 G54 指令的设定值，且符号均为正，而利用 G55 ~ G59 指令设置加工坐标系的情况下，进行回参考点操作时机床坐标值显示零值。

② G92 指令与 G54 ~ G59 指令的区别：G92 指令与 G54 ~ G59 指令都是用于设定工件加工坐标系的，但在使用中是有区别的。G92 指令是通过程序来设定、选用加工坐标系的，它所设定的加工坐标系原点与当前刀具所在的位置有关，这一加工原点在机床坐标系中的位置是随当前刀具位置的不同而改变的。

③ G54～G59 指令的修改：G54～G59 指令是通过 MDI 在设置参数方式下设定工件加工坐标系的，一旦设定，加工原点在机床坐标系中的位置是不变的，它与刀具的当前位置无关，除非再通过 MDI 方式修改。

④ 常见错误：当执行程序段“G92　X10　Y10”时，常会认为是刀具在运行程序后到达 $X=10$　$Y=10$ 点上。其实，G92 指令程序段只是设定加工坐标系，并不产生任何动作，这时刀具已在加工坐标系中的 $X=10$　$Y=10$ 点上。

⑤ G54～G59 指令程序段可以和 G00、G01 指令组合，如执行“G54　G90　G01　X10　Y10”时，运动部件在选定的加工坐标系中进行移动。程序段运行后，无论刀具当前点在哪里，它都会移动到加工坐标系中的 $X=10$　$Y=10$ 点上。

2. 数控铣床/加工中心编程的相关指令

（1）G90 指令和 G91 指令

编程格式：G90 __;

　　　　　G91 __;

说明：

1）G90 指令可以建立绝对坐标输入方式，移动指令目标点的坐标值 X、Y、Z 表示刀具离开工件坐标系原点的距离。

2）G91 指令可以建立增量坐标输入方式，移动指令目标点的坐标值 X、Y、Z 表示刀具离开当前点的坐标增量。

（2）快速点定位 G00 指令

编程格式：G00　X__　Y__　Z__;

说明：

1）刀具以各轴内定的速度由始点（当前点）快速移动到目标点。

2）刀具运动轨迹与各轴快速移动速度有关。

3）刀具在起始点开始加速至预定的速度，到达目标点前减速定位。

例 7.3　如图 7-16 所示，刀具从 A 点快速移动至 C 点，使用绝对坐标方式与增量坐标方式编程。

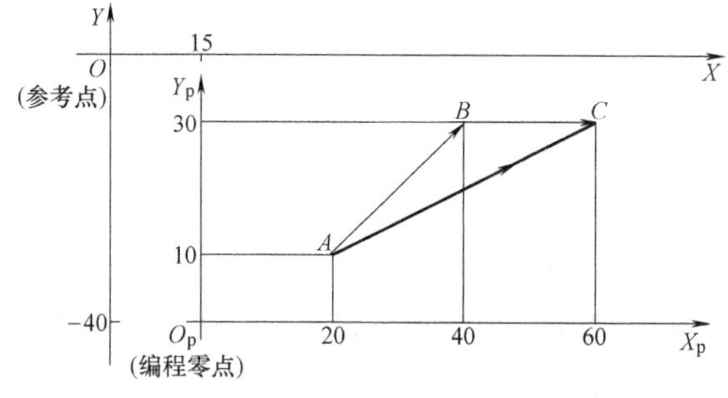

图 7-16　快速定位

绝对坐标编程：

G92　X0　Y0　Z0;　　　　设工件坐标系原点，换刀点 O 与机床坐标系原点重合

G90　G00　X15　Y-40;　　刀具快速移动至 O_p 点

G92 X0 Y0; 重新设定工件坐标系，换刀点 O_p 与工件坐标系原点重合

G00 X20 Y10; 刀具快速移动至 A 点定位

X60 Y30; 刀具从始点 A 快移至终点 C

用增量值方式编程：

G92 X0 Y0 Z0;

G91 G00 X15 Y-40;

G92 X0 Y0;

G00 X20 Y10;

X40 Y20;

在上例中，刀具从 A 点移动至 C 点，若机床内定的 X 轴和 Y 轴的快速移动速度是相等的，则刀具实际运动轨迹为一折线，即刀具从始点 A 按 X 轴与 Y 轴的合成速度移动至点 B，然后再沿 X 轴移动至终点 C。

（3）直线插补指令 G01

编程格式：G01 X__ Y__ Z__ F__;

说明：

1）刀具按照 F 指令所规定的进给速度直线插补至目标点。

2）F 代码是模态代码，在没有新的 F 代码替代前一直有效。

3）各轴实际的进给速度是 F 速度在该轴方向上的投影分量。

4）用 G90 指令或 G91 指令可以分别按绝对坐标方式或增量坐标方式编程。

例 7.4 如图 7-17 所示，刀具从 A 点直线插补至 B 点，使用绝对坐标与增量坐标方式编程，程序指令分别为：

G90 G01 X60 Y30 F200;

或 G91 G01 X40 Y20 F200;

（4）插补平面选择指令 G17、G18、G19 平面选择 G17、G18、G19 指令分别用来指定程序段中圆弧插补平面和刀具半径补偿平面。

编程格式：G17

G18

G19

说明：

1）G17 指令表示选择 XY 平面。

2）G18 指令表示选择 ZX 平面。

3）G19 指令表示选择 YZ 平面。

（5）圆弧插补指令 G02 和 G03 G02 指令表示顺时针圆弧插补；G03 指令表示逆时针圆弧插补。

1）在 XY 平面上执行圆弧插补指令，如图 7-18 所示。

编程格式：G17 G02(G03)X__ Y__ R__ F__;

或 G17 G02(G03)X__ Y__ I__ J__ F__;

2）在 XZ 平面上执行圆弧插补指令，如图 7-19 所示。

编程格式：G18 G02(G03)X__ Z__ R__ F__;

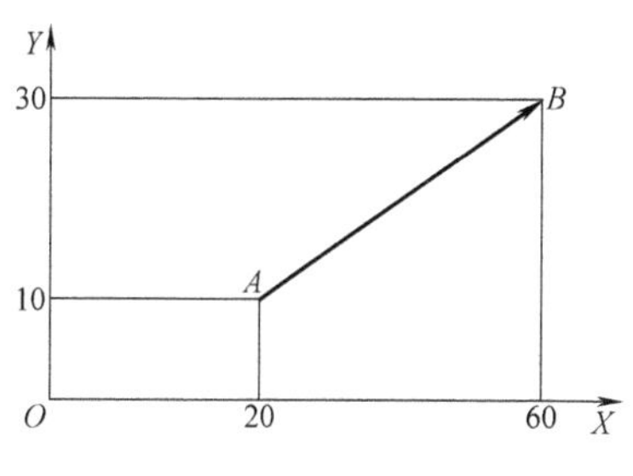

图 7-17　直线插补

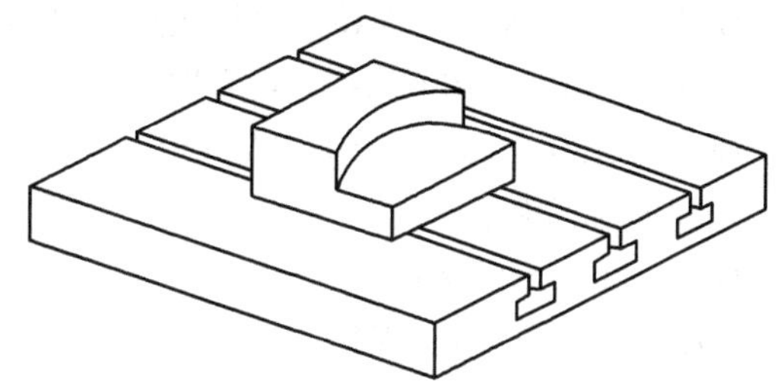

图 7-18　*XY* 平面上执行圆弧插补指令

或　G18　G02(G03)X __　Z __　I __　K __　F __;

3）*YZ* 平面圆弧插补指令，如图 7-20 所示。

编程格式：G19　G02(G03)Y __　Z __　R __　F __;

或　G19　G02(G03)Y __　Z __　J __　K __　F __;

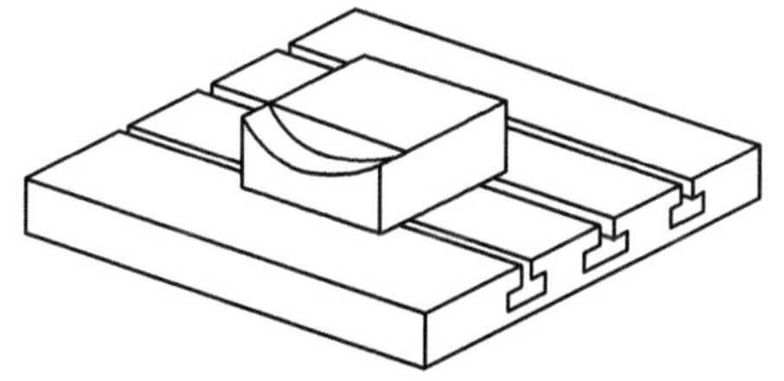

图 7-19　在 *XZ* 平面上执行圆弧插补指令

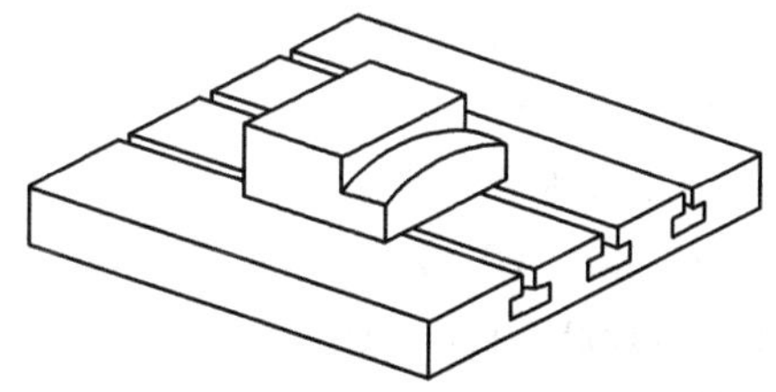

图 7-20　在 *YZ* 平面上执行圆弧插补指令

说明：

① 圆弧的顺、逆时针方向如图 7-21 所示，向圆弧所在平面的垂直坐标轴的负方向看去，顺时针方向为 G02 指令，逆时针方向为 G03 指令。

② F 后的值规定了沿圆弧切向的进给速度。

③ X、Y、Z 后为圆弧终点坐标值。如果采用增量坐标方式 G91 指令，X、Y、Z 表示圆弧终点相对于圆弧起点在各坐标轴方向上的增量。

④ I、J、K 后为圆弧圆心相对于圆弧起点在各坐标轴方向上的增量，与 G90 指令或 G91 指令的定义无关。

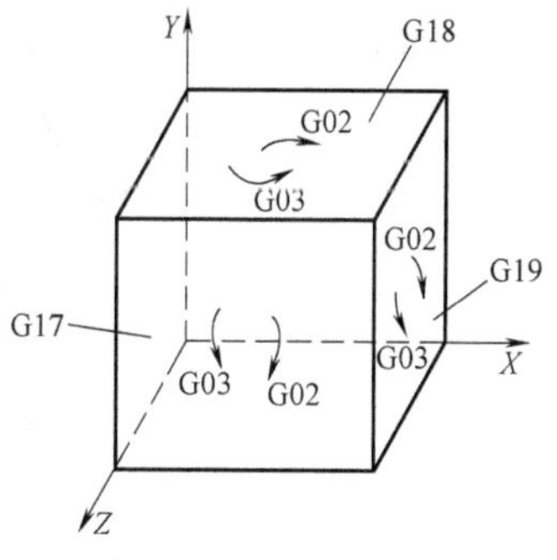

图 7-21　顺、逆圆弧的区分

⑤ R 后是圆弧半径。当圆弧所对应的圆心角为 0°～180°时，R 取正值；圆心角为 180°～360°时，R 取负值。

⑥ I、J、K 后的值为零时可以省略。

⑦ 在同一程序段中，如果 I、J、K 与 R 同时出现，则 R 值有效。

例 7.5　如图 7-22 所示，设起刀点在坐标原点 *O*，刀具沿 *A*—*B*—*C* 路线切削加工，使用绝对坐标与增量坐标方式编程。

绝对坐标编程：

G92　X0　Y0　Z0;　　　设工件坐标系原点、机床坐标系原点与换刀点重合（参考点）

G90 G00 X200 Y40；刀具快速移动至 A 点
G03 X140 Y100 I-60（或 R60） F100；
G02 X120 Y60 I-50（或 R50）；
增量坐标编程：
G92 X0 Y0 Z0；
G91 G00 X200 Y40；
G03 X-60 Y60 I-60（或 R60） F100；
G02 X-20 Y-40 I-50（或 R50）；

例 7.6 如图 7-23 所示，起刀点在坐标原点 O，从 O 点快速移动至 A 点，逆时针加工整圆，使用绝对坐标与增量坐标方式编程。

绝对坐标编程：
G92 X0 Y0 Z0；
G90 G00 X30 Y0；
G03 I-30 J0 F100；
G00 X0 Y0 ；
增量坐标编程：
G92 X0 Y0 Z0；
G91 G00 X30 Y0；
G03 I-30 J0 F100；
G00 X-30 Y0；

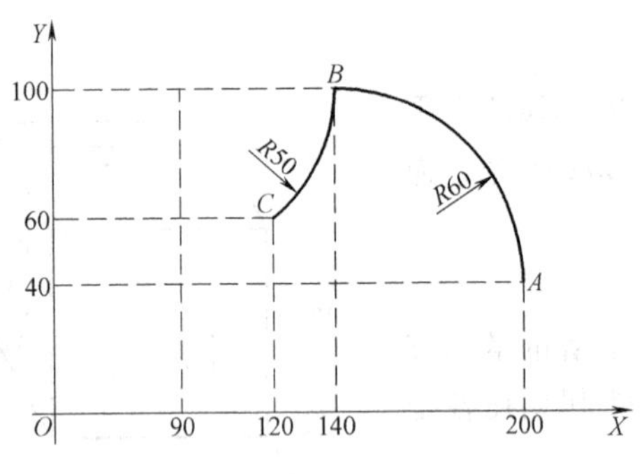

图 7-22 圆弧插补

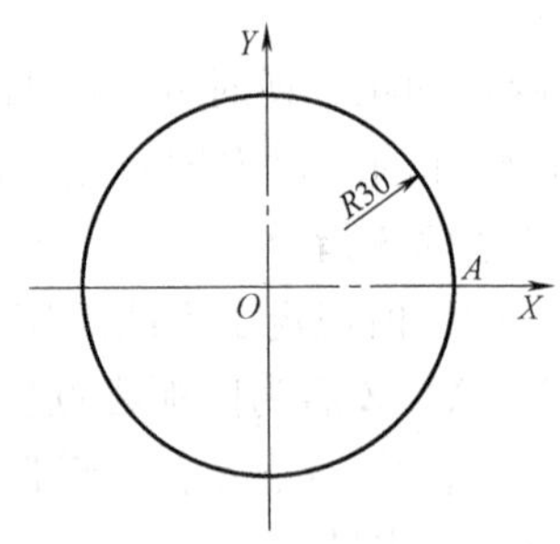

图 7-23 整圆加工

（6）刀具半径补偿指令 G41 和 G42 及取消刀具半径补偿指令 G40

1）执行指令 G41 和 G42 时，数控系统根据工件轮廓和刀具半径自动计算刀具中心轨迹，控制刀具沿刀具中心轨迹移动，加工出所需要的工件轮廓，编程时避免计算复杂的刀具中心轨迹。

如图 7-24a 所示，沿刀具进给方向看，刀具中心在零件轮廓左侧，则为刀具半径左补偿，用 G41 指令；如图 7-24b 所示，沿刀具进给方向看，刀具中心在零件轮廓右侧，则为刀具半径右补偿，用 G42 指令。

编程格式：G41 G00(G01)X __ Y __ H(或 D)__；
G42 G00(G01)X __ Y __ H(或 D)__；

说明：

① X、Y 后的值表示刀具移动至工件轮廓上点的坐标值。

② H（或 D）后为刀具半径补偿寄存器地址符，寄存器存储刀具半径补偿值。

③ 通过 G00 或 G01 运动指令建立刀具半径补偿。

2）取消刀具半径补偿时使用 G40 指令。

编程格式：G00(G01)G40 X__ Y__;

说明：

① 指令中的 X、Y 后的值表示刀具轨迹中取消刀具半径补偿点的坐标值。

② 可通过 G00 或 G01 运动指令取消刀具半径补偿。

③ G40 指令必须和 G41 指令或 G42 指令成对使用。

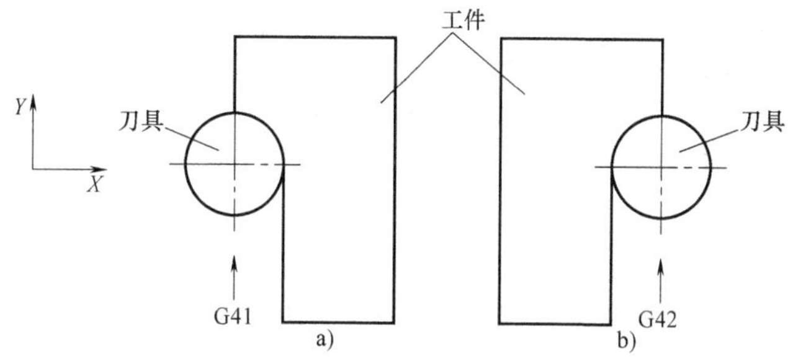

图 7-24 刀具半径补偿位置判断
a）刀具半径左补偿 b）刀具半径右补偿

例 7.7 图 7-25 所示的方形零件轮廓考虑刀补后编写的程序如下：

O0003;	
G54 G90;	
G17 G00 M03;	由 G17 指令指定刀补平面
G41 X20.0 Y10.0 D01;	刀补引入，由 G41 指令确定刀补方向，由 D01 指令指定刀补大小
G01 Y50.0 F100;	
X50.0;	
Y20.0;	
X10.0;	
G00 G40 X0 Y0 M05;	由 G40 指令解除刀补
M30;	

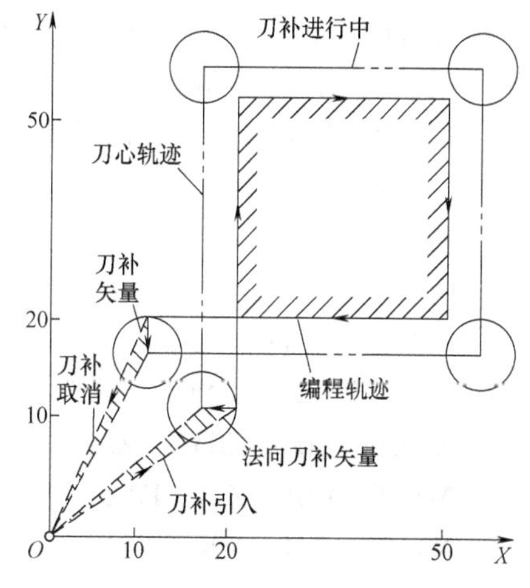

图 7-25 刀补加载和解除的过程

早期的数控机床刀具补偿功能还不完善，其刀具半径补偿都是一段一段独立计算的，这时进行中的刀补路线都是从每一段线段起点的法向矢量到该线段终点的法向矢量处，当两段路线间呈尖角过渡时，这种刀补法的刀补路线将无法自动从前段接续到下一段，因而出现脱节现象。为此，有的控制系统要求预先对所有的尖角都进行倒圆处理，确保前后之间都能顺滑连接。有的控制系统则是在编程时对尖角处预先增加尖角处理指令，将前后两段用合理的路线连接起来，例如 FANUC-3MA 控制系统使用的 B 功能刀补，就是采用尖角圆弧插补 G39 指令来处理尖角的，如图7-26a所示。

现代数控机床的刀补功能已相当完善，如使用 C 功能刀补的机床基本上都是采用预先读入前后几段路线，进行平行偏移计算，求解出刀具中心偏移线的交点，作为前段路线的终点，同时又是下一段路线的起点，从而得到刀补轨迹。当偏移计算得出的交点与原轮廓转角尖点偏离太远时，则自动插入转折型刀具路径，如图 7-26b 所示。

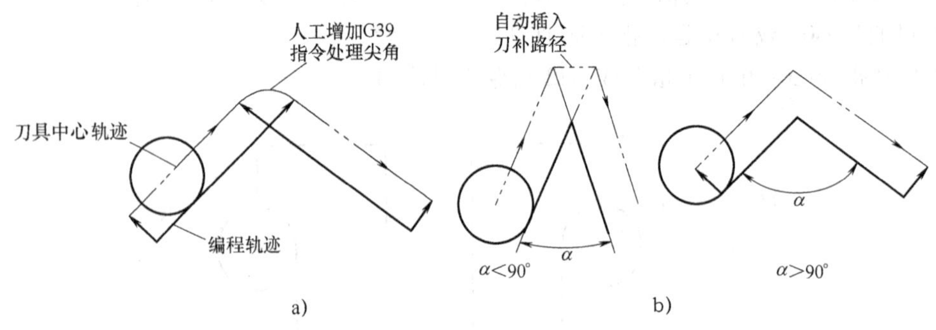

图 7-26 刀补方法
a）B 功能刀补 b）C 功能刀补

3. 关键点的数学处理

程序编制中的数学处理指根据被加工零件图样，按照已经确定的加工工艺路线和允许的编程误差，计算数控系统所需要输入的数据。数学处理包括以下内容：一是根据零件图样给出的形状、尺寸和公差等，直接通过数学方法（如三角、几何与解析几何法等）计算出编程时所需要的有关各点的坐标值：二是当按照零件图样给出的条件不能直接计算出编程所需的坐标，也不能按零件给出的条件直接进行工件轮廓几何要素的定义时，就必须根据所采用的具体工艺方法、工艺装备等加工条件，对零件原图形及有关尺寸进行必要的数学处理或改动后，再进行各点的坐标计算和编程工作。

零件的轮廓是由许多不同的几何要素所组成的，如直线、圆弧、二次曲线等。各几何要素之间的连接点称为基点，其坐标是编程中必需的重要数据。

4. 数控铣床/加工中心加工案例——平面凸廓类零件

例 7.8 加工图 7-27 所示外轮廓面，用刀具半径补偿指令编程。

程序如下：

```
O0045;
N0010  G54;
N0010  S1500  M03  T0101;
N0020  G00  X0Y0  Z2;
N0030  G01  Z-3  F0.5;
N0040  G41  X20  Y14;
N0050  Y62;
```

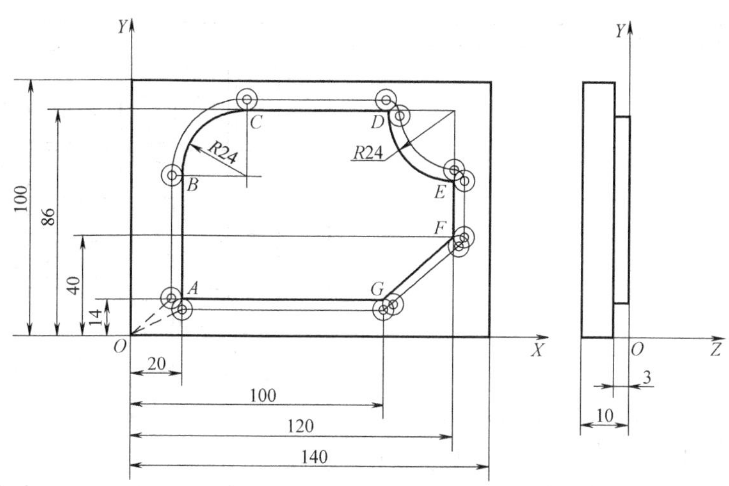

图 7-27　平面凸廓类零件图

```
N0060  G02  X44  Y86  I24  J0;
N0070  G01  X96;
N0080  G03  X120  Y62  I24  J0;
N0090  G01  Y40;
N0100  X100  Y14;
N0110  X20;
N0120  G40  X0  Y0  T0100;
N0130  G00  Z100;
N0140  M05;
N0150  M30;
```

（三）数控铣床/加工中心的操作

1. 数控铣床/加工中心面板

以 FANUC Series 0i Mate-MB 系统为例介绍数控铣床/加工中心的面板及各按键功能。

（1）机床面板（图 7-28）　其主要用于控制机床的运动和选择机床运行状态，由模式选择旋钮、数控程序运行控制开关等多个部分组成。

（2）输入区各按键及功能（表 7-3）

（3）机床操作面板各按键及功能（表 7-4）

2. 数控机床的安全操作规程及注意事项

（1）数控机床安全操作规程　数控机床的操作一定要做到规范，以避免发生人身、设备、刀具等安全事故。操作前的安全准备工作主要包括以下几个方面：

1）加工前，一定要先检查机床是否运行正常，可以通过试车的办法来进行检查。

2）在操作机床前，仔细检查输入的数据，以免引起误操作。

3）确保指定的进给速度与操作所要求的进给速度相适应。

4）当使用刀具补偿时，仔细检查补偿方向与补偿量。

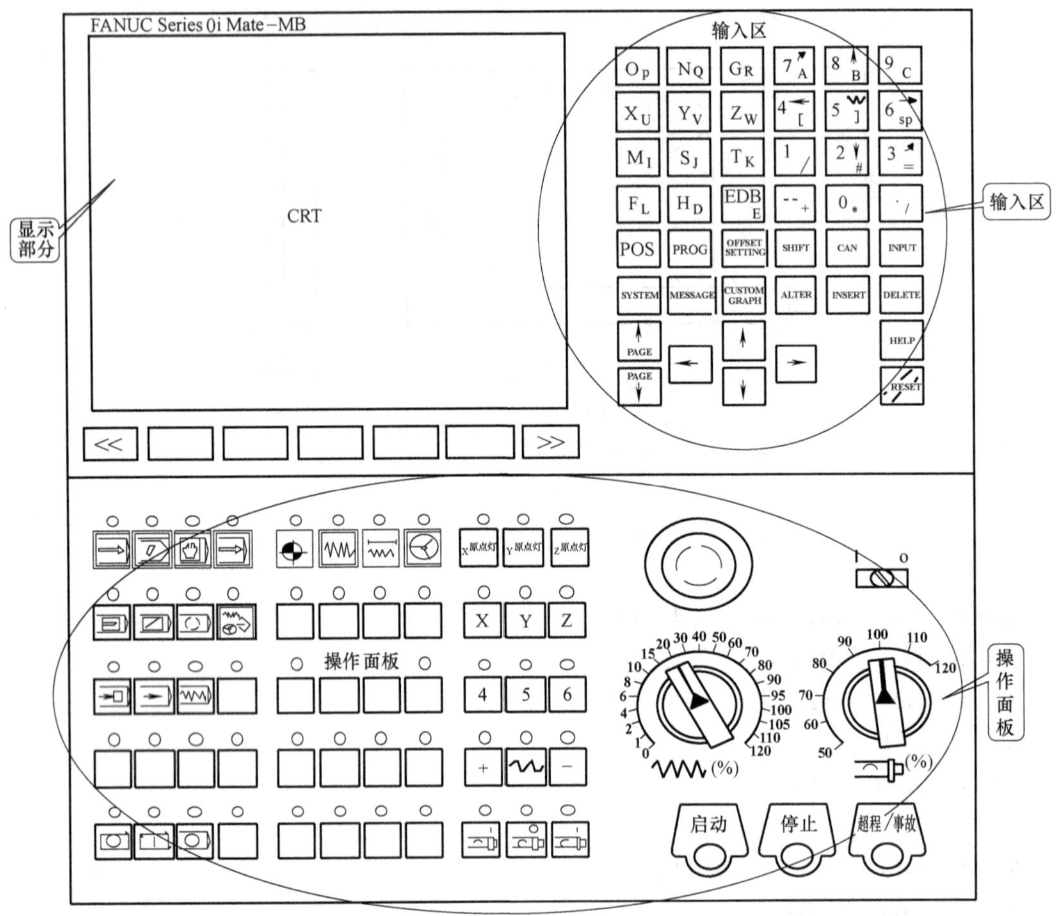

图 7-28 FANUC Series 0i Mate-MB 系统机床面板

表 7-3 FANUC Series 0i Mate-MB 输入区各按键及功能说明

名称	功能说明
复位键 RESET	按下这个键可以使 CNC 复位或者取消报警等
帮助键 HELP	当对 MDI 键的操作不明白时，按下这个键可以获得帮助
软键	根据不同的画面，软键有不同的功能。软键功能显示在屏幕的底端
地址和数字键 Op	按下这些键可以输入字母，数字或者其他字符
切换键 SHIFT	在键盘上的某些键具有两个功能。按下 <SHIFT> 键可以在这两个功能之间进行切换
输入键 INPUT	当按下一个字母键或者数字键时，再按该键数据被输入到缓冲区，并且显示在屏幕上。要将输入缓冲区的数据复制到偏置寄存器中等，请按下该键。这个键与软键中的 <INPUT> 键是等效的
取消键 CAN	取消键，用于删除最后一个进入输入缓存区的字符或符号

（续）

名称	功能说明
程序功能键 ALTER INSERT DELETE	ALTER：替换键 INSERT：插入键 DELETE：删除键
功能键 POS PROG OFFSET SETTING SYSTEM MESSAGE CUSTOM GRAPH	按下这些键，切换不同功能的显示屏幕
光标移动键 ← ↑ ↓ →	有四种不同的光标移动键 → 这个键用于将光标向右或者向前移动 ← 这个键用于将光标向左或者往回移动 ↓ 这个键用于将光标向下或者向前移动 ↑ 这个键用于将光标向上或者往回移动
翻页键 ↑PAGE PAGE↓	有两个翻页键 ↑PAGE 该键用于将屏幕显示的页面往前翻页 PAGE↓ 该键用于将屏幕显示的页面往后翻页

表 7-4 FANUC Series 0i Mate-MB 机床操作面板各按键及功能说明

按键	功能	按键	功能
	自动键		编辑键
	MDI 键		返回参考点键
	连续点动键		增量键
	手轮键		跳过键
	单段键		空运行键
	进给暂停键		循环启动键
	进给暂停指示灯	X	X 键
X 原点灯	X 轴返回参考点时，X 原点灯亮	Y	Y 键
Y 原点灯	Y 轴返回参考点时，Y 原点灯亮	Z	Z 键
Z 原点灯	Z 轴返回参考点时，Z 原点灯亮		快进键

（续）

按键	功　能	按键	功　能
+	坐标轴正方向键	-	坐标轴负方向键
	主轴反转键		主轴停键
	主轴正转键		主轴速度修调
	急停键		进给速度修调
	电源开关	超程/事故	超程、事故
启动	启动键	停止	停止键

5）CNC 与 PMC 参数都是机床厂设置的，通常不需要修改；如果必须修改参数，在修改前请确保对参数有深入、全面的了解。

6）机床通电后，CNC 装置尚未出现位置显示或报警画面前，不要碰 MDI 面板上的任何键。MDI 上的有些键专门用于维护和特殊操作，在开机的同时按下这些键，可能使机床产生数据丢失等现象。

（2）操作过程中的注意事项

1）当手动操作机床时，要确定刀具和工件的当前位置，并保证正确指定了运动轴及方向和进给速度。

2）机床通电后，请务必先执行手动返回参考点。如果机床没有执行手动返回参考点操作，机床的运动将不可预料。

3）在手轮进给时，一定要选择正确的手轮进给倍率，过大的手轮进给倍率容易产生刀具或机床的损坏。

4）手动干预、机床锁住或镜像操作都可能移动工件坐标系，因此用程序控制机床前，要先确认工件坐标系。

5）通常应使用机床空运行来确认机床运行的正确性。在空运行期间，机床以空运行的进给速度运行，这与程序输入的进给速度不一样，且空运行的进给速度要比编程用的进给速度快得多。

四、任务实施

1. 工艺分析

（1）零件图样的分析　从图7-1中可看出加工内容较简单，主要为加工平面圆弧形和直线形外轮廓，要求侧平面表面粗糙度值为 $Ra1.6\mu m$，槽底平面的表面粗糙度值为 $Ra3.2\mu m$，要求较高，同时有位置精度要求。

（2）刀具及切削用量的选择 本任务主要加工外形轮廓，采用 ϕ10mm 立铣刀进行加工。根据刀具材料和工件材料，粗加工转速为 600r/min，精加工转速为 1000r/min，粗加工进给速度为 150mm/min，精加工进给速度为 100mm/min。

（3）夹具的选择 选择机用虎钳装夹工件。

2. 参考程序

```
O0020;
N10  G00  G94  G40  G21  G17  G54;        程序初始化
N20  G91  G28  Z0;                        返回 Z 向参考点
N30  G90  G00  X-60.0  Y-50.0;            XY 平面定位到毛坯左下角外侧
N40  Z30.0;                               Z 向降至安全高度
N50  S600  M03  M08;                      主轴正转，切削液开
N60  G01  Z-5.0  F100;                    刀具切削到轮廓底平面
N70  G41  G01  X-40.0  D01;               建立刀具半径补偿
N80  Y20.0;                               轮廓精加工轨迹
N90  X-31.0;
N100  G03  X-25.0  Y26.0  R6.0;
N110  G01  Y30.;
N120  X-15.0;
N130  G03  X15.0  R15.0;
N140  G01  X25.0;
N150  Y26.0;
N160  G03  X31.0  Y20.0  R6.0;
N170  G01  X40.0;
N180  Y-20.0;
N190  X31.0;
N200  G03  X25.0  Y-26.0  R6.0;
N210  G01  Y-30.0;
N220  X15.0;
N230  G03  X-15.0  R15.0;
N240  G01  X-25.0;
N250  Y-26.0;
N260  G03  X-31.0  Y-20.0  R6.0;
N270  C00  X-60.0;
N280  G40  G01  X-60.0  Y-50.0 ;          取消刀具半径补偿
N290  G91  G28  Z00  M09;                 Z 向回参考点，切削液关
N300  M30;                                主轴停转，程序结束
```

3. 数控加工

1）机床回零。

2）测量工件两侧边平行度误差和工件的平面度误差，确认是否满足装夹定位要求；如

果不满足应增加修正工序，并记录四边实际测量值。

3）找正机用虎钳固定钳口，保证其与机床 X 轴的平行度，压紧固定机用虎钳。

4）通过垫铁组合，保证工件伸出10mm，并找正。

5）安装刀具。

6）设定加工坐标系原点。

7）设定刀补值。

8）粗铣外轮廓。

9）测量工件，计算并修改刀补值，精加工至尺寸。

4. 学习评价

平面凸廓类零件的数控铣削编程及加工任务评价内容见表7-5。

表7-5　平面凸廓类零件的数控铣削编程及加工任务评价表

工件编号		技术要求	配分	总得分		
项目与权重	序号			评分标准	检测记录	得分
加工操作（30%）	1	尺寸精度符合要求	10	不合格每处扣2分		
	2	形位精度符合要求	5	不合格每处扣2分		
	3	表面粗糙度符合要求	15	不合格每处扣2分		
程序与工艺（35%）	4	程序格式规范	5	不规范每处扣2分		
	5	刀补程序合理	15	不合理每处扣5分		
	6	切削用量参数正确	10	不正确每处扣5分		
	7	程序完整	5	不完整全扣		
机床操作（20%）	8	刀具的选择与安装正确	5	不正确每次扣2分		
	9	对刀及坐标系设定正确	5	不正确每次扣2分		
	10	机床操作规范	5	不规范每次扣2分		
	11	工件加工不出错	5	出错全扣		
文明生产（15%）	12	安全操作	10	出错全扣		
	13	工作场所整理	5	不合格全扣		

五、训练

7.1　数控铣床的主要加工对象有哪些？

7.2　数控铣削加工零件的加工工序是如何划分的？

7.3　试述数控铣削加工工序的安排原则。

7.4　如果已在G53指令指定的坐标系中设置了如下两个坐标系，

G57：$X=-40$，$Y=-40$，$Z=-20$

G58：$X=-80$，$Y=-80$，$Z=-40$

试用坐标简图表示出来，并写出刀具中心从G53指令指定的坐标系的原点运动到G57指令指定的坐标系原点，再到G58指令指定的坐标系原点的程序段。

N10　G53　G90　X0　Y0　Z0;

N20　G57　G90　G01　X __ Y __ Z __ F __;

N30　G58　G90　G01　X __ Y __ Z __ F __;

7.5　如图7-29所示，按从 $A \rightarrow B \rightarrow C \rightarrow D$ 路线加工，试编制加工程序。

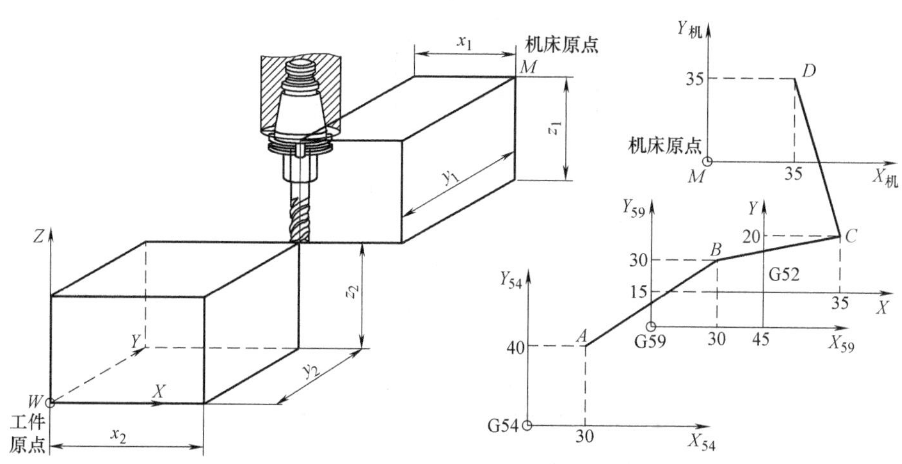

图7-29　题图1

7.6　如图7-30所示零件，以中间 ϕ30mm 的孔定位加工外形轮廓，在不考虑刀具尺寸补偿的情况下。以 ϕ30mm 的孔上表面中心为工件坐标原点，安全点坐标为（0，0，30），试编制加工程序。

7.7　按给出编程坐标系铣削图7-31、图7-32所示的零件，材料为45钢，试编制数控加工程序。

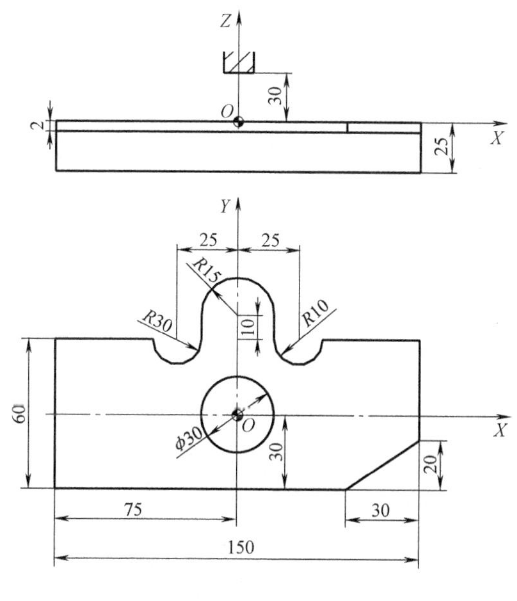

图7-30　题图2

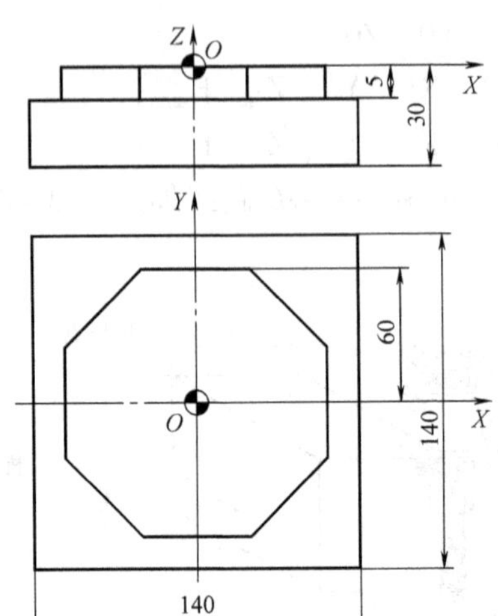

图 7-31 题图 3

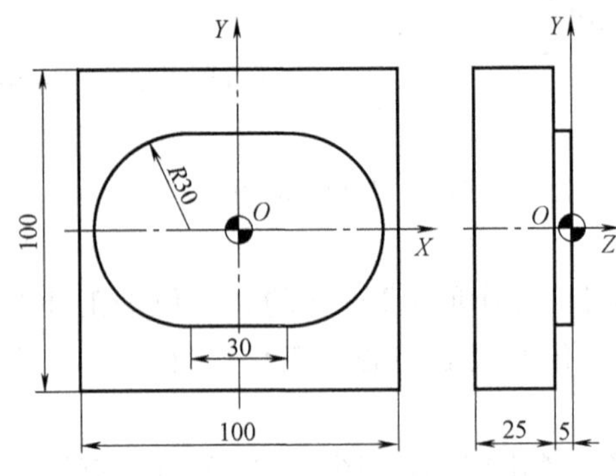

图 7-32 题图 4

任务8　平面型腔类零件的数控编程及加工

学习目标

1. 掌握平面型腔类零件的铣削加工方法
2. 掌握平面型腔类零件常用编程指令的应用
3. 正确分析平面型腔类零件的加工工艺，掌握工艺编制方法
4. 能使用数控系统的编程指令，合理编制平面型腔类零件的数控加工程序
5. 掌握机床操作及零件尺寸控制方法
6. 掌握平面型腔类零件的数控编程及加工
7. 掌握机床安全操作及相关知识

一、任务引入

加工如图8-1所示工件内轮廓。已知毛坯尺寸为100mm×80mm×30mm，材料为45钢，试制订加工工艺，编制加工程序，并在数控铣床/加工中心上完成零件加工。

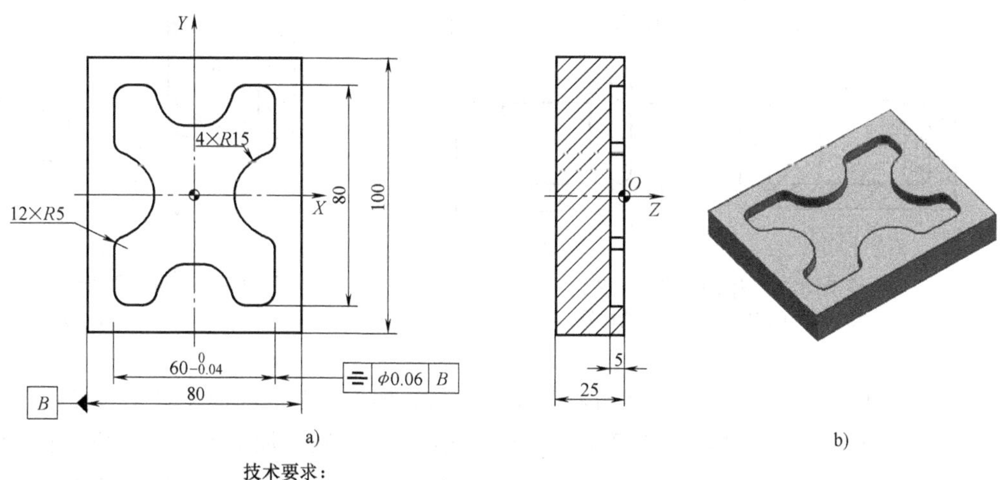

技术要求：

1. 工件表面去毛刺、倒棱。
2. 加工表面粗糙度侧平面及孔为Ra1.6μm，槽底平面为Ra3.2μm。

图8-1　平面型腔类零件

a）零件图　b）立体图

二、任务分析

型腔的铣削加工是数控铣削加工的主要内容，包括各种形状的型腔和封闭槽的铣削加工。要制订平面型腔类零件的数控铣削工艺，编制其数控加工程序，需要学习相关的数控铣削加工工艺知识和数控铣削加工编程指令，然后完成任务。

三、相关知识介绍

（一）型腔铣削加工工艺

1. 型腔零件的工艺分析

1）统一零件的几何类型及尺寸。零件的内腔与外形应尽量采用统一的几何类型和尺寸，这样可以减少刀具规格和换刀次数，方便编程，提高生产效益。

2）内槽圆角半径不应太小。内槽圆角的大小决定着刀具直径的大小，所以其结构工艺性的好坏与被加工轮廓表面质量的高低、转角圆弧半径的大小等因素有关。例如，图 8-2b 与图 8-2a 相比，转角圆弧半径 R 大，可以采用直径较大的立铣刀来加工；加工平面时，进给次数也相应减少，表面加工质量也会好一些，因而工艺性较好。反之，工艺性较差。通常 $R<0.2H$（H 为被加工工件轮廓面的最大高度）时，可以判定零件该部位的工艺性不好。

3）铣零件槽底平面时，槽底圆角半径 r 不要过大。如图 8-3 所示，铣刀端面刃与铣削平面的最大接触直径 $d=D-2r$（D 为铣刀直径）。当 D 一定时，r 越大，铣刀端面刃铣削平面的面积越小，加工平面的能力就越差，效率越低，工艺性也越差；当 r 大到一定程度时，甚至必须用球头铣刀加工，这是应该尽量避免的。

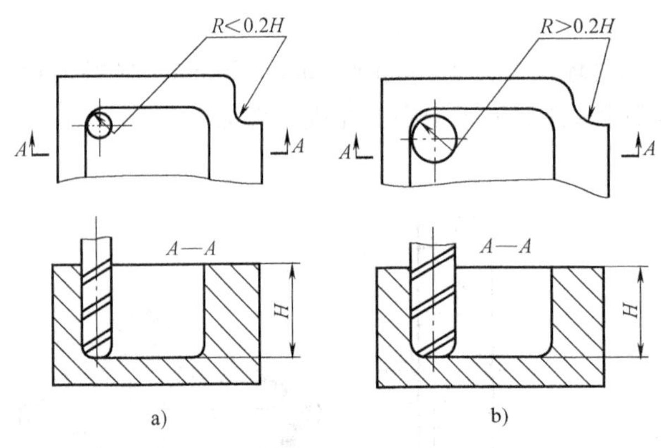

图 8-2 内槽的结构工艺性
a）工艺性差 b）工艺性好

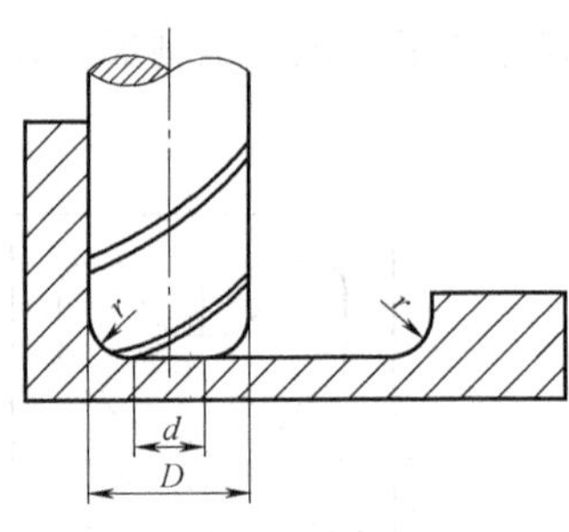

图 8-3 零件槽底圆弧半径对工艺性的影响

4）应尽可能在一次装夹中完成所有能加工表面的加工。要选择便于各个表面都能加工的定位方式；若需要二次装夹，应采用统一的基准定位。在数控加工中若没有统一的定位基准，会因工件重新安装而产生定位误差，从而使加工后的两个面上的轮廓位置及尺寸不协调。因此，为保证二次装夹加工后其相对位置的准确性，应采用统一的定位基准。

5）最终轮廓一次走刀完成。图 8-4a 所示为采用行切法加工内轮廓。加工时不留死角，在减少每次进给重叠量的情况下，走刀路线较短，但两次走刀的起点和终点间留有残余高度，影响表面粗糙度。图 8-4b 所示是采用环切法加工，表面粗糙度值较小，但刀位计算略为复杂，走刀路线也较行切法长。采用图 8-4c 所示的走刀路线，先用行切法加工，最后再沿轮廓切削一周，使轮廓表面光整。三种方案中，图 8-4a 所示方案最差，图 8-4c 所示方案最佳。

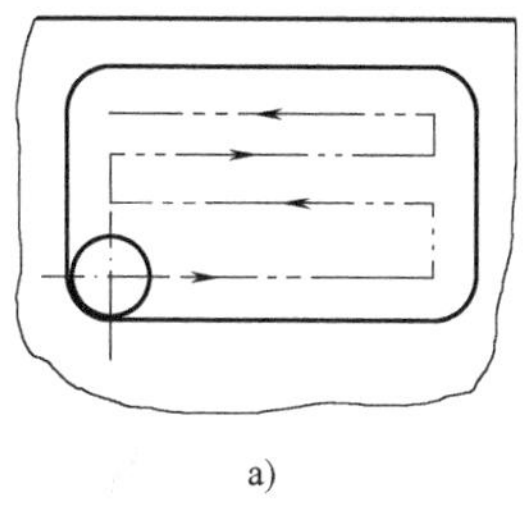
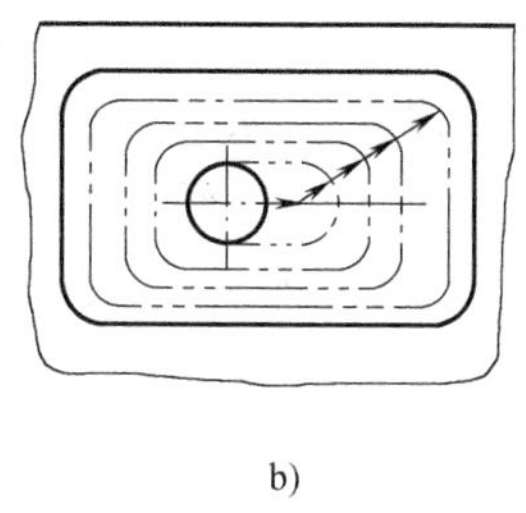
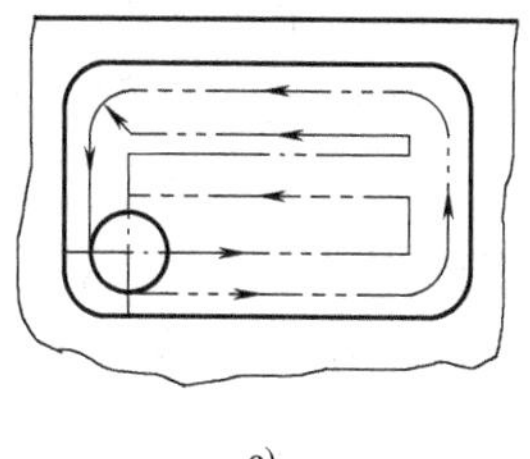

a)　　b)　　c)

图 8-4　封闭内轮廓加工走刀路线
a）行切法　b）环切法　c）先行切再环切

6）合理安排内轮廓加工路线。铣削封闭的内轮廓表面时，若内轮廓曲线允许外延，则刀具应沿切线方向切入和切出。若内轮廓曲线不允许外延（图 8-5），则刀具只能沿内轮廓曲线的法向切入和切出，并将其切入、切出点选在零件轮廓两几何元素的交点处。当内部几何元素相切无交点时（图 8-6），为防止刀补取消时在轮廓拐角处留下凹口（图 8-6a），刀具的切入、切出点应远离拐角（图 8-6b）。

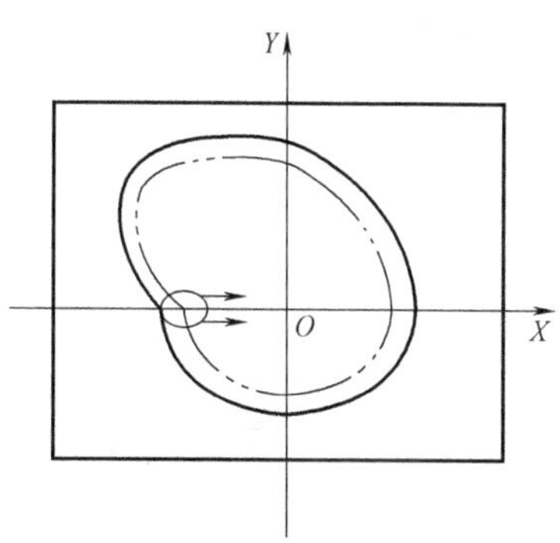

图 8-5　内轮廓加工刀具的切入和切出

铣削内圆弧时也要遵循从切向切入的原则，最好安排从圆弧过渡到圆弧的加工路线，如图 8-7 所示，这样可以提高内孔表面的加工精度和加工质量。

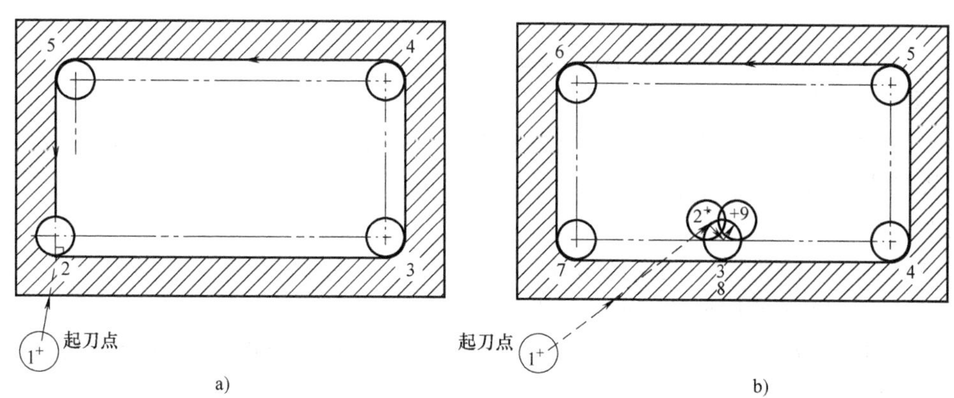

图 8-6　几何元素无交点的内轮廓加工时刀具的切入和切出
a）错误的切入、切出点　b）正确的切入、切出点

2. 顺铣和逆铣

（1）顺铣　顺铣时，刀具从待加工表面切入，切削厚度逐渐减小，刀具切离工件时的垂直分力会使工件始终压向工作台，减小了工件在加工中的振动，因而能够提高零件的加工精度、表面加工质量和刀具寿命（图 8-8）。

（2）逆铣　逆铣时，刀具从加工表面切入，切削厚度逐渐增大，刀具的刀齿容易磨损，而且刀具切离工件时的垂直分力会使工件脱离工作台，因此这种铣削方式下需要较大的夹紧力（图 8-9）。

铣削加工时，采用顺铣还是采用逆铣，对加工后的表面粗糙度影响不同，应该根据零件的加工要求、被加工零件的材料特点以及机床刀具的具体条件综合考虑。当零件表面有硬皮，机床的进给机构有间隙时，应该选用逆铣，按照逆铣方式安排加工进给路线，因为逆铣符合粗铣的要求，即对于加工余量大、硬度高的零件粗铣时尽量选用逆铣。当零件表面无硬皮，机床的进给机构无间隙时，应该选用顺铣，按照顺铣方式安排加工进给路线，因为顺铣符合精铣的要求，即对于耐热材料、加工余量小和精加工铣削时尽量选用顺铣。由于数控机床采用滚珠丝杠，其运动间隙极小，而且顺铣的优点多于逆铣，所以加工中应尽量采用顺铣。

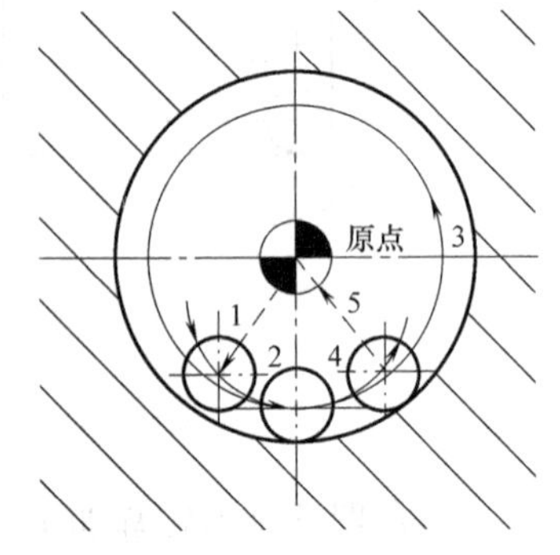

图 8-7　内圆铣削

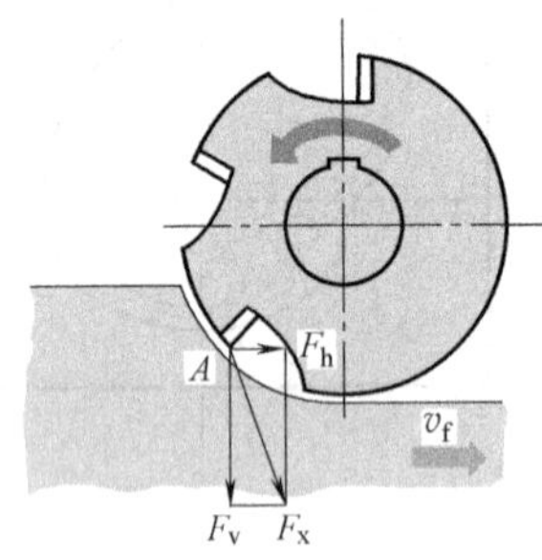

图 8-8　顺铣及受力情况

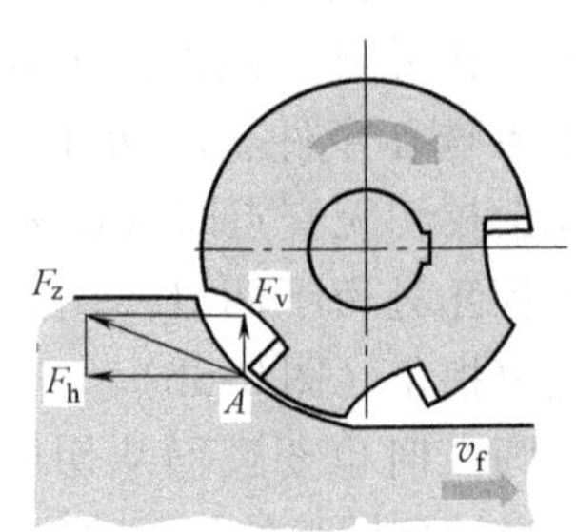

图 8-9　逆铣及受力情况

（二）数控铣床/加工中心的编程指令应用

1. 返回类指令

（1）自动返回参考点 G28 指令　该指令用于刀具经指定的中间点快速返回参考点。

编程格式：G28　X __ Y __ Z __;

说明：

1）X、Y、Z 后的值为中间点坐标值。

2）刀具返回参考点时要注意避免与工件或夹具发生干涉。

3）通常 G28 指令用于返回参考点后自动换刀，执行该指令前必须取消刀具半径补偿和刀具长度补偿。

G28 指令的功能是刀具经过中间点快速返回参考点，要明确指令中参考点的含义。如果没有设定换刀点，那么参考点指的是回零点，即刀具返回至机床的极限位置；如果设定了换刀点，那么参考点指的是换刀点。通过返回参考点能消除刀具在运行过程中的插补累积误差。指令中设置中间点的意义是设定刀具返回参考点的走刀路线。如“G91　G28　X0　Y0　Z0;”表示刀具先从 Y 轴的方向返回至 Y 轴的参考点位置，然后从 X 轴的方向返回至 X 轴的参考点位置，最后从 Z 轴的方向返回至 Z 轴的参考点位置。

（2）从参考点移动至目标点 G29 指令　该指令用于刀具从参考点经过指定的中间点快速移动到目标点。

编程格式：G29　X __　Y __　Z __;

说明：

1）返回参考点后执行该指令，刀具从参考点出发，以快速点定位的方式，经过由 G28 指令所指定的中间点到达由 X、Y、Z 后的值所指定的目标点位置。

2）X、Y、Z 后的值表示目标点坐标值，G90 指令表示目标点为绝对值坐标方式，G91 指令表示目标点为增量值坐标方式。

3）如果在 G29 指令前，没有 G28 指令设定中间点而执行 G29 指令时，则以工件坐标系零点作为中间点。

例 8.1　若各坐标点位置如图 8-10a 所示，则可编程如下：

G90　G28　X　x_2　Y　y_2　Z　z_2；　　　　回参考点

M00（或 TxxM6）；　　　　暂停换刀

G90　G29　X　x_3　Y　y_3　Z　z_3；　　　　返回，到新位置点

或　G91　G28　X　(x_2-x_1)　Y　(y_2-y_1)　Z　(z_2-z_1)；

M00（或 TxxM6）；

G29　X　(x_3-x_2)　Y　(y_3-y_2)　Z　(z_3-z_2)；

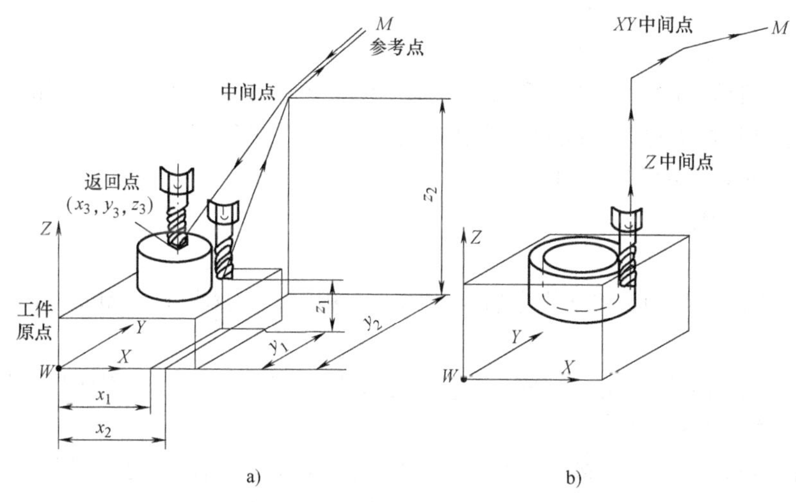

图 8-10　自动返回参考点指令

a）X、Y 和 Z 轴同时返回参考点　b）Z 轴回参考点后，X、Y 再返回参考点

由于 G28、G29 指令是采用 G00 一样的移动方式，其刀具轨迹常为折线，较难预计，因此在使用上经常将 X、Y 和 Z 分开来用。先用“G28 Z __;”提刀并回 *Z* 轴参考点位置，然后再用“G28　X __ Y __;”回到 *XY* 方向的参考点，如图 8-10b 所示。

自动编程软件往往采用“G91　G28　Z0;”和“G91　G28　X0　Y0;”，以当前点为中间点的方式生成程序。

2. 子程序

（1）子程序的概念　在一个加工程序中，如果其中有些加工内容完全相同或相似，为了简化程序，可以把这些重复的程序段单独列出，并按一定的格式编写成子程序。主程序在执行过程中如果需要某一子程序，通过调用指令来调用该子程序，子程序执行完后又返回到主程序，继续执行后面的程序段。

1）子程序的嵌套，它是一种为了进一步简化程序，让子程序调用另一个子程序的程序的结构。在编程中使用较多的是二重嵌套，其程序的执行情况如图8-11所示。

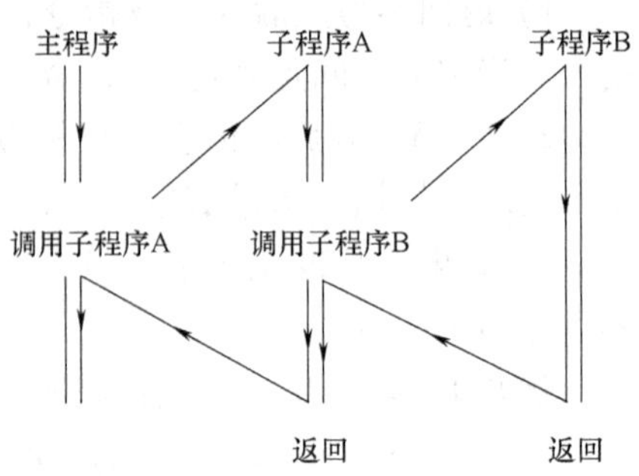

图8-11 子程序的嵌套

2）子程序的应用

① 零件上若干处具有相同的轮廓形状。在这种情况下，只要编写一个加工该轮廓形状的子程序，然后用主程序多次调用该子程序的方法完成对零件的加工。

② 加工中反复出现具有相同轨迹的走刀路线。如果相同轨迹的走刀路线出现在某个加工区域，或在这个区域的各个层面上，采用子程序编写加工程序比较方便，在程序中常用增量值确定切入深度。

③ 在加工较复杂的零件时，往往包含许多独立的工序，有时工序之间需要作适当的调整。为了优化加工程序，把每一个独立的工序编成一个子程序，这样形成了模块式的程序结构，便于对加工顺序的调整，而主程序中只有换刀和调用子程序等指令。

（2）调用子程序指令M98

编程格式：M98 P__ ××××；

说明：P后的值为要调用的子程序号。“××××”为重复调用子程序的次数，若只调用一次子程序可省略不写，系统允许重复调用次数为1~9999次。

（3）子程序调用结束指令M99

编程格式：M99；

说明：

1）执行到子程序结束M99指令后，返回至主程序，继续执行“M98 P__××××；”程序段下面的主程序。

2）若子程序结束指令用“M99 P__；”格式时，表示执行完子程序后，返回到主程序中由P后的值指定的程序段。

3）若在主程序中插入“M99”程序段，则执行完该指令后返回到主程序的起点。

4）若在主程序中插入“/M99”程序段，当程序跳步选择开关为“OFF”时，则返回到主程序的起点；当程序跳步选择开关为“ON”时，则跳过“/M99”程序段，执行其下面的程序段。

5）若在主程序中插入“/M99 P__；”程序段，当程序跳步选择开关为“OFF”时，则返回主程序中由P后的值指定的程序段；当程序跳步选择开关为“ON”时，则跳过该程序段，执行其下面的程序段。

（4）子程序的格式

O（或:）××××；

……

M99；

格式说明：其中“O（或:）××××；”为子程序号，“O”是EIA代码，“:”是ISO代码。

（5）使用子程序时的注意事项

1）主程序可以调用子程序，子程序也可以调用其他子程序，但子程序不能调用主程序和自身。

2）主程序中的模态代码可被子程序中同一组的其他代码所更改，也就是说，由子程序返回主程序时，同组中的模态代码已经改为子程序中的状态。

3）最好不要在刀具补偿状态下的主程序中调用子程序，因为当子程序中连续出现二段以上非刀补平面的轴向运动指令时，很容易出现过切等错误。

例 8.2　用直径为 5mm 的立铣刀，加工如图 8-12 所示零件，其中方槽的深度为 5mm，圆槽的深度为 4mm，外轮廓厚度为 10mm。

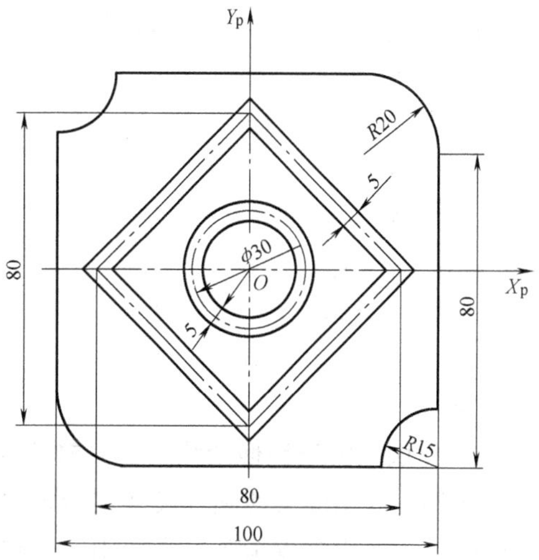

图 8-12　轮廓加工零件图

该零件的工艺过程由三个独立的工序组成。为了便于程序的检查、修改和工序的优化，把各工序的加工轨迹编写成子程序，主程序按工艺过程分别调用各子程序，设零件上表面的对称中心为工件坐标系的原点。

主程序：

```
O1100;
G90  G92  X0  Y0  Z20;
G00  X40  Y0  Z2  S800  M03;
M98  P1010;
G00  Z2;
     X15  Y0;
M98  P1020;
G00  Z2;
     X60  Y-60;
     M98  P1030;
     G00  Z20;
     X0  Y0  M05;
M30;
```

子程序 1：

```
O1010;
G01  Z-5  F100;
     X0  Y-40;
     X-40  Y0;
     X0  Y40;
     X40  Y0;
M99;
```

子程序 2：

```
O1020;
G01  Z-4  F150;
```

```
G02  X15  Y0  R15;
M99;
子程序3:
O1030;
G00  Z-10
G41  G01  X-35  Y-50  F80  D05;
          X-30;
G02  X-50  Y-30  R20;
G01  Y35;
G03  X-35  Y50  R15;
G01  X30;
G02  X50  Y30  R20;
G01  Y-35;
G03  X-35  Y-50  R15;
G40  G01  X-60  Y-60;
M99;
```

3. 比例缩放及镜像功能指令 G51 和 G50

比例缩放功能可使编程尺寸按指定比例缩小或放大；镜像功能可让图形按指定规律产生镜像变换。使用缩放指令可实现用同一程序加工出形状相同但尺寸不同的工件；当工件具有对于某一轴对称的形状时，利用镜像功能和子程序结合的方法，只对工件的一部分进行编程，就可加工出工件的整体。

(1) 各轴按相同比例编程

编程格式：

```
G51  X__Y__Z__P;          建立缩放
…                         缩放有效
G50;                      取消缩放
```

说明：

1) X、Y、Z 后应是缩放中心的坐标值，P 后跟缩放倍数。

2) G51 指令既可指定平面缩放，也可指定空间缩放。G50 指令是缩放取消指令。

例 8.3 对如图 8-13 所示图例进行缩放加工编程。

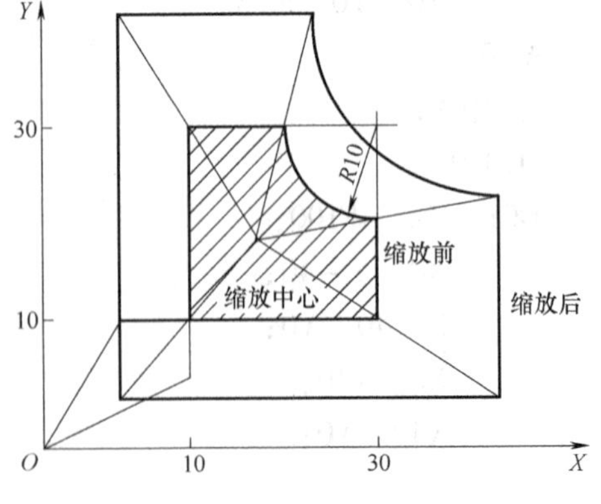

图 8-13 缩放图例

主程序：

```
O0002;
G92  X0  Y0  Z25.0;
G90  G00  Z5.0  M03;
G01  Z-18.0  F100;
M98  P100;
```

```
G01  Z-28.0;
G51  X15.0  Y15.0  P2;          缩放中心（15，15），放大2倍
M98  P100;
G50;
G00  Z25.0  M05  M30;
```

子程序：

```
O100;
G41  G00  X10.0  Y4.0  D01;
G01  Y30.0;
     X20.0;
G03  X30.0  Y20.0  I10.0;
G01  Y10.0;
     X5.0;
G40  G00  X0  Y0;
M99;
```

（2）各轴以不同比例编程及镜像功能

编程格式：

```
G51  X_ Y_ Z_ I_ J_ K_ ;          建立缩放
…                                 缩放有效
G50;                              取消缩放
```

说明：

1）X、Y、Z后的值表示比例缩放或镜像的中心坐标。

2）I、J、K后的值表示对应于X、Y、Z的比例系数，在±0.001～±9.999范围内。FANUC系统设定I、J、K输入时应取比例系数的1000倍，即比例为0.002时，应输入2。若要实现镜像功能，*X*、*Y*、*Z*轴的比例系数取±1，即输入±1000。

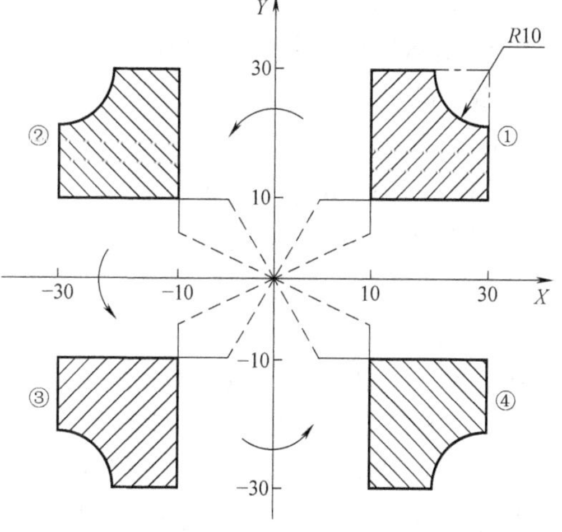

图8-14 镜像图例

例8.4 试用镜像功能编制如图8-14所示零件的数控铣削加工程序。

主程序：

```
O0016;
N10  G54;
N20  X0. Y0. Z20. ;
N30  M03  S800;
N40  M98  P1010;                  调用子程序铣①图
N50  G51  X0  Y0  I-1000. J1000. ;   Y轴镜像
N60  M98  P1010;                  调用子程序铣②图
```

```
N70  G51  X0.  Y0.  I-1000. J-1000. ;   原点镜像
N80  M98  P1010;                          调用子程序铣③图
N90  G51  X0  Y0  I1000. J-1000. ;      X 轴镜像
N100  M98  P1010;                         调用子程序铣④图
N110  G50;
N120  M05;
N130  M30;
```

子程序：

```
O1010;
N10  G41  G00  X10. Y4. D01;
N20  Y5. ;
N30  Z3. ;
N40  G01  Z-3. F100;
N50  Y30. ;
N60  X20. ;
N70  G03  X30. Y20. I10;
N80  G01  Y10. ;
N90  X5. ;
N100  G00  Z25. ;
N110  G40  X0. Y0. ;
N120  M99;
```

4. 坐标旋转指令 G68 和 G69

编程格式：

```
G17  G68  X__Y__P__;          建立坐标旋转
G18  G68  X__Z__P__;
G19  G68  Y__Z__P__;
…                              坐标旋转有效
G69;                           取消坐标旋转
```

其中，X、Y、Z 后的值表示的是旋转中心的坐标值；P 后的值为旋转角度，取值范围为 0～360°。G68 指令是坐标旋转功能有效，G69 指令则是取消坐标旋转功能。

使用时要注意，在有刀具补偿的情况下，先进行坐标旋转，然后才进行刀具半径补偿及刀具长度补偿。在有缩放功能的情况下，先缩放后旋转。

例 8.5 加工如图 8-15 所示零件的外轮廓，使用坐标旋转功能编程。

主程序：

```
O0017;
N10  G54  G90  G17;
N20  M03  S800  F100;
N30  M98  P1020;               加工图形 1 的外轮廓
N40  G68  X0  Y0  R45;         坐标以（0，0）为中心旋转 45°
```

```
N50   M98   P1020;                加工图形 2 的外轮廓
N60   G68   X0   Y0   R90;        坐标以（0，0）为中心旋转 90°
N70   M98   P1020;                加工图形 3 的外轮廓
N80   G69;
N90   M05;
N100  M30;
```

子程序：

```
O1020;
N10   G90   G01   X20   Y0   F100;
N20   G02   X30   Y0   I5;
N30   G03   X40   Y0   I5;
N40   X20   Y0   I-10;
N50   G00   X0   Y0;
M99;
```

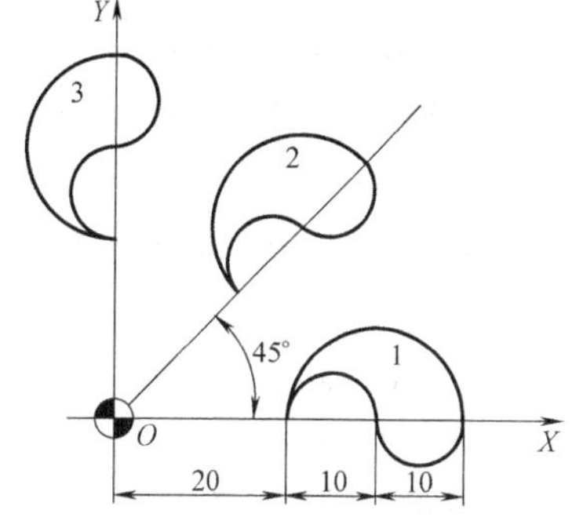

图 8-15　旋转图例

5. 数控铣床/加工中心加工案例——平面型腔类零件

例 8.6　加工图 8-16 所示内轮廓面，用刀具半径补偿指令编程。

采用刀具右补偿，程序如下：

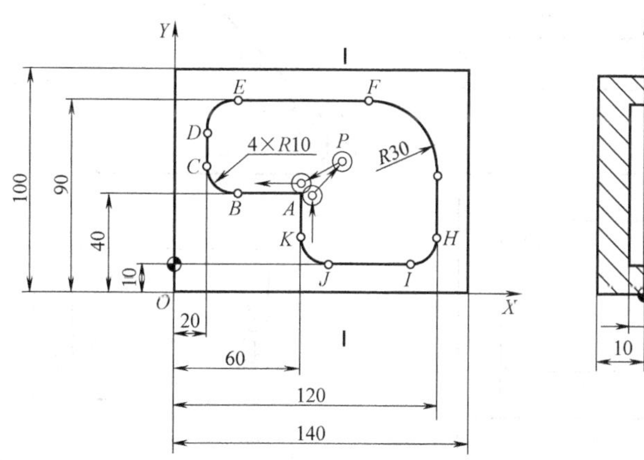

图 8-16　内轮廓面加工

```
O0097;
N0010   G54   G90   G17
N0015   S1500   M03;
N0020   G00   X80   Y60   Z2;
N0030   G01   Z-3   F0.3;
N0040   G42   X60   Y40;
N0050   X30;
N0060   G02   X20   Y50   I0   J10;
N0070   G01   Y80;
N0080   G02   X30   Y90   I10   J0;
```

```
N0090  G01  X90;
N0100  G02  X120  Y60  I0  J-30;
N0110  G01  Y20;
N0120  G02  X110  Y10  I-10  J0;
N0130  G01  X70;
N0140  G02  X60  Y20  I0  J10;
N0150  G01  Y40;
N0160  G40  X80  Y60  T0100;
N0170  G00  Z100;
N0180  M05;
N0190  M30;
```

例 8.7 用直径为 8mm 的立铣刀，粗铣图 8-17a 所示工件的型腔。

（1）工艺分析

① 确定工艺路线。如图 8-17b 所示，采用行切法，刀具中心轨迹为 $B \to C \to D \to E \to F$，作为一个循环单元，反复循环多次。设零件上表面的左下角为工件坐标系的原点。

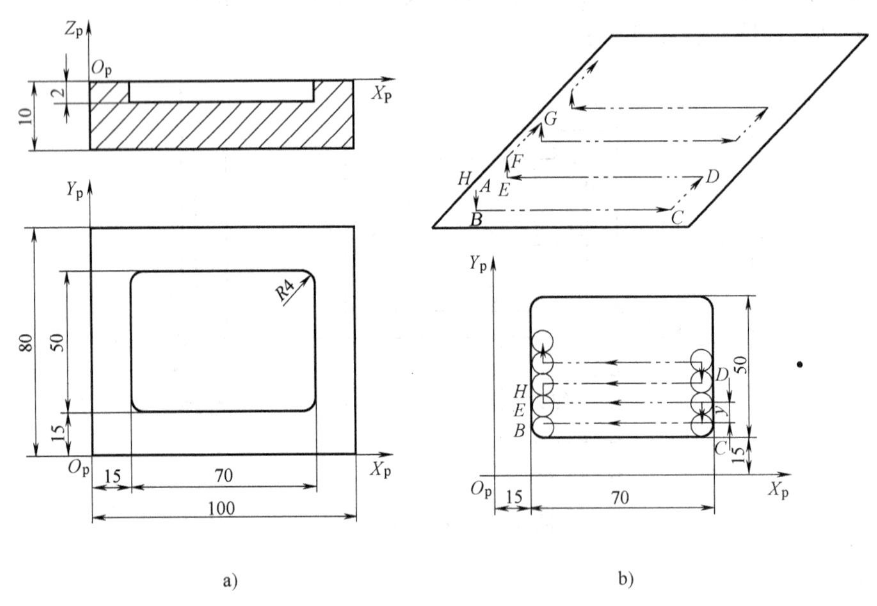

图 8-17 型腔加工

a）工件的型腔铣削 b）切削轨迹

② 计算刀具中心轨迹坐标、循环次数及步进量（Y 方向步距）。如图 8-17b 所示，设循环次数为 n，Y 方向步距为 y，步进方向槽宽为 B，刀具直径为 d，则各参数关系如下：

循环 1 次，铣出槽宽 $y+d$；

循环 2 次，铣出槽宽 $3y+d$；

循环 3 次，铣出槽宽 $5y+d$；

⋮

循环 n 次 铣出槽宽 $(2n-1)y+d=B$。

根据图样尺寸要求，将 $B=50$，$d=8$ 代入式 $(2n-1)y+d=B$，即 $(2n-1)y=42$。取 $n=4$，得 $y=6$，刀具中心轨迹有 1mm 重叠，可行。

（2）加工程序

程序	说明
O1100;	程序号
N010 G90 G92 X0 Y0 Z20;	用绝对坐标方式编程，建立工件坐标系
N020 G00 X19 Y19 Z2 S800 M03;	快速进给至 $X=19$，$Y=19$，主轴正转
N030 G01 Z-2 F100;	Z 轴工进至 $Z=-2$mm
N040 M98 P10104;	重复调用子程序 O1010 四次
N050 G90 G00 Z20;	Z 轴快移至 $Z=20$
N060 X0 Y0 M05;	快速进给至 $X=0$，$Y=0$，主轴停
N070 M30;	主程序结束
O1010;	子程序号
N010 G91 G01 X62 F100;	相对坐标编程，直线插补，X 坐标增量 62
N020 Y6;	直线插补，Y 坐标增量 6mm
N030 X-62;	直线插补，X 坐标增量 -62mm
N060 Y6;	直线插补，Y 坐标增量 6mm
N070 M99;	子程序结束并返回主程序

例 8.8 加工图 8-18 所示内外轮廓，用刀具半径补偿指令编程，刀具直径为 ϕ8mm。

外轮廓用左刀补，沿圆弧切线方向切入 P_1—P_2，切出时也沿切线方向 P_2—P_3。内轮廓采用右刀补，P_4—P_5 为切入段，P_6—P_4 为切出段。外轮廓加工完毕取消左刀补，待刀具至 P_4 点，再建立右刀补。

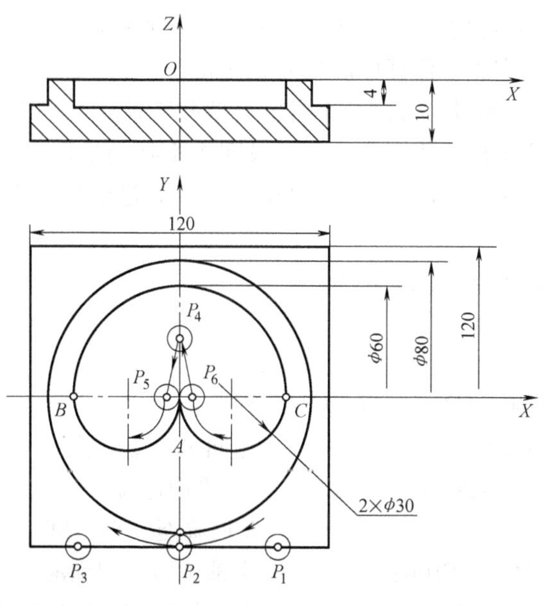

图 8-18 内外轮廓面加工举例

```
O0050;
N0010  G54  S1500  M03;              设工件零点 O
N0015  T0101;                        设刀号
N0020  G00  X20  Y-44  Z2;           刀具快进至 P1 点上方
N0030  G98  G01  Z-4  F100;          刀具 Z 向工进至深 4mm 处
N0040  G41  X0  Y-40;                建立左刀补 P1—P2
N0050  G02  X0  Y-40  I0  J40;       铣外轮廓顺圆至 P2
N0060  G40  G01  X-20  Y-44;         取消左刀补 P2—P3
N0070  G00  Z2;                      刀具快进至 P4 点上方
N0075  G00  X0  Y15;
N0080  G01  Z-4;                     刀具 Z 向工进至深 4mm 处
N0090  G42  X0  Y0;                  建立右刀补 P4—P5
N0100  G02  X-30  Y0  I-15  J0;      铣内轮廓
N0110  G02  X30  Y0  I30  J0;
N0120  G02  X0  Y0  I-15  J0;
N0130  G40  G01  X0  Y15;
T0100;
N0140  G00  Z100;                    刀具 Z 向快退
N0150  M05;
N0160  M30;
```

四、任务实施

1. 工艺分析

1）分析零件图。该零件内型腔需进行加工，为保证各加工尺寸及几何公差，零件上、下表面在普通铣床上加工完成，保证厚度尺寸 25mm。

2）装夹工件与找正。测量工件两边平行度误差和工件底面平面度误差，确认是否满足装夹要求，如果不满足应增加修正工序，并记录四边实际测量值。找正机用虎钳固定钳口，保证其与机床 X 轴的平行度。压紧并固定机用虎钳，通过垫铁组合，保证工件伸出 2mm，并找正。

3）选择刀具。选择 8mm 平底立铣刀。

2. 参考程序

```
O0030;
N10  G00  G94  G40  G21  G17  G54;  程序初始化
N20  G91  G28  Z0;                  返回 Z 向参考点
N30  G00  X11.0  Y-20.0;            XY 平面定位
N40  Z30.0;                         Z 向降至安全高度
N50  S600  M03  M08  F100;          主轴正转，切削液开
N60  G01  Z-5.0  F100;              刀具切削到轮廓底平面
N70  G41  G01  X15.0  Y0  D01;      建立刀具半径补偿
```

N80　G02　X26.25　Y14.524　R15.0；　型腔精加工轨迹
N90　G03　X30.0　Y19.365.0　R5.0；
N100　G01　Y35.0；
N110　G03　X25.0　Y40.0　R5.0；
N120　G01　X19.365；
N130　G03　X14.524　Y36.25　R5.0；
N140　G02　X－14.524　Y36.25　R15.0；
N150　G03　X－19.365　Y40.0　R5.0；
N160　G01　X－25.0；
N170　G03　X－30.0　Y35.0　R5.0；
N180　G01　Y19.365；
N190　G03　X－26.25　Y14.524　R5.0；
N200　G02　X－26.25　Y－14.524　R15.0；
N210　G03　X－30　Y－19.365　R5.0；
N220　G01　Y－35.0；
N230　G03　X－25.0　Y－40.0　R5.0；
N240　G01　X－19.365；
N250　G03　X－14.524　Y－36.25　R5.0；
N260　G02　X14.524　Y－36.25　R15.0；
N270　G03　X19.365　Y－40.0　R5.0；
N280　G01　X25.0；
N290　G03　X30.0　Y－35.0　R5.0；
N300　G01　Y－19.365；
N310　G03　X26.25　Y－14.524　R5.0；
N320　G02　X15.0　Y0　R15.0；
N330　G01　Y5.0；
N340　G40　G01　X11.0　Y10.0 ；　取消刀具半径补偿
N350　G91　G28　Z00　M09；　*Z*向回参考点，切削液关
N360　M30；　主轴停转，程序结束

3. 数控加工

（1）通电开机

1）按下机床面板上的系统启动键，接通电源，显示屏由原先的黑屏变为有文字显示，电源指示灯亮。按急停键，使急停键抬起，这时系统完成上电复位。

2）机床回零。

（2）程序的输入和空运行　将程序传输到机床中，校验程序无误后，锁定机床进行空运行检查，发现问题及时修改。

（3）工件和刀具的装夹　将毛坯（80mm×100mm×25mm）装在工作台上，找正（单

件）压紧，根据加工程序选择刀具，并装入机床主轴。

（4）对刀和刀补设置

1）用机外对刀仪确定各刀具的长度补偿值，并输入数控机床刀具补正参数内，如图 8-19所示。

2）用寻边器找毛坯对称中心（确定 *X*、*Y* 坐标），用 *Z* 向设定器进行精确对刀（确定 *Z* 坐标）将对刀得到的机械坐标值 *X*、*Y*、*Z* 输入机床 G54 坐标系中。

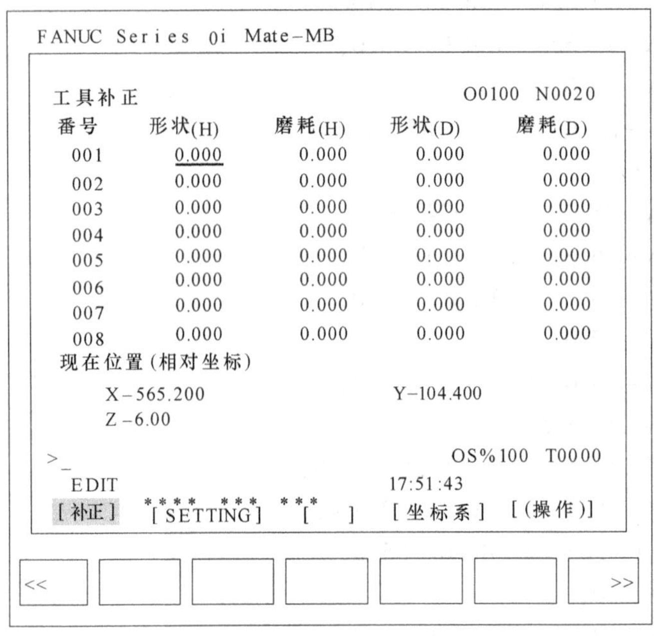

图 8-19　刀具补正

（5）内轮廓的粗铣　选择要运行的加工程序，按下自动键，系统进入自动运行方式；同时将进给倍率调低，按循环启动键（指示灯亮），系统执行程序。注意观察有无异常，有问题及时处理。

（6）精加工　测量工件，计算并修改刀补值，精加工至尺寸。

4. 学习评价

平面型腔类零件的数控铣削编程及加工任务内容评价见表 8-1。

表 8-1　平面型腔类零件的数控铣削编程及加工任务评价表

工件编号		技术要求	配分	总得分		
项目与权重	序号			评分标准	检测记录	得分
加工操作（20%）	1	形状正确	5	不正确全扣		
	2	深浅一致	5	不一致每处扣 2 分		
	3	表面粗糙度符合图样要求	5	不合格每处扣 2 分		
	4	槽对称度好	5	不合格全扣		

（续）

工件编号		技术要求	配分	总得分		
项目与权重	序号			评分标准	检测记录	得分
程序与工艺（30%）	5	程序格式规范	10	不合理每处扣3分		
	6	程序正确、完整	10	不合理每处扣3分		
	7	工艺合理	5	不合理每处扣2分		
	8	程序参数合理	5	不合理每处扣2分		
机床操作（30%）	9	刀具安装正确	10	误操作每次扣5分		
	10	对刀及坐标系设定正确	10	误操作每次扣5分		
	11	机床面板操作正确	5	误操作每次扣2分		
	12	意外情况处理合理	5	误操作每次扣2分		
文明生产（20%）	13	安全操作	10	不按安全操作规程操作全扣		
	14	机床整理	10	不合格全扣		

五、训练

8.1 分析图8-20、图8-21零件的加工工艺并编写出精加工程序。

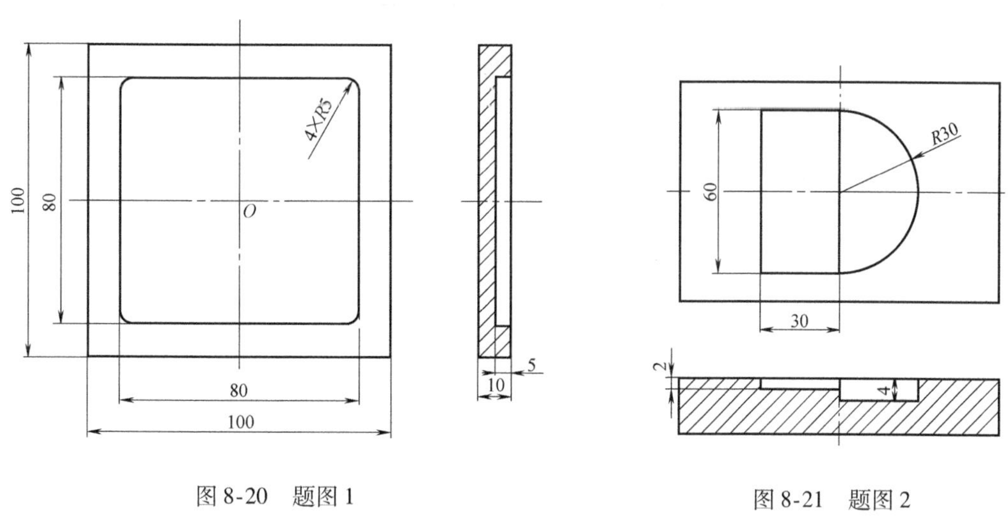

图8-20 题图1

图8-21 题图2

8.2 用ϕ10mm的立铣刀精铣图8-22所示零件的内、外表面，采用刀具半径补偿指令编程。

8.3 如图8-23所示，零件上有四个形状、尺寸相同的方槽，槽深2mm，槽宽10mm，试用子程序编程。

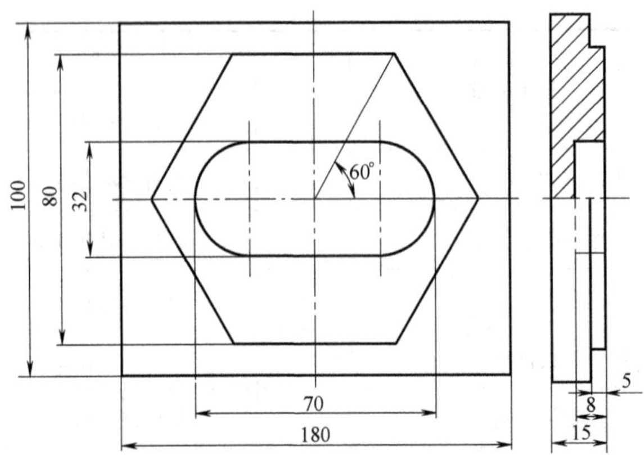

图 8-22 题图 3

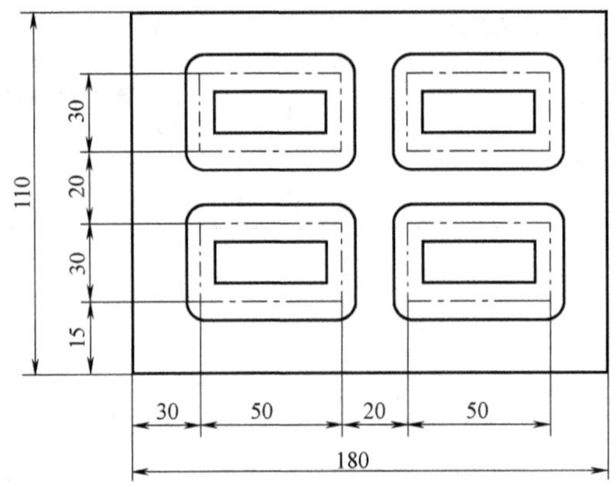

图 8-23 题图 4

任务9　孔盘类零件的数控编程及加工

学习目标

1. 熟悉孔加工工艺
2. 掌握孔加工刀具的选择和切削用量的选择
3. 掌握刀具的长度补偿应用
4. 会用孔加工固定循环功编制孔加工程序
5. 熟悉孔加工宏程序的应用
6. 掌握加工中心换刀程序的应用
7. 会编制孔盘类零件的加工程序

一、任务引入

编写图9-1所示孔盘类零件的数控加工工艺文件和数控程序，并在数控铣床/加工中心上加工。

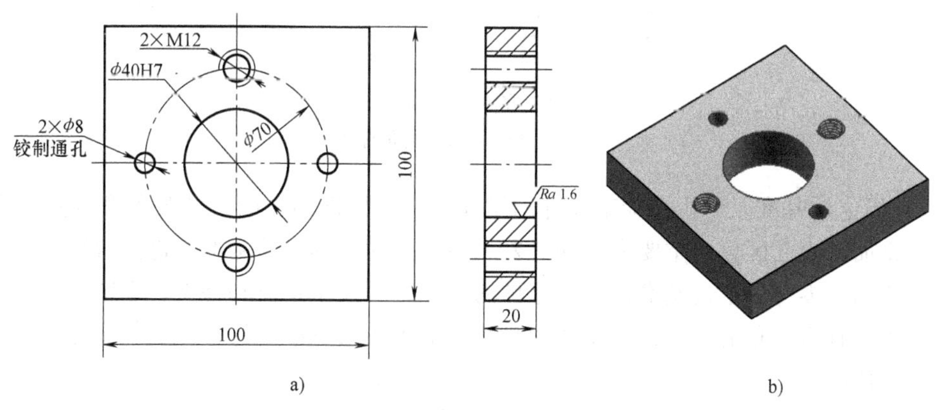

图9-1　孔盘类零件
a）零件图　b）立体图

二、任务分析

本任务的加工部位有：2个ϕ8mm孔，1个ϕ40H7孔和2个M12的内螺纹。其中，2个ϕ8mm孔需铰削完成，2个M12需钻孔后用丝锥加工，ϕ40H7孔需经过钻孔、扩孔、镗削完成。在编程过程中需掌握孔加工工艺及孔加工固定循环等理论知识。

三、相关知识介绍

（一）孔盘类零件数控加工工艺

设计孔盘类零件数控加工工艺的主要任务是为每一道工序选择机床、夹具、刀具及量具，确定定位夹紧方案、走刀路线、工步顺序、加工余量、工序尺寸及其公差、切削用量和工时定额等，为编制加工程序做好充分准备。

1. 孔盘类零件的图样分析

1）零件图上尺寸标注方法应适应数控加工的特点。如图9-2a所示，在数控加工零件图上，应以同一基准标注尺寸或直接给出坐标尺寸。这种标注方法既便于编程，也便于尺寸之间的相互协调，同时也有利于设计基准、工艺基准、测量基准和编程原点的统一。零件设计人员在进行尺寸标注时，一般总是较多地考虑装配等使用特性，因而常采用如图9-2b所示的局部分散的标注方法，这样就给工序安排和数控加工带来诸多不便。由于数控加工精度和重复定位精度都很高，不会因产生较大的累积误差而破坏零件的使用特性，因此，可将局部的分散标注法改为同一基准标注或直接标注坐标尺寸。

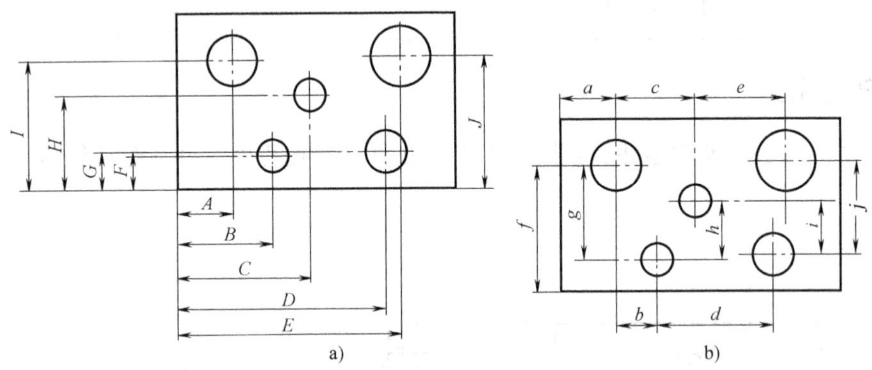

图9-2　零件尺寸标注分析

a）同基准标注　b）分散标注

2）选择定位基准。分析被加工零件的设计图样，根据标注的尺寸公差和几何公差等相关信息，将加工表面区分为重要表面和次要表面，并找出其设计基准，进而遵循基准选择的原则，确定加工零件的定位基准，分析零件的毛坯是否便于定位和装夹，夹紧方式和夹紧点的选取是否会有碍刀具的运动，夹紧变形是否对加工质量有影响等，为工件定位、安装和夹具设计提供依据。

3）几何元素的条件要准确。构成零件轮廓的几何元素（点、线、面）的条件（如相切、相交、垂直和平行等），是数控编程的重要依据。手工编程时，要依据这些条件计算每一个节点的坐标；自动编程时，则要根据这些条件对构成零件的所有几何元素进行定义，无论哪一个条件不明确，都会导致编程无法进行。因此，在分析零件图样时，务必要分析几何元素的给定条件是否充分，发现问题要及时与设计人员协商解决。

2. 孔盘类零件走刀路线和工步顺序的确定

走刀路线是编写程序的依据之一。走刀路线是刀具在整个加工工序中相对于工件的运动轨迹，不但包括了工步的内容，而且也反映出工步的顺序。在确定走刀路线时，主要遵循以下原则：

1）保证零件的加工精度和表面粗糙度。加工位置精度要求较高的孔系时，应特别注意安排孔的加工顺序。若安排不当，就可能将坐标轴的反向间隙带入，直接影响位置精度。如图 9-3a 所示，镗削零件上六个尺寸相同的孔，有两种走刀路线。按图 9-3b 所示路线加工时，由于 5、6 孔与 1、2、3、4 孔定位方向相反，X 向反向间隙会使定位误差增加，从而影响 5、6 孔与其他孔的位置精度。按图 9-3c 所示路线加工时，加工完 4 孔后往上多移动一段距离至 P 点，然后折回来在 5、6 孔处进行定位加工，从而使各孔的加工进给方向一致，避免反向间隙的引入，提高了 5、6 孔与其他孔的位置精度。此外，刀具的进退刀路线要尽量避免在轮廓处停刀或垂直切入、切出工件，以免留下刀痕。

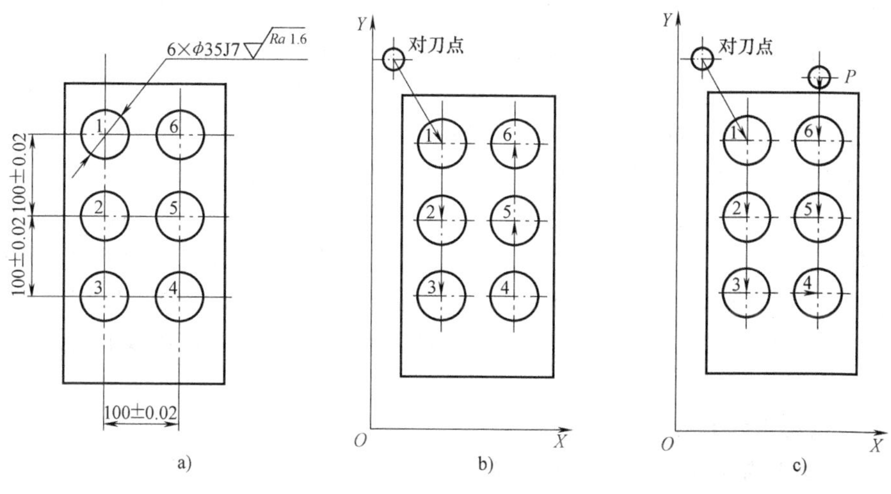

图 9-3　镗削孔系走刀路线比较

a）零件图　b）差　c）好

2）使走刀路线最短，提高加工效率。图 9-4 所示零件上的孔系，图 9-4a 所示是先加工均布于同一圆周上的一圈孔后，再加工另一圈孔，这不是最好的走刀路线。因为对点位控制的数控机床而言，要求定位精度高，定位过程尽可能快。若按图 9-4b 所示的进给路线加工，可使各孔间距的总和最小，空程最短，从而节省定位时间。

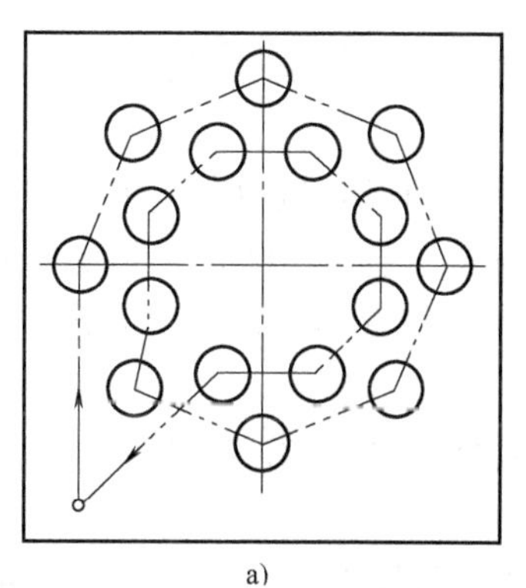

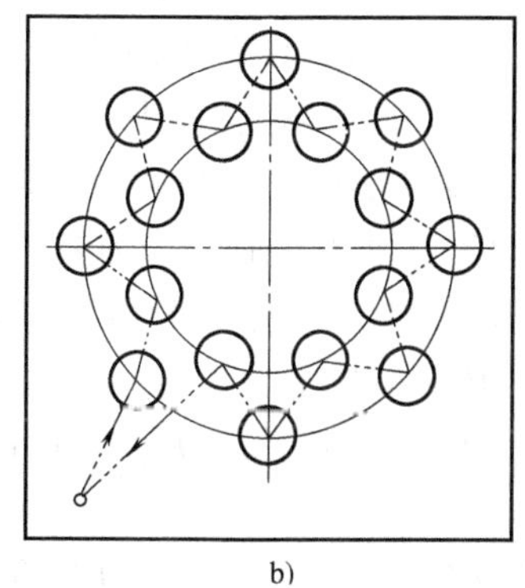

图 9-4　最短加工路线选择

a）较差的走刀路线　b）较好的走刀路线

3. 工件定位与夹紧方案的确定

工件定位基准与夹紧方案的确定，应该注意以下几点：

1）力求设计基准、工艺基准与编程原点统一，以减少基准不重合误差和数控编程中的计算工作量。

2）设法减少装夹次数，尽可能做到在一次定位装夹中，能加工出工件上全部或大部分待加工表面，以减少装夹误差，提高加工表面之间的相互位置精度，充分发挥数控机床的效率。

3）避免采用占机人工调整方案，以免占机时间太多，影响加工效率。

4. 孔加工方法的选择

1）直径大于 ϕ30mm 的已铸出或锻出的毛坯孔的加工，一般采用粗镗→半精镗→孔倒角→精镗的加工方案，孔径较大的还可采用立铣刀粗铣→精铣加工方案。有空刀槽时可用锯片铣刀在半精镗之后与精镗之前铣削完成，也可用镗刀进行单刀镗削，但单刀镗削效率较低。

2）对于直径小于 ϕ30mm 的无毛坯孔的加工，通常采用锪平端面→打中心孔→钻→扩→孔倒角→铰孔的加工方案；对有同轴度要求的小孔，需要采用锪平端面→打中心孔→钻→半精镗→孔倒角→精镗（或铰孔）的加工方案。为了提高孔的位置精度，在钻孔工步前需安排锪平端面和打中心孔工步。孔倒角安排在半精加工之后与精加工之前，以防孔内产生毛刺。

3）直径为 M6 ~ M20 的螺纹，通常采用攻螺纹的方法加工。直径在 M6 以下的螺纹，在完成基孔（俗称底孔）加工后再通过其他手段加工螺纹。直径在 M20 以上的螺纹，可采用镗刀镗削加工。

（二）孔盘类零件的数控编程

1. 刀具长度补偿指令 G43、G44、G49

编程格式：G43　G00(G01) Z__　H__;

　　　　　G44　G00(G01) Z__　H__;

　　　　　G49　G00(G01) Z__;

说明：

1）G43 指令为刀具长度正补偿。

2）G44 指令为刀具长度负补偿。

3）G49 指令为取消刀具长度补偿。

4）刀具长度补偿指刀具在 Z 方向的实际位移比程序给定值增加或减少一个偏置值。

5）格式中的 Z 后的值是指程序中的指令值。

6）H 为刀具长度补偿代码，其后面两位数字是刀具长度补偿寄存器的地址符。H01 指 01 号寄存器，在该寄存器中存放对应刀具长度的补偿值。H00 寄存器必须设置刀具长度补偿值为 0，调用时起取消刀具长度补偿的作用，其余寄存器存放刀具长度补偿值。刀具长度补偿号可用 H00 ~ H99 来指定。

执行 G43 时，$Z_{实际值} = Z_{指令值} + H$__ 中的偏置值；执行 G44 时，$Z_{实际值} = Z_{指令值} - H$__中的偏置值。

例 9.1　如图 9-5 所示，A 点为刀具起点，加工路线为 1→2→3→4→5→6→7→8→9。要求刀具在工件坐标系零点沿 Z 轴方向向下偏移 3mm，按增量坐标值方式编程（提示：把偏置量 3mm 存入地址为 H01 的寄存器中）。

程序如下：

```
G91  G00  X70  Y45  S800  M03;
G43  Z-22  H01;
G01  Z-18  F100  M08;
G04  X5;
G00  Z18;
X30  Y-20;
G01  Z-33  F100;
G00  G49  Z55  M09;
     X-100  Y-25;
M30;
```

刀具长度补偿指令通常用在下刀及提刀的直线段程序 G00 指令或 G01 指令中。使用多把刀具时，通常是每一把刀具对应一个刀长补偿号，下刀时使用 G43 指令或 G44 指令，该刀具加工结束后提刀时使用 G49 指令取消刀长补偿。

例 9.2 图 9-6 所示为孔加工路线，编程如下。

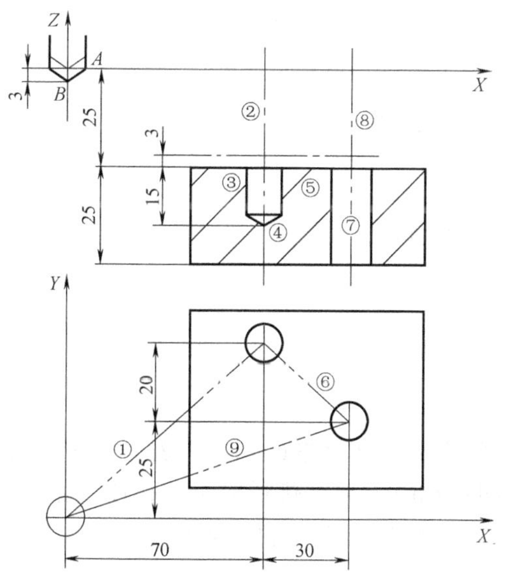

图 9-5 刀具长度补偿

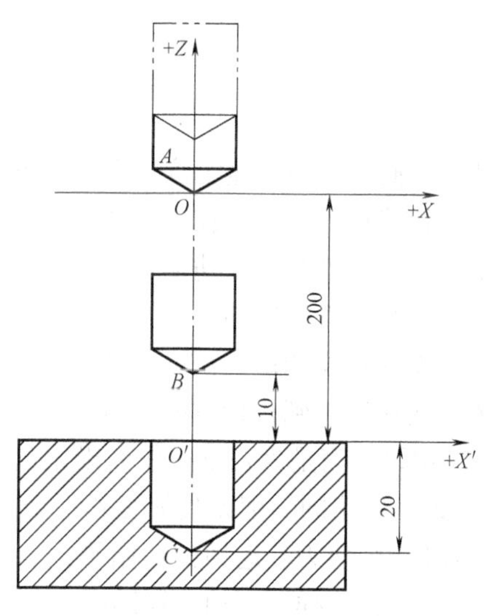

图 9-6 刀具长度补偿应用举例

设(H02)=200mm 时：

G92 X0 Y0 Z0;	设定当前点 O 为程序零点
G90 G00 G44 Z10.0 H02;	指定点 A，实到点 B
G01 Z-20.0;	实到点 C
Z10.0;	实际返回点 B
G00 G49 Z0;	实际返回点 O

设(H02)=-200mm 时：

```
G92  X0  Y0  Z0;
G90  G00  G43  Z10.0  H02;
```

```
G91  G01  Z-30.0;
          Z30.0;
G00  G49  Z-10.0;
```

2. 孔加工固定循环

（1）孔加工固定循环的运动与动作 以立式数控机床加工为例，钻、镗固定循环动作顺序可分解为图9-7所示。

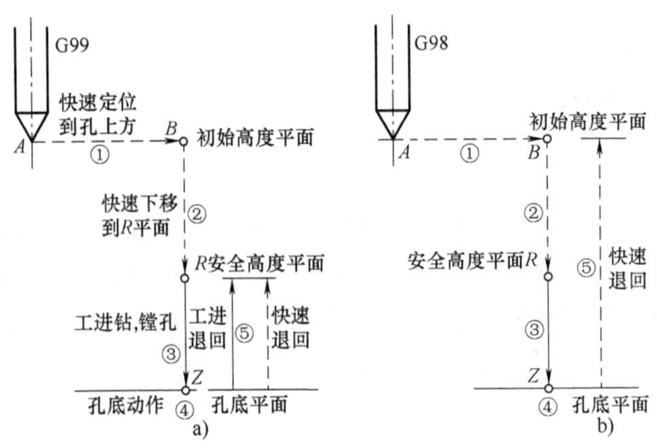

图9-7 固定循环动作分解

a）G99指令动作 b）G98指令动作

1）X轴和Y轴快速定位到孔中心的位置上。

2）快速运行到靠近孔上方的安全高度平面（R平面）。

3）钻孔、镗削（工进）。

4）在孔底做需要的动作。

5）退回到安全平面高度或初始平面高度。

6）快速退回到初始点的位置。

① 初始平面是为安全操作而设定的定位刀具的平面。初始平面到零件表面的距离可以任意设定。使用同一把刀具加工若干个孔，当孔间存在障碍需要跳跃或全部孔加工完成时，可用G98指令使刀具返回到初始平面；否则，在中间加工过程中可用G99指令使刀具返回到R点平面；这样缩短加工辅助时间。

② R点平面又叫R参考平面。这个平面表示刀具从快进转为工进的转折位置。R点平面距工件表面的距离主要考虑工件表面形状的变化，一般可取2～5mm。

③ 孔底平面的位置用Z表示，加工通孔时刀具伸出工件孔底平面一段距离，保证通孔全部加工到位，钻削不通孔时应考虑钻头钻尖对孔深的影响。

（2）加工平面及孔加工轴线的选择 选择加工平面有G17、G18和G19三条指令，对应XY、XZ和YZ三个加工平面，以及对应孔加工轴线分别为Z轴、Y轴和X轴。立式数控铣床加工孔时，只能在XY平面内使用Z轴作为孔加工轴线，与平面选择指令无关。下面主要讨论立式数控铣床孔加工固定循环指令。

（3）孔加工固定循环指令格式

编程格式：G90(G91)G99(G98)G73(～G89)X__ Y__ Z__ R__ Q__ P__ F__ S__ L__;

G98、G99 指令为孔加工完后的回退方式指令；G98 指令是返回初始平面高度处；G99 则是返回安全平面高度处。

当某孔加工完后还有其他同类孔需要继续加工时，一般使用 G99 指令；只有当全部同类孔都加工完成后，或孔间有比较高的障碍需跳跃的时候，才使用 G98 指令，这样可节省抬刀时间。G73 ~ G89 为孔加工方式指令，对应的固定循环功能见表 9-1。

表 9-1 固定循环功能表

G 指令	加工动作—Z 向	在孔底部的动作	回退动作 Z 向	用 途
G73	间歇进给		快速进给	高速深孔钻固定循环
G74	切削进给(主轴反转)	主轴正转	切削进给	攻左旋螺纹固定循环
G76	切削进给	主轴定向停止	快速进给	精镗固定循环
G80				固定循环取消
G81	切削进给		快速进给	钻削固定循环
G82	切削进给	暂停	快速进给	钻削固定循环、沉孔
G83	间歇进给		快速进给	深孔钻固定循环
G84	切削进给(主轴正转)	主轴反转	切削进给	攻右旋螺纹固定循环
G85	切削进给		切削进给	镗削固定循环
G86	切削进给	主轴停止	快速进给	镗削固定循环
G87	切削进给	主轴停止	手动或快速	反镗削固定循环
G88	切削进给	暂停、主轴停止	手动或快速	镗循环
G89	切削进给	暂停	切削进给	镗循环

说明：

1）X、Y 后的值为孔位中心的坐标。

2）Z 后的值为孔底的 Z 坐标（G90 指令时为孔底的绝对 Z 值，G91 时为 R 平面到孔底平面的 Z 坐标增量）。

3）R 后的值为安全平面的 Z 坐标（G90 指令时为 R 平面的绝对 Z 值，G91 指令时为从初始平面到 R 平面的 Z 坐标增量）。

4）在 G73、G83 指令指定的间歇进给方式中，Q 后的值为每次加工的深度；在 G76、G87 指令指定的方式中，Q 后的值为横移距离；在固定循环有效期间 Q 后的值是模态值。

5）P 后的值为孔底暂停的时间，用整数表示，单位为 ms，仅在 G82、G88、G89 指令中有效。

6）F 后的值为进给速度。

7）L 后的值为重复循环的次数，L1 可不写，L0 将不执行加工，仅存储加工数据。

（4）各种孔加工方式的说明

1）高速深孔往复排屑钻 G73 指令，孔加工动作如图 9-8a 所示。G73 指令用于深孔钻削，Z 轴方向的间断进给有利于深孔加工过程中断屑与排屑。Q 为每一次进给的加工深度（增量值且为正值），退刀距离 d 由数控系统内部设定。

2）深孔往复排屑钻 G83 指令，孔加工动作如图 9-8b 所示。与 G73 指令略有不同的是，执行 G83 指令时，每次刀具间歇进给后回退至 R 点平面，这种退刀方式排屑畅通。此处的 d

表示刀具间断进给每次下降时由快进转为工进的那一点至前一次切削进给下降的点之间的距离，其值由数控系统内部设定。由此可见，这种钻削方式适宜加工深孔。

3）攻左旋螺纹 G74 指令与攻右旋螺纹 G84 指令，加工动作如图 9-8c、图 9-8d 所示。执行 G74 指令时，主轴左旋攻螺纹，至孔底后正转返回，到 *R* 点平面后主轴又恢复反转。如果执行 G84 指令，主轴右旋攻螺纹，至孔底后反转返回，到 *R* 点平面后主轴又恢复正转。如果在程序段中暂停指令有效，则在刀具到达孔底后先执行暂停动作，然后改变主轴转动方向后返回。

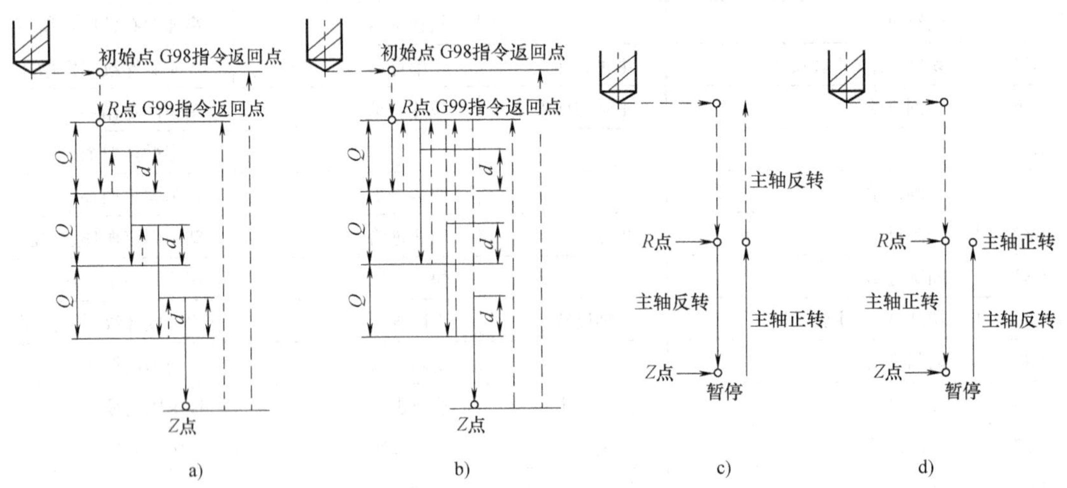

图 9-8 G73、G83、G74、G84 指令动作图解
a）G73 指令动作 b）G83 指令动作 c）G74 指令动作 d）G84 指令动作

4）精镗孔 G76 指令，孔加工动作如图 9-9a 所示。图中 OSS 表示主轴准停，*Q* 表示刀具移动量（规定为正值，若使用了负值则负号被忽略）。在孔底主轴定向停止后，刀头按 *Q* 所指定的偏移量移动，然后提刀。刀头的偏移量在 G76 指令中设定。采用这种镗孔方式可以高精度、高效率地完成孔加工而不损伤工件表面。

5）钻孔 G81 指令与锪孔 G82 指令，其加工动作如图 9-9b 和图 9-9c 所示。G82 指令与 G81 指令相比较唯一不同之处是：G82 指令在孔底增加了暂停，因而适用于锪孔或镗阶梯孔，提高了孔台阶表面的加工质量；而 G81 指令只用于一般要求的钻孔。

6）精镗孔指令 G85 与精镗阶梯孔指令 G89，其加工动作如图 9-9d 和图 9-9e 所示。这两种孔加工方式，刀具以切削进给的方式加工到孔底，然后又以切削进给的方式返回 *R* 点平面，因此适用于精镗孔等情况。其中，G89 指令在孔底增加了暂停，提高了阶梯孔台阶表面的加工质量。

7）镗孔指令 G86，其加工动作如图 9-9f 所示，加工到孔底后主轴停止，返回初始平面或 *R* 点平面后，主轴再重新起动。采用这种方式，如果连续加工的孔间距较小，可能出现刀具已经定位到下一个孔加工的位置而主轴尚未到达指定的转速的情况，为此可以在各孔动作之间加入暂停 G04 指令，使主轴获得指定的转速。

8）背镗孔指令 G87，其加工动作如图 9-10a 所示。*X* 轴和 *Y* 轴定位后，主轴停止，刀具以与刀尖相反方向按指令 Q 设定的偏移量偏移，并快速定位到孔底，在该位置刀具按原偏移量返

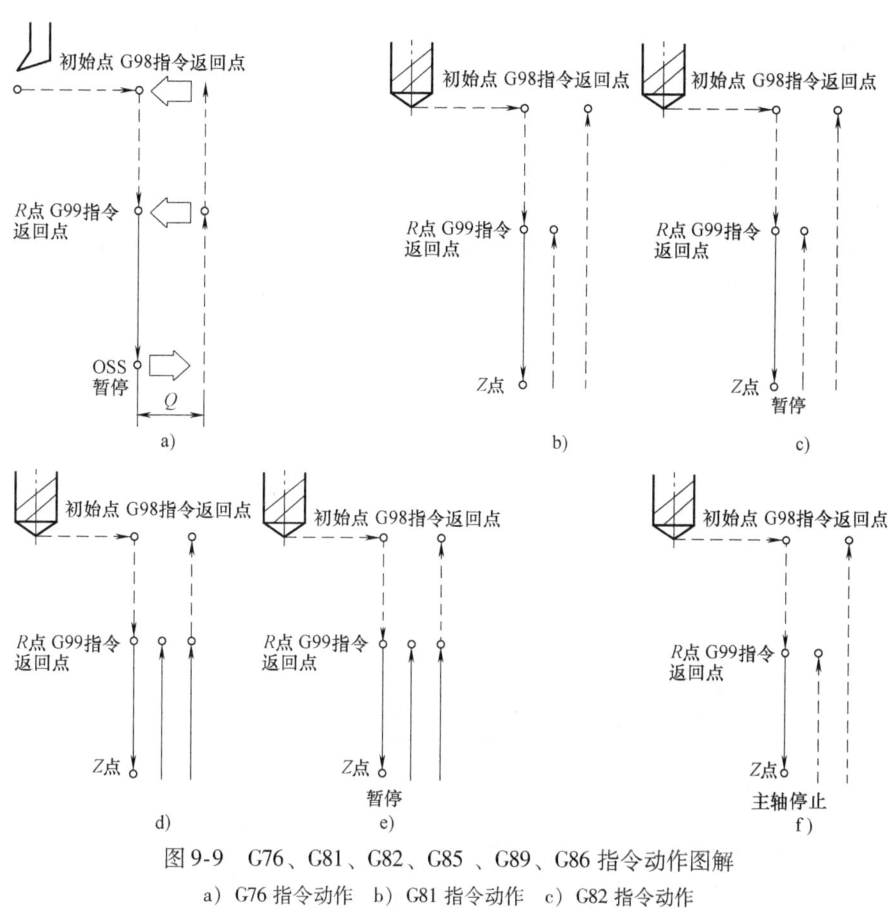

图 9-9 G76、G81、G82、G85 、G89、G86 指令动作图解

a）G76 指令动作 b）G81 指令动作 c）G82 指令动作

d）G85 指令动作 e）G89 指令动作 f）G86 指令动作

同；然后主轴正转，沿 Z 轴正向加工到 Z 点，在此位置主轴再次停止后，刀具再次按原偏移量反向偏移，然后主轴向上快速移动到达初始平面，并按原偏移量返回后主轴正转，继续执行下一个程序段。采用这种循环方式，刀具只能返回到初始平面而不能返回到 R 点平面。

9）镗孔指令 G88，其加工动作如图 9-10b 所示。刀具到达孔底后暂停，暂停结束后主

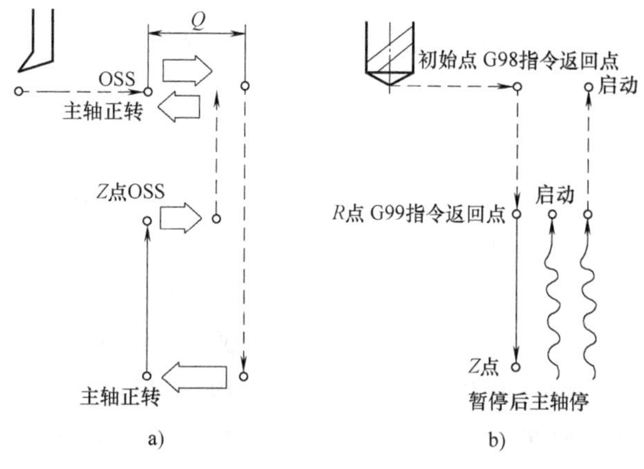

图 9-10 G87、G88 指令动作图解

a）G87 指令动作 b）G88 指令动作

轴停止且系统进入进给保持状态，在此情况下可以执行手动操作；但为了安全起见，应先把刀具从孔中退出，再按循环启动按钮启动加工，刀具快速返回到 R 点平面或初始点平面，然后主轴正转。

3. 孔盘类零件的编程实例

例 9.3 如图 9-11a 所示的零件，共有 13 个孔，需要使用三把直径不同的刀具，其刀具号、刀具直径和刀杆长度如图 9-11b 所示，分别按 $H_{11}=200\text{mm}$，$H_{15}=190\text{mm}$，$H_{31}=150\text{mm}$ 设置刀具长度补偿。加工方式全部都是钻、镗点位加工，不需使用刀具半径补偿，均采用钻、镗固定循环编程。

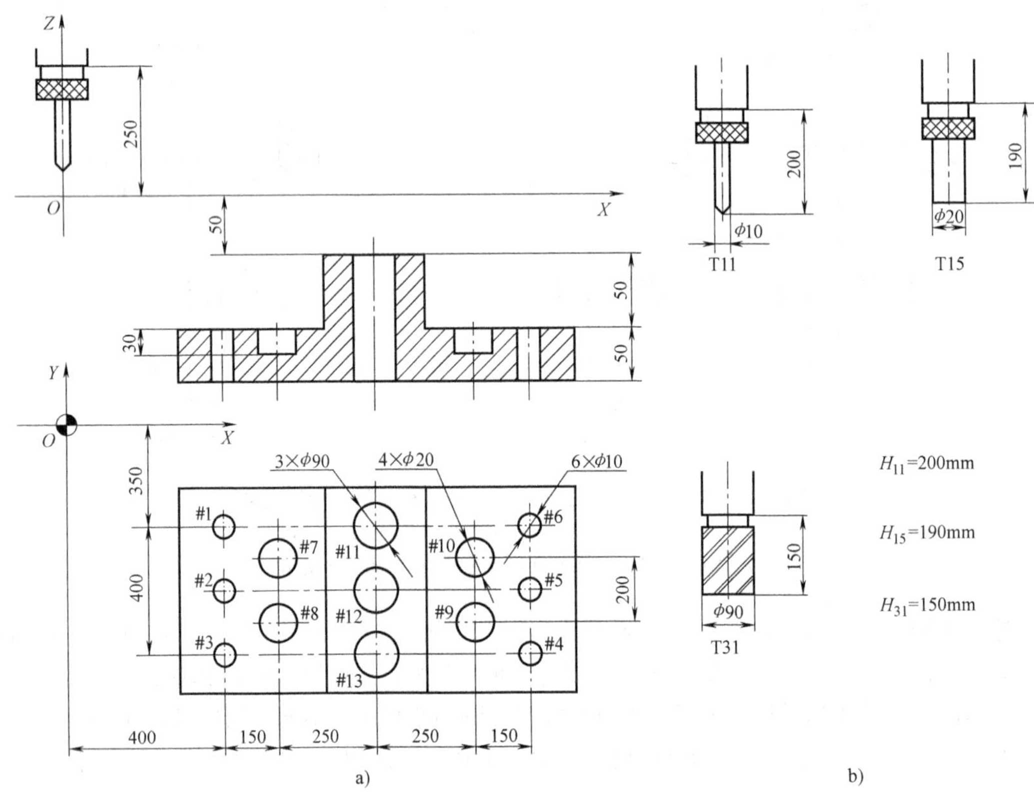

图 9-11 固定循环编程图例

a）零件图 b）刀具

程序如下：

```
G92  X0  Y0  Z0;
G90  G00  Z250.0  T11  M06;
G43  Z0  H11;
S30  M03;
G99  G81  X400.0  Y-350.0
Z-153.0  R-97.0  F120;
Y-550.0;
G98  Y-750.0;
G99  X1200.0;
     Y-550.0;
G98  Y-350.0;
G00  X0  Y0  M05;
G49  Z250.0  T15  M06;
G43  Z0  H15;
S20  M03;
G99  G82  X550.0  Y-450.0
```

```
Z-130.0  R-97.0  F70;
G98  Y-650.0;
G99  X1050.0;
G98  Y-450.0;
G00  X0  Y0  M05;
G49  Z250.0  T31  M06;
G43  Z0  H31;
S10  M03;
G85  G99  X800.0  Y-350.0
Z-153.0  R-47.0  F50;
G91  Y-200.0  L2;
G28  X0  Y0  M05;
G49  Z0  M02;
```

例 9.4　用重复固定循环方式钻削加工，待加工零件如图 9-12 所示。

程序如下：

```
O1100;
G90  G92  X0  Y0  Z100;
G00  X-50  Y51.963  M03  S800;
Z20  M08  F40;
G91  G81  G99  X20  Z-18  R-17  L4;
X10  Y-17.321;
X-20  L4;
X-10  Y-17.321;
X20  L5;
X10  Y-17.321;
X-20  L6;
X10  Y-17.321;
X20  L5;
X-10  Y-17.321;
X-20  L4;
X10  Y-17.321;
X20  L3;
G80  M09;
G90  G00  Z100;
X0  Y0  M05;
M30;
```

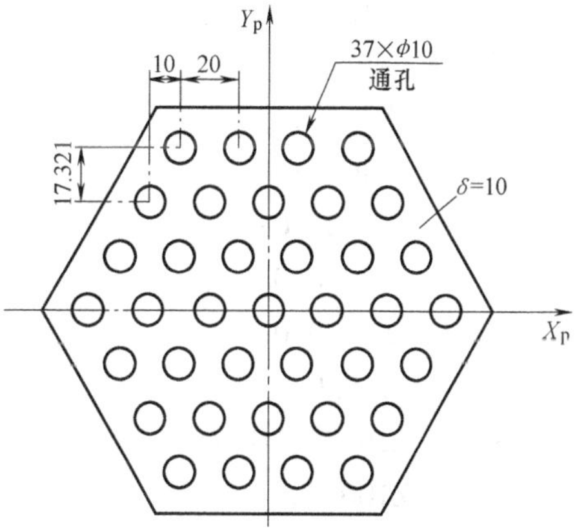

图 9-12　钻削加工零件图

例 9.5　如图 9-13 所示，零件的加工工序是：分别用 ϕ40mm 的面铣刀铣上表面，用 ϕ20mm 的立铣刀铣四个侧面和 *A*、*B* 面，用 ϕ6mm 的钻头钻 6 个小孔，用 ϕ14mm 的钻头钻中间的两个大孔。采用刀座对刀，各刀具长度的补偿值和刀具直径的补偿值分别设定在 H01～H04、D01～D04 中。在首次加工时，已经将第一把刀具预先安装在主轴刀座上。加工前，刀具停留在离工件零点高 100mm 的正上方。

主程序：

```
O0002;
G92  X0  Y0  Z100.0;
G90  G00  G43  Z20.0  H01;
```

```
S300   M03;
G00   X60.0   Y15.0;
G01   Z15.0   F100;
        X-60.0;
        Y-15.0;
        X60.0   T02;
G49   Z20.0   M19;
G28   Z100.0;
G28   X0   Y0   M06;
G29   X60.0   Y25.0   Z100.0   S200   M03;
G00   G43   Z-12.0   H02;
G01   G42   X36.0   D02   F80;
        X-36.0   T03;
        Y-25.0;
        X36.0;
        Y30.0;
G00   G40   Y40.0;
        Z0;
G01Y-40.0   F80;
        X21.0;
        Y40.0;
        X-21.0;
        Y-40.0;
        X-36.0;
        Y40.0;
G49   Z20.0   M19;
G28   Z100.0;
G91   G28   X0   Y0   M06;
G90   G29   X20.0   Y30.0   Z100.0;
G00   G43   Z3.0   H03   S630   M03;
M98   P120   L3;
G00   Z20.0;
        X-20.0   Y30.0;
        Z3.0;
        M98   P120   L3;
G49   Z20.0   M19;
G28   Z100.0   T04;
G91   G28   X0   Y0   M06;
G90   G29   X0   Y24.0   Z100.0;
```

```
G00  G43  Z20.0  H04  S450  M03;
M98  P130  L2;
G49  G28  Z0.0  T01  M19;
G91  G28  X0  Y0  M06;
G90  G00  X0  Y0  Z100.0;
M30;
子程序:
O120;
G91  G00  Y-15.0;
G01  Z-25.0  F10;
G00  Z25.0;
G90  M99;
O130;
G91  G00  Y-16.0;
G01  Z-48.0  F15;
G00  Z48.0 ;
M99;
```

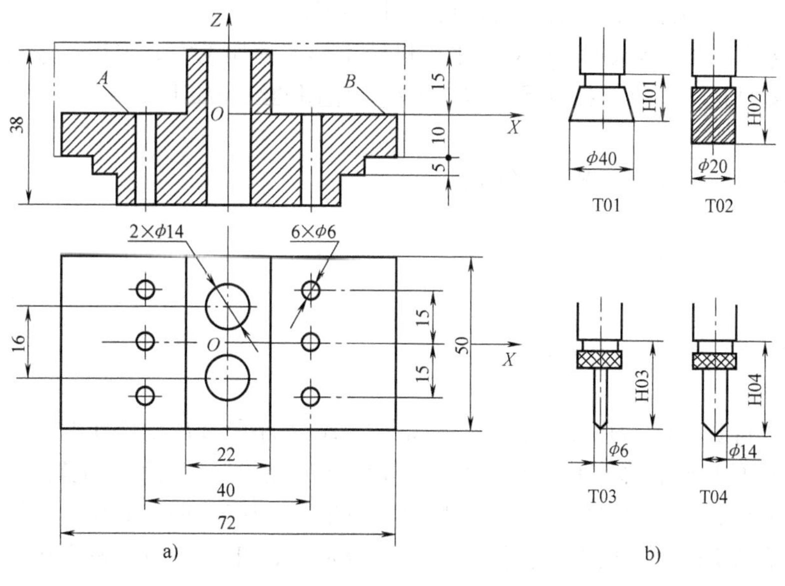

图 9-13
a) 零件图 b) 刀具

4. 换刀程序的应用

除换刀程序外，加工中心的编程和数控铣床的编程基本相同。加工中心的编程中增加了自动换刀的功能指令，主要有：

(1) 自动换刀的功能指令

1) 自动换刀指令（M06)，它将使主轴上的刀具与刀库上的刀具进行自动交换。

2）主轴准停指令（M19），它使主轴定向停止，确保主轴停止的方位和装刀标志方位一致。

3）选刀功能指令（Txx），其是铣床所不具备的，它用以驱动刀库电动机带动刀库旋转来进行选刀。T 指令后的两位数字是将要更换的刀具号。

（2）换刀程序的编程方法　不同的加工中心，其换刀程序的编程方法是不同的。根据有无机械手换刀，编程方法有两种。

1）无机械手自动换刀编程，即对于不采用机械手换刀的立、卧式加工中心而言，其选刀动作和换刀动作无法分开进行，它们在进行换刀动作时，是先取下主轴上的刀具，再进行刀库转位的选刀动作，然后再换上新的刀具。编程如下：

```
…
N20  G01  X__  Y__  F__;
…
N50  G28  Z__  T02  M06;
…
```

以上程序在执行到 N50 程序段时，在主轴返回换刀点（一般立式加工中心换刀位置在机床 *Z* 轴零点，卧式加工中心在机床 *Y* 轴零点）的同时，刀库转动选 T02 号刀。若主轴已回到换刀点，而刀库还没有转出 T02 号刀，就不执行 M06 指令，直到刀库转出 T02 号刀后，才能进行刀具交换。因此，这种方法占用机动时间较长。

2）有机械手自动换刀编程，即对于采用机械手换刀的加工中心来说，选刀和换刀分开进行，合理地安排选刀和换刀指令是编程的关键，常用的编程如下：

```
…
N20  G01  X__  Y__  F__  T01;
…
N50  G28  Z__  M06  T02;
…
N80  G28  Z__  M06  T03;
…
```

以上程序执行到 N50 程序段时，换上的是在 N20 程序段选出的 T01 号刀，即在 N50 ~ N80 程序段中加工出所用的 T01 号刀；N50 程序段换刀完成后，刀库马上转位选 T02 号刀，为下次换刀作准备；执行到 N80 程序段时，换上的是 N50 程序段选出的 T02 号刀，即从 N80 程序段开始用 T02 号刀加工，在执行 N20 与 N50 段的 T 机能时，不占用加工时间。因此，这种方法不占用机动时间。

（3）加工中心换刀时的注意事项　在对加工中心进行换刀动作的编程安排时，应考虑如下问题：

1）换刀动作必须在主轴停转的条件下进行，且必须实现主轴准停即定向停止（用 M19 指令）。

2）换刀点的位置应根据所用机床的要求安排。有的机床要求必须将换刀位置安排在参考点处或至少应让 *Z* 轴方向返回参考点，这时就要使用 G28 指令。有的机床则允许用参数设定第二参考点作为换刀位置，这时就可在换刀程序前安排 G30 指令。无论如何，换刀点的位置应远离工件及夹具，应保证有足够的换刀空间。

3）为了节省自动换刀时间，提高加工效率，应将选刀动作与机床加工动作在时间上重合起来。例如，可将选刀动作指令安排在换刀前的回参考点移动过程中，如果返回参考点所用的时间小于选刀动作时间，则应将选刀动作安排在换刀前的耗时较长的加工程序段中。

4）若换刀位置在参考点处，换刀完成后，可使用 G29 指令返回到下一道工序的加工起始位置。

5）换刀完毕后，不要忘记安排重新起动主轴的指令；否则加工将无法持续。

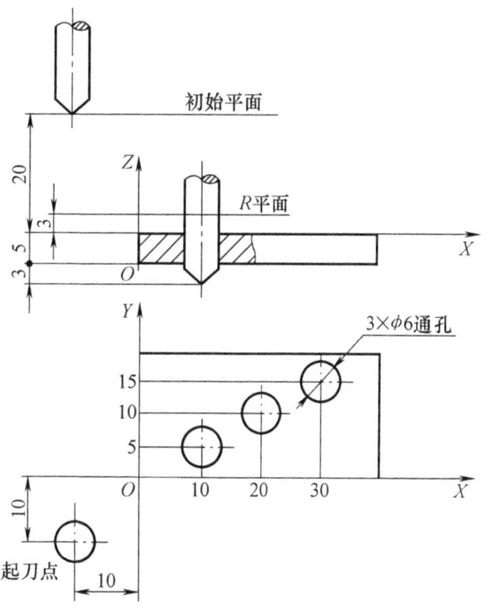

图 9-14 自动换刀编程示例

例 9.6 在 XH714 型立式加工中心上采用自动换刀方式，加工如图 9-14 所示的 3 个 ϕ6mm 等距通孔。设 T01 为中心钻，T02 为 ϕ6mm 的钻头。

采用无机械手自动换刀编程如下：

```
O0019
N10  G54;
N20  G00  X-10.  Y-10.  Z200.;
N30G91  G28  Z0.  T01M06;                        自动换刀，换上中心钻
N40  M03  S1000;
N50  G43  Z20.  H01;
N60  G91  G99  G81  X10.  Y5.  Z-6.  R-17.  F100  K3;   钻3个中心孔，返回至R平面
N70  G90  G49  G00  Z200.;
N80  G91  G28  Z0.  T02  M06;                    自动换刀，换上φ6mm钻头
N90  G00  X-10.  Y-10;
N100  G43  Z20.  H02;
N110  M03  S800;
N120  G91  G99  G81  X10.  Y5.  Z-11. R-11. F80  K3;  钻3个通孔，返回至R平面
N130  G90  G49  F00  Z200.;
N140  X-10.  Y-10;
N150  M05;
N160  M02;
```

5. 数控铣床/加工中心加工案例——孔盘类零件（图 9-15）

（1）工艺分析

1）分析零件图。工件材料为 45 钢，切削性能较好，孔直径尺寸精度不高，可以一次完成钻削加工。孔的位置没有特别要求，可以按照图样的基本尺寸进行编程。环形分布的孔为不通孔，当钻到孔底部时应使刀具在孔底停留一段时间。由于孔较深，应使刀具在钻削过程中适当退刀以利于排出切屑。

2）选择加工方案及刀具。工件上要加工的孔共 28 个，先钻削环形分布的八个孔，钻

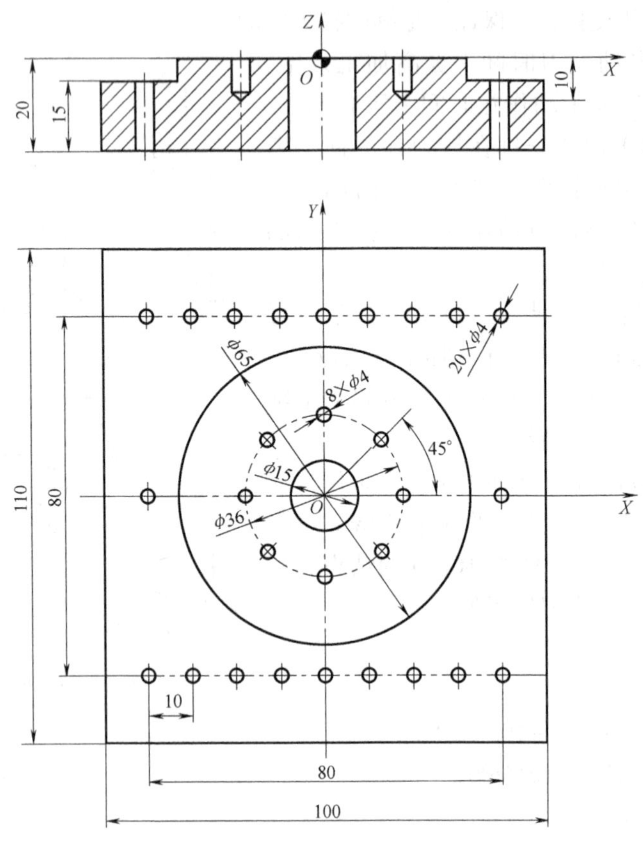

图9-15 孔盘类零件

完第一个孔后刀具退到孔上方1mm处，再快速定位到第二个孔上方，钻削第二个孔，直到八个孔全部钻完。然后将刀具快速定位到右上方第一个孔的上方，钻完一个孔后刀具退到这个孔上方1mm处，再快速定位到第二个孔上方，钻削第二个孔，直到20个孔全钻完。钻削用的刀具选择 ϕ4mm 的高速麻花钻。

3）装夹零件及选择夹具。工件毛坯在工作台上的安装方式主要根据工件毛坯的尺寸和形状、生产批量的大小等因素来决定。一般大批量生产时考虑使用专用夹具，小批量或单件生产时使用通用夹具，如机用虎钳等。如果毛坯尺寸较大也可以直接装夹在工作台上。本案例中的毛坯外形方正，可以考虑使用机用虎钳装夹，同时在毛坯下方的适当位置放置垫块，防止钻削通孔时将机用虎钳钻坏。

4）选择刀具和切削用量。影响切削用量的因素很多，工件的材料和硬度、加工的精度要求、刀具材料和刀具寿命、是否使用切削液等都直接影响到切削用量的大小。在数控程序中，决定切削用量的参数是主轴转速和进给速度，主轴转速、进给速度的选择与在普通机床上加工时相似，可以通过计算的方法得到，也可查阅金属切削工艺手册，或根据经验数据给定。本例主轴转速设为1000r/min 。

（2）程序编制

1）确定工件坐标系。工件坐标系确定得是否合适，对编程和加工是否方便有着十分重要的影响。一般将工件坐标系的原点选在工件的一个重要基准点上。如果要加工部分的形状关于某一点对称，则一般将对称点设为工件坐标系的原点；如果工件的尺寸在图样上是以坐标来标注的，则一般以图样上的零点作为工件坐标系的原点。本例将工件的上表面中心作为工件坐标系的原点。

2）参考程序

```
O1001;
N10  G90  G49  G80;                                  安全保护指令
N20  G92  X100  Y100  Z100;                          设定工件坐标系
N30  G00  X18  Y0;                                   刀具定位到第一个孔的上方
N40  S1000  M03;                                     主轴正转
N50  G43  H01  Z10  M08;                             刀具定位到初始平面，开切
                                                     削液
N60  G99  G82  Z-10  R1  P1000  F40;                 钻第一个孔
N70  X12.728  Y12.728;                               钻第二个孔
N80  X0  Y18;                                        依次在其他位置钻孔
N90  X-12.728  Y12.728;
N100  X-18  Y0;
N110  X-12.728  Y-12.728;
N120  X0  Y-18 ;
N130  G98  X12.728  Y-12.728;                        钻孔结束后返回初始平面
N140  G80;                                           第一次钻孔循环结束
N150  G99  G73  X40  Y40  Z-22  R-4  Q4  F40;        第二次循环的第一个孔
N160  X30;                                           钻第二个孔
N170  X20;                                           依次在其他位置钻孔
N180  X10;
N190  X0;
N200  X-10;
N210  X-20;
N220  X-30;
N230  X-40;
N240  Y0;
N250  Y-40;
N260  X-30;
N270  X-20;
N280  X-10;
N290  X0;
N300  X10;
N310  X20;
N320  X30;
N330  X40;
```

N340 G98 Y0;	钻孔结束后返回初始平面
N350 G80 M09;	第二次钻孔循环结束，关切削液
N360 M05;	主轴停止转动
N370 G00 G49 Z100;	刀具退到程序起点
M380 X100 Y100;	
N600 M30;	程序结束

（三）宏程序的应用

用户宏程序是提高数控机床性能的一种特殊功能。使用中，通常把能完成某一功能的一系列指令像子程序一样存入存储器，然后用一个总指令代表它们，使用时只需给出这个总指令就能执行其功能。

用户宏程序主体是一系列指令，相当于子程序体，其既可以由机床生产厂提供，也可以由机床用户自己编制。宏指令是代表一系列指令的总指令，相当于子程序调用指令。编写宏程序时，可根据工件加工要求先用宏指令列出加工点坐标值的计算过程，计算过程的数据可以用变量暂时代替，在加工时根据工件的具体尺寸要求，由加工主程序输入相应数据，宏指令根据输入数据进行计算，与主程序配合，使数控机床自动运行，加工出所需形状和尺寸的工件。因此，在加工同一类型工件时，只需对变量赋不同的值，而不必对每一个零件都编一个程序。

用户宏程序有 A、B 两类。A 类宏程序主要适用于 FANUC-0MC 系统、国产系统等较早版本的数控系统，该类数控系统的操作面板上没有“+”“-”“*”“/”等符号，无法对这些符号进行输入及使用这些符号进行数学运算。

1. A 类宏程序的应用

（1）A 类宏程序的变量

1）变量的表示。变量可以用“#”号和跟随其后的变量序号来表示，即#i（$i=1, 2, 3, \cdots, n$）

例 9.7 #5，#109，#501。

2）变量的引用。跟随在一个地址后的数值用一个变量来代替，即引入了变量。

例 9.8 对于 F#103，若#103=50 时，则为 F50；

对于 Z-#110，若#110=100 时，则 Z 为 -100；

对于 G#130，若#130=3 时，则为 G03。

3）变量的类型。FANUC-0MC 系统的变量分为公共变量和系统变量两类。

① 公共变量是在主程序和主程序调用的各用户宏程序内公用的变量。也就是说，在一个宏指令中的#i 与在另一个宏指令中的#i 是相同的。公共变量的序号为：#100～#131；#500～#531。其中#100～#131 公共变量在电源断电后即清零，重新开机时被设置为“0”；#500～#531公共变量即使断电后，它们的值也保持不变，因此也称为保持型变量。

② 系统变量定义为：有固定用途的变量，它的值决定系统的状态。系统变量包括刀具偏置变量、接口的输入/输出信号变量、位置信息变量等。系统变量的序号与系统的某种状态有严格的对应关系。例如，刀具偏置变量序号为#01～#99，这些值可以用变量替换的方法加以改变。在序号 1～99 中，不用作刀具偏置量的变量可用作保持型公共变量#500～#531。

此外，还有一些系统变量，如接口输入信号#1000 ~ #1015 和#1032。通过阅读这些系统变量，用户可以知道各输入口的情况。当变量值为“1”时，说明接点闭合；当变量值为“0”时，表明接点断开。这些变量的数值不能被替换。阅读变量#1032，所有输入信号一次读入。

（2）宏指令 G65　该指令可以实现丰富的宏功能，包括算术运算、逻辑运算等处理功能。

格式：G65 Hm P#*i* Q#*j* R#*k*；

其中，

m——宏程序功能，数值范围为 01 ~ 99；

#*i*——运算结果存放处的变量名；

#*j*——被操作的第一个变量，也可以是一个常数；

#*k*——被操作的第二个变量，也可以是一个常数。

例 9.9　当程序功能为加法运算时：

程序“P#100　Q#101　R#102；”含义为#100 = #101 + #102；

程序“P#100　Q - #101　R#102；”含义为#100 = - #101 + #102；

程序“P#100　Q#101　R15；”含义为#100 = #101 + 15。

（3）宏程序的功能指令

1）算术运算指令见表 9-2。

表 9-2　算术运算指令

G 代码	H 代码	功　　能	定　　义
G65	H01	定义，替换	$\#i = \#j$
G65	H02	加	$\#i = \#j + \#k$
G65	H03	减	$\#i = \#j - \#k$
G65	H04	乘	$\#i = \#j \times \#k$
G65	H05	除	$\#i = \#j / \#k$
G65	H21	平方根	$\#i = \sqrt{\#j}$
G65	H22	绝对值	$\#i = \|\#j\|$
G65	H23	求余	$\#i = \#j - \mathrm{trunc}(\#j/\#k)\#k$ Trunc；丢弃小于 1 的分数部分
G65	H24	BCD 码→二进制码	$\#i = \mathrm{BIN}(\#j)$
G65	H25	二进制码→BCD 码	$\#i = \mathrm{BCD}(\#j)$
G65	H26	复合乘/除	$\#i = (\#i \times \#j)/\#k$
G65	H27	复合平方根 1	$\#i = \sqrt{\#j^2 + \#k^2}$
G65	H28	复合平方根 2	$\#i = \sqrt{\#j^2 - \#k^2}$

① 变量的定义和替换#*i* = #*j*

编程格式：G65　H01　P#*i*　Q#*j*；

例 9.10　G65　H01　P#101　Q1005；#101 = 1005

G65　H01　P#101　Q - #112；#101 = - #112

② 加法$\#i=\#j+\#k$

编程格式：G65　H02　P#i　Q#j　R#k；

例 9.11　G65　H02　P#101　Q#102　R#103；#101 = #102 + #103

③ 减法$\#i=\#j-\#k$

编程格式：G65　H03　P#i　Q#j　R#k；

例 9.12　G65　H03　P#101　Q#102　R#103；#101 = #102 − #103

④ 乘法$\#i=\#j\times\#k$

编程格式：G65　H04　P#i　Q#j　R#k；

例 9.13　G65　H04　P#101　Q#102　R#103；#101 = #102 × #103

⑤ 除法$\#i=\#j/\#k$

编程格式：G65　H05　P#i　Q#j　R#k；

例　G65　H05　P#101　Q#102　R#103；#101 = #102/#103

⑥ 平方根$\#i=\sqrt{\#j}$

编程格式：G65　H21　P#i　Q#j；

例 9.14　G65　H21　P#101　Q#102；$\#101=\sqrt{\#102}$

⑦ 绝对值$\#i=|\#j|$

编程格式：G65　H22　P#i　Q#j；

例 9.15　G65　H22　P#101　Q#102；$\#101=|\#102|$

⑧ 复合平方根 1$\#i=\sqrt{\#j^2+\#k^2}$

编程格式：G65　H27　P#i　Q#j　R#k；

例 9.16　G65　H27　P#101　Q#102　R#103；$\#101=\sqrt{\#102^2+\#103^2}$

⑨ 复合平方根 2$\#i=\sqrt{\#j^2-\#k^2}$

编程格式：G65　H28　P#i　Q#j　R#k；

例 9.17　G65　H28　P#101　Q#102　R#103；$\#101=\sqrt{\#102^2-\#103^2}$

2）逻辑运算指令见表 9-3。

表 9-3　逻辑运算指令

G 代码	H 代码	功能	定　义
G65	H11	逻辑“或”	#i = #jOR#k
G65	H12	逻辑“与”	#i = #jAND#k
G65	H13	异或	#i = #jXOR#k

① 逻辑或#i = #jOR#k

编程格式：G65　H11　P#i　Q#j　R#k

例 9.18　G65　H11　P#101　Q#102　R#103；#101 = #102　OR　#103

② 逻辑与　#i = #jAND#k

编程格式：G65　H12　P#i　Q#j　R#k；

例 9.19　G65　H12　P#101　Q#102　R#103；#101 = #102 AND #103

3）三角函数指令见表 9-4。

表 9-4　三角函数指令

G 代码	H 代码	功 能	定　　义
G65	H31	正弦	#i = #jSIN（#k），变量单位均为（°）
G65	H32	余弦	#i = #jCOS（#k），变量单位均为（°）
G65	H33	正切	#i = #jTAN（#k），变量单位均为（°）
G65	H34	反正切	#i = ATAN（#j/#k），变量单位均为（°），0°≤#j≤360°

① 正弦函数#i = #j × SIN（#k）

编程格式：G65　H31　P#i　Q#j　R#k；

例 9.20　G65　H31　P#101　Q#102　R#103；#101 = #102 × SIN（#103）

② 余弦函数#i = #j × COS（#k）

编程格式：G65　H32　P#i　Q#j　R#k；

例 9.21　G65　H32　P#101　Q#102　R#103；#101 = #102 × COS（#103）

③ 正切函数#i = #j × TAN（#k）

编程格式：G65　H33　P#i　Q#j　R#k；

例 9.22　G65　H33　P#101　Q#102　R#103；#101 = #102 × TAN（#103）

④ 反正切#i = ATAN（#j/#k）

编程格式：G65　H34　P#i　Q#j　R#k；（单位：度，0°≤ #j ≤360°）

例 9.23　G65　H34　P#101　Q#102　R#103；#101 = ATAN（#102/#103）

4）控制类指令见表 9-5。

表 9-5　控制类指令

G 代码	H 代码	功能	定　　义
G65	H80	无条件转移	GO　TO　n
G65	H81	条件转移 1	IF #j－# k，GOTO　n
G65	H82	条件转移 2	IF # j≠# k，GOTO　n
G65	H83	条件转移 3	IF # j > # k，GOTO　n
G65	H84	条件转移 4	IF # j < # k，GOTO　n
G65	H85	条件转移 5	IF # j≥# k，GOTO　n
G65	H86	条件转移 6	IF # j≤# k，GOTO　n
G65	H99	产生 PS 报警	PS 报警号 500 + n 出现

① 无条件转移

编程格式：G65　H80　Pn；（n 为程序段号）

例 9.24　G65　H80　P120；转移到 N120

② 条件转移 1#jEQ#k(=)

编程格式：G65　H81　Pn　Q#j　R#k；（n 为程序段号）

例 9.25　G65　H81　P1000　Q#101　R#102；当#101 = #102，转移到 N1000 程序段；若#101 ≠ #102，执行下一程序段

③ 条件转移 2#j NE#k（≠）

编程格式：G65 H82 Pn Q#j R#k；（n 为程序段号）

例 9.26 G65 H82 P1000 Q#101 R#102；当#101 ≠ #102，转移到 N1000 程序段；若#101 = #102，执行下一程序段

④ 条件转移 3#jGT#k（ > ）

编程格式：G65 H83 Pn Q#j R#k；（n 为程序段号）

例 9.27 G65 H83 P1000 Q#101 R#102；当#101 > #102，转移到 N1000 程序段；若#101 ≤ #102，执行下一程序段

⑤ 条件转移 4#jLT#k（ < ）

编程格式：G65 H84 Pn Q#j R#k；（n 为程序段号）

例 9.28 G65 H84 P1000 Q#101 R#102；当#101 < #102，转移到 N1000；若#101 ≥ #102，执行下一程序段

⑥ 条件转移 5#jGE#k（ ≥ ）

编程格式：G65 H85 Pn Q#j R#k；（n 为程序段号）

例 9.29 G65 H85 P1000 Q#101 R#102；当#101 ≥ #102，转移到 N1000；若#101 < #102，执行下一程序段

⑦ 条件转移 6#jLE#k（ ≤ ）

编程格式：G65 H86 Pn Q#j R#k；（n 为程序段号）

例 9.30 G65 H86 P1000 Q#101 R#102；当#101 ≤ #102，转移到 N1000；若#101 > #102，执行下一程序段

（4）宏程序使用注意事项　为保证宏程序的正常运行，用户在使用宏程序的过程中，应注意以下几点：

1）由 G65 指令规定的 H 代码不影响偏移量的任何选择。

2）如果用于各算术运算的 Q 或 R 未被指定，则作为 0 处理。

3）在分支转移目标地址中，如果序号为正值，则检索过程是先向大程序号查找；如果序号为负值，则检索过程是先向小程序号查找。

4）转移目标序号可以是变量。

（5）用户宏程序的应用举例

例 9.31 用宏程序和子程序功能顺序加工圆周等分孔。如图 9-16 所示，设圆心在 O 点，它在机床坐标系中的坐标为（0，0），在半径为 r 的圆周上均匀地钻几个等分孔，起始角度为 α，孔数为 n。以零件上表面为 Z 向零点。

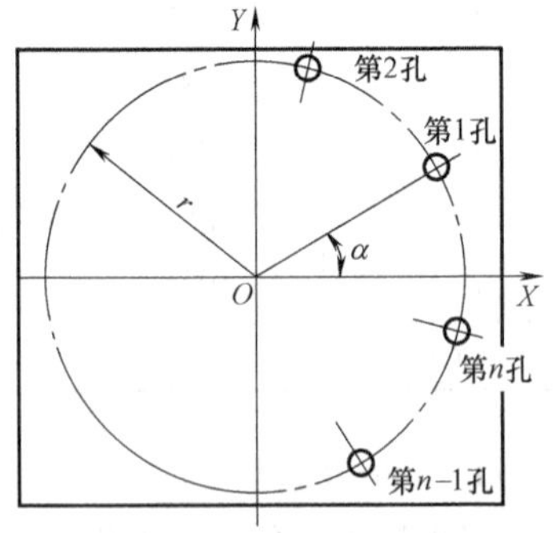

图 9-16　等分孔计算方法

编制程序过程中，使用以下保持型变量：

#502 代表半径 r。

#503 代表起始角度 α。

#504 代表孔数 n。当 n >0 时，按逆时针方向加工；当 n <0 时，按顺时针方向加工。

#505 代表孔底 Z 坐标值。

#506 代表 R 平面的 Z 坐标值。

#507 代表进给量。

编制程序中还使用以下变量进行操作运算：

#100 代表表示第 i 步钻第 i 孔的记数器。

#101 代表记数器的最终值（为 n 的绝对值）。

#102 代表第 i 个孔的角度位置 θ_i 的值。

#103 代表第 i 个孔的 X 坐标值。

#104 代表第 i 个孔的 Y 坐标值。

使用用户宏程序编制的钻孔子程序如下：

程序	说明
O9010；	
N110　G65　H01　P#100　Q0；	#100 = 0
N120　G65　H22　P#101　Q#504；	#101 = | #504 |
N130　G65　H04　P#102　Q#100　R360；	#102 = #100 × 360°
N140　G65　H05　P#102　Q#102　R#504；	#102 = #102/#504
N150　G65　H02　P#102　Q#503　R#102；	#102 = #503 + #102，当前孔角度位置 $\theta_i = \alpha +$ （360°i）/n
N160　G65　H32　P#103　Q#502　R#102	#103 = #502 × COS（#102）当前孔的 X 坐标
N170　G65　H31　P#104　Q#502　R#102	#104 = #502 × SIN（#102）当前孔的 Y 坐标
N180　G90　G00　X#103　Y#104	定位到当前孔（返回开始平面）
N190　G00　Z#506	快速进到 R 平面
N200　G01　Z#505　F#507	加工当前孔
N210　G00　Z#506	快速退到 R 平面
N220　G65　H02　P#100　Q#100　R1	#100 = #100 + 1 孔计数
N230　G65　H84　P－130　Q#100　R#101	当#100 < #101 时，向上返回到 130 程序段
N240　M99	子程序结束

调用上述子程序的主程序如下：

程序	说明
O0010；	
N10　G54　G90　G00　X0　Y0　Z20	进入加工坐标系
N20　M98　P9010	调用钻孔子程序，加工圆周等分孔
N30　Z20	抬刀
N40　G00　G90　X0　Y0	返回加工坐标系零点
N50　M30	程序结束

程序编制前，设置 G54：X = －400，Y = －100，Z = －50。此外，变量#500 ~ #507 可在程序中赋值，也可由 MDI 方式设定。

例 9.32　根据以下数据，使用用户宏程序功能加工圆周等分孔。如图 9-17 所示，在半径为50mm的圆周上均匀地钻8个ϕ10mm的等分孔，第一个孔的起始点角度为30°。设圆心为O点，以零件的上表面为Z向零点。

首先在MDI方式中，设定以下变量的值。

#502代表半径r为50。

#503代表起始角度α为30°。

#504代表孔数n为8。

#505代表孔底Z坐标值为-20。

#506代表R平面Z坐标值为5。

#507代表进给量为50。

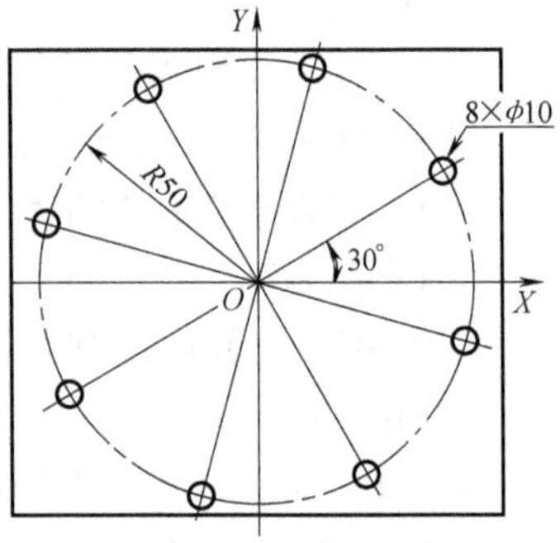

加工程序为：

```
O6100;
N10  G54  G90  G00  X0  Y0  Z20;
N20  M98  P9010;
N30  G00  G90  X0  Y0;
N40  Z20;
N50  M30;
```


图9-17 等分孔应用举例

编程前，设置G54：X=-400，Y=-100，Z=-50。

2. B类宏程序的应用

（1）B类宏程序与A类宏程序的区别　由于在FANUC-0MC等老型号的系统操作面板上没有“+”“-”“*”“/”等符号，无法对这些符号进行输入及使用这些符号进行数学运算，所以在这类系统中只能按A类宏程序进行编程。而在FANUC-0i及其以后的系统中，则可以输入这些符号进行赋值和数学运算，即按B类宏程序进行编程。

（2）宏程序的简单调用格式　宏程序的简单调用是指在主程序中，宏程序可以被单个程序段单次调用。

调用指令格式：G65 P（宏程序号） L（重复次数）（变量分配）

其中，G65——宏程序调用指令；

P（宏程序号）——被调用的宏程序代号；

L（重复次数）——宏程序重复运行的次数，重复次数为1时，可省略不写；

（变量分配）——为宏程序中使用的变量赋值。

宏程序与子程序相同的一点是：一个宏程序可被另一个宏程序调用，最多可调用4重。

（3）宏程序的编写格式　宏程序的编写格式与子程序相同。其格式为：

```
O~（0001~8999为宏程序号）
N10 指令
…
N~ M99
```

上述宏程序内容中，除通常使用的编程指令外，还可使用变量、算术运算指令及其他控制指令，变量值在宏程序调用指令中赋给。

（4）B类宏程序的变量　B类宏程序的变量与A类宏程序的变量基本相似，主要区别如下：

1）变量的表示。B类宏程序除可采用A类宏程序的变量表示方法以外，还可以用表达式表示，但其表达式必须全部写入方括号“[]”中。

例9.33　#[#1+#2+10]

当#1=10，#2=100时，该变量表示为120。

2）变量的引用。B类宏程序中引用变量也可以采用表达式。

例9.34　G01　X[#100-30.0]　Y-#101　F[#101+#103]；

当#100=100.0、#101=50.0、#103=80.0时，即表示为G01　X70.0　Y-50.0　F130。

3）变量的赋值。变量的赋值方法有直接赋值和引数赋值。

① 直接赋值。变量可以在操作面板上用MDI方式直接赋值，也可以在程序中以等式方式赋值，但等式左边不能用表达式。B类宏程序的赋值为带小数点的值。在实际编程中，大多采用在程序中以等式方式赋值的方法。

例9.35　#100=100.0；

#100=50.0+20.0。

② 引数赋值。宏程序以子程序方式出现，所用的变量可在宏程序调用时赋值。

例9.36　G65　P1000　X100.0　Y30.0　Z20.0　F100.0

该处的X、Y、Z不代表坐标字，F也不代表进给字，而是对应于宏程序中的变量号，变量的具体数值由引数后的数值决定。引数宏程序中的变量对应关系有两种，见表9-6和表9-7。这两种方法可以混用，其中，G、L、N、O、P不能作为引数代替变量赋值。

表9-6　变量赋值方法1

引数	变量	引数	变量	引数	变量	引数	变量
A	#1	H	#11	R	#18	X	#24
B	#2	I	#4	S	#19	Y	#25
C	#3	J	#5	T	#20	Z	#26
D	#7	K	#6	U	#21		
E	#8	M	#13	V	#22		
F	#9	Q	#17	W	#23		

例9.37　变量赋值方法1

G65　P0010　A50.0　X40.0　F100.0；

其含义为：调用宏程序号为0010的宏程序运行一次，并为宏程序中的变量赋值。其中，#1=50.0，#24=40.0，#9=100.0。

例9.38　变量赋值方法2

G65　P1000　A50.0　I40.0　J100.0　K0　I20.0　J10.0　K40.0；

其含义为：调用宏程序号为1000的宏程序运行一次，并为宏程序中的变量赋值。其中，#1=50.0，#4=40.0，#5=100.0，#6=0，#7=20.0，#8=10.0，#9=40.0。

表 9-7 变量赋值方法 2

引数	变量	引数	变量	引数	变量	引数	变量
A	#1	I_3	#10	I_6	#19	I_9	#28
B	#2	J_3	#11	J_6	#20	J_9	#29
C	#3	K_3	#12	K_6	#21	K_9	#30
I_1	#4	I_4	#13	I_7	#22	I_{10}	#31
J_1	#5	J_4	#14	J_7	#23	J_{10}	#32
K_1	#6	K_4	#15	K_7	#24	K_{10}	#33
I_2	#7	I_5	#16	I_8	#25		
J_2	#8	J_5	#17	J_8	#26		
K_2	#9	K_5	#18	K_8	#27		

例 9.39 变量赋值方法 1 和 2 混合使用

G65 P0020 A50.0 D40.0 I100.0 K0 I20.0;

其含义为：经赋值后 I20.0 与 D40.0 同时分配给变量#7，则后一个#7 有效，所以变量#7 = 20.0，其余同上。

（5）算术运算指令 B 类宏程序的运算指令与 A 类宏程序的运算指令有很大的区别，它的运算类似于数学运算，仍用各种数学符号表示，变量之间进行运算的通常表达形式是：#*i* = （表达式）。

1）变量的定义和替换

#*i* = #*j*

2）加减运算

#*i* = #*j* + #*k*　　　加

#*i* = #*j* − #*k*　　　减

3）乘除运算

#*i* = #*j* × #*k*　　　乘

#*i* = #*j*/#*k*　　　除

4）函数运算

#*i* = SIN [#*j*]　　　正弦函数（#*j* 的单位为（°））

#*i* = COS [#*j*]　　　余函数（#*j* 的单位为（°））

#*i* = TAN [#*j*]　　　正切函数（#*j* 的单位为（°））

#*i* = ATAN [#*j*]　　　反正切函数（#*i* 的单位为（°））

#*i* = SQRT [#*j*]　　　平方根

#*i* = ABS [#*j*]　　　取绝对值

#*i* = ROUND [#*j*]　　　四舍五入圆整

5）运算的组合。以上算术运算和函数运算可以结合在一起使用，运算的先后顺序是：函数运算、乘除运算、加减运算。

例 9.40 #1 = #2 + #3 × SIN [#4]

运算顺序为：先运算函数“SIN [#4]”再进行乘和除运算“#3 * SIN [#4]”，最后进行加和减运算“#2 + #3 × SIN [#4]”。

6）括号的应用。表达式中括号里的运算将优先进行。连同函数中使用的括号在内，括号在表达式中最多可用五层。

（6）控制指令

1）条件转移

程序格式：IF［条件表达式］GOTO *n*；

以上程序段含义为：

① 如果条件表达式的条件得以满足，则转而执行程序中程序号为 *n* 的相应操作，程序段号 *n* 可以由变量或表达式替代。

② 如果表达式中条件未满足，则顺序执行下一段程序。

③ 如果程序作无条件转移，则条件部分可以被省略。

④ 表达式可按如下书写。

#*j*EQ#*k*	表示 =
#*j*NE#*k*	表示 ≠
#*j*GT #*k*	表示 >
#*j*LT#*k*	表示 <
#*j*GE #*k*	表示 ≥
#*j*LE#*k*	表示 ≤

2）重复执行

程序格式：

WHILE［条件表达式］DO *m*；（*m* = 1，2，3，…，*n*）

…

END*m*；

上述程序段的含义为：

① 条件表达式满足时，程序段 DO *m* 至 END *m* 即重复执行。

② 条件表达式不满足时，程序转到 END *m* 后处执行。

③ 如果 WHILE［条件表达式］部分被省略，则程序段 DO *m* 至 END *m* 之间的部分将一直重复执行。注意，

a）WHILE DO *m* 和 END *m* 必须成对使用。

b）DO 语句允许有三层嵌套，即，

DO 1；

DO 2；

DO 3；

…

END 3；

END 2；

END 1；

c）DO 语句范围不允许交叉，即如下语句是错误的。

DO 1；

```
DO 2;
…
END 1;
END 2;
```

例 9.41 如图 9-18 所示，在半径 I 的圆周上钻削 H 个等分孔，已知加工第一个孔的起始角度为 A，相邻两孔之间角度的增量为 B，圆周中心坐标为（x，y）。

调用宏程序指令格式如下：

G65 P5300 Xx Yy Zz Rr Ff Ii Aa Bb Hh

其中：Xx——圆周中心的 X 坐标（#24）；
Yy——圆周中心的 Y 坐标（#25）；
Zz——孔深（#26）；
Rr——钻孔循环 R 点坐标（#18）；
Ff——切削进给速度（#9）；
Ii——圆周半径（#4）；
Aa——第一个孔加工的起始角度；
Bb——角度的增量（#2）；
Hh——加工孔数（#11）。

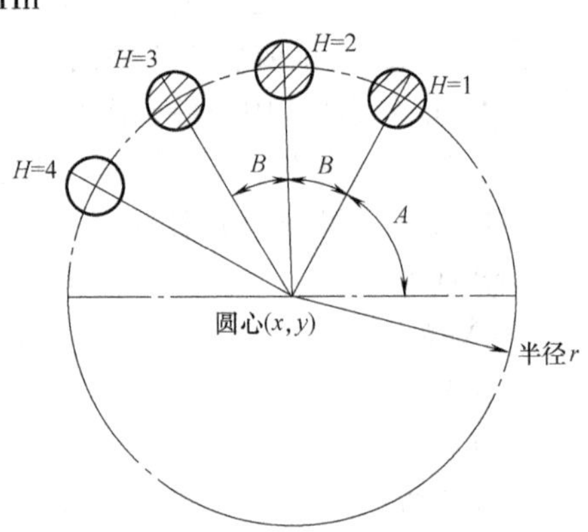

图 9-18 圆周等分孔加工

主程序如下：

```
O5500;
G90  G92  X0  Y0  Z100.0;
M03  S800;
G65  P6500  X50.0  Y150.0  R10.0  Z-20.0  F300  I120.0  A0  B45.0  H5;
G00  X0  Y0  Z100.0;
M30;
```

宏程序如下：

```
O6500;
G90  G99  G81  Z#26  R#18  F#9;        钻孔循环
WHILE [#11]  D1;                        直到余下的孔为0
#5 = #24 + #4 × COS [#1];               计算钻孔X坐标
#6 = #25 + #4 × SIN [#1];               计算钻孔Y坐标
X#5 Y#6;                                刀具移动到目标位置后钻孔
#1 = #1 + #2;                           计算下一个加工孔的角度
#11 = #11 - #1;                         孔数减1
END  1;
M99;
```

四、任务实施

1. 工艺分析

（1）零件工艺分析

1）2×ϕ8mm孔精度要求不高，采用钻孔→铰孔的加工方法。先钻ϕ7.8mm，再进行铰孔达到ϕ8mm。

2）2×M12的螺纹采用钻孔→攻螺纹的加工方案。先用ϕ10mm钻头钻螺纹孔的底孔，再用丝锥攻螺纹到M12。

3）ϕ40H7孔采用钻孔→扩孔→镗削孔的加工方案。先用ϕ22mm钻头钻孔，再用ϕ18mm立铣刀扩孔至ϕ39.8mm，再精镗孔至40H7。

（2）刀具的选择　选择的刀具为：ϕ7.8mm钻头、ϕ10mm钻头、ϕ22mm钻头、ϕ18mm立铣刀、微调镗孔刀。

2. 参考程序

1）钻2×ϕ7.8mm孔。刀具为ϕ7.8mm钻头。

```
O0010;                                          程序号
N10  G00  G94  G40  G21  G17  G54;              程序初始化，建立工件坐标系
N20  S600  M03;
N30  G00  G90  Z100;
N40  G99  G81  X-35  Y0  Z-22  R2  F60;         钻φ7.8mm孔
N50  X35;                                       钻φ7.8mm孔
N60  G00  Z100;
N70  X0  Y0;
N80  M05;
N90  M00;
```

2）钻2×ϕ10mm孔，刀具为ϕ10mm钻头。

```
O0020;                                          程序号
N10  G00  G94  G40  G21  G17  G55;              程序初始化，建立工件坐标系
N20  S600  M03;
N30  G00  G90  Z100;
N40  G99  G81  X0  Y35  Z-22  R2  F80;          钻φ10mm孔
N50  Y-35;                                      钻φ10mm孔
N60  G00  Z100;
N70  X0  Y0;
N80  M05;
N90  M00;
```

3）钻ϕ22mm孔，刀具为ϕ22mm钻头。

```
O0030;                                          程序号
N10  G00  G94  G40  G21  G17  G56;              程序初始化，建立工件坐标系
N20  S600  M03;
N30  G00  G90  Z100;
N40  G99  G81  X0  Y0  Z-22  R2  F80;           钻φ22mm孔
N50  G00  Z100;
N60  X0  Y0;
```

```
N70  M05;
N80  M00;
```

4）用 ϕ18mm 立铣刀扩孔，刀具为 ϕ18mm 立铣刀。

```
O0040;                                     程序号
N10  G00  G94  G40  G21  G17  G57;         程序初始化，建立工件坐标系
N20  S600  M03;
N30  G00  G90  Z100;
N40  X0  Y0;
N50  Z2;
N60  G01  Z-22  F200;
N70  G42  X20  D01;
N80  G02  I-20;
N90  G00  Z100;
N100  G40  X0  Y0;
N110  M05;
N120  M00;
```

5）铰 2 个 ϕ7.8mm 到 ϕ8mm 孔，刀具为铰刀。

```
O0050;                                     程序号
N10  G00  G94  G40  G21  G17  G58;         程序初始化，建立工件坐标系
N20  S100  M03;
N30  G00  G90  Z100;
N40  X0  Y0;
N50  G99  G86  X-35  Y0  Z-25  R2  F100;   铰孔循环
N60  X35;                                  铰孔循环
N70  G00  Z100;
N80  X0  Y0;
N90  M05;
N100  M00;
```

6）镗 ϕ39.8mm 到 ϕ40H7，刀具为镗刀。

```
O0060                                      程序号
N10  G00  G94  G40  G21  G17  G59;         程序初始化，建立工件坐标系
N20  S200  M03;
N30  G00  G90  Z100;
N40  X0  Y0;
N510  G98  G76  Z-22  R2  Q2  P200  F100;  精镗孔φ40H7 循环
N60  G00  Z100;
N70  X0  Y0;
N80  M05;
N90  M00;
```

7）攻 M12 螺纹，刀具为丝锥。

```
O0070;                                          程序号
N10 G00 G94 G40 G21 G17 G54;                    程序初始化，建立工件坐标系
N20 S100 M03;
N30 G00 G90 Z100;
N40 X0 Y0;
N50 G99 G84 X0 Y35 Z-26 R10 F1.75;              攻螺纹循环
N60 X0 Y-35;
N70 G00 Z100;
N80 X0 Y0;
N90 M05;
N100 M02;
```

3. 加工操作

1）机床回零。

2）选用机用虎钳装夹工件，用百分表找正。

3）装刀、对刀，确定工件坐标系。

4）输入程序并检验。

5）零件加工。

4. 学习评价

孔盘类零件数控铣削编程及加工任务评价内容及标准见表 9-8。

表 9-8　孔盘类零件数控铣削编程及加工任务评价表

工件编号		技术要求	配分	总得分		
项目与权重	序号			评分标准	检测记录	得分
加工操作（30%）	1	尺寸精度符合要求	10	不合格每处扣 2 分		
	2	形状精度符合要求	5	不合格每处扣 2 分		
	3	位置精度符合要求	5	不合格每处扣 2 分		
	4	表面粗糙度符合要求	10	不合格每处扣 4 分		
程序与工艺（45%）	5	固定循环程序格式规范	10	不规范每处扣 2 分		
	6	程序合理、正确	10	出错每处扣 2 分		
	7	加工参数正确	5	参数错误每处扣 2 分		
	8	加工路线正确	10	不正确全扣		
	9	孔测量方法合理	5	不合理每处扣 2 分		
	10	孔质量分析合理	5	不合理全扣		
机床操作（15%）	11	对刀正确	5	出错每次扣 2 分		
	12	刀具选择正确	5	不正确全扣		
	13	机床操作不出错	5	出错每次扣 2—5 分		
文明生产（10%）	14	安全操作	5	出错全扣		
	15	工作场所整理	5	不合格全扣		

五、训练

9.1 什么是初始平面、R 点平面和孔底平面？如何定义这几个平面的 Z 向高度？

9.2 执行孔底循环时，刀具从孔底平面返回的方式有哪几种？在程序中如何定义？

9.3 如何确定孔加工过程中的导入量和超越量？

9.4 什么叫宏程序？数控手工编程中为何要使用宏程序？

9.5 简要说明 A 类宏程序与 B 类宏程序的不同之处。

9.6 如图 9-19 所示，用直径为 25mm 的钻头在厚度为 40mm 的方板上钻削 15 个通孔，试用重复固定循环方式编写程序。

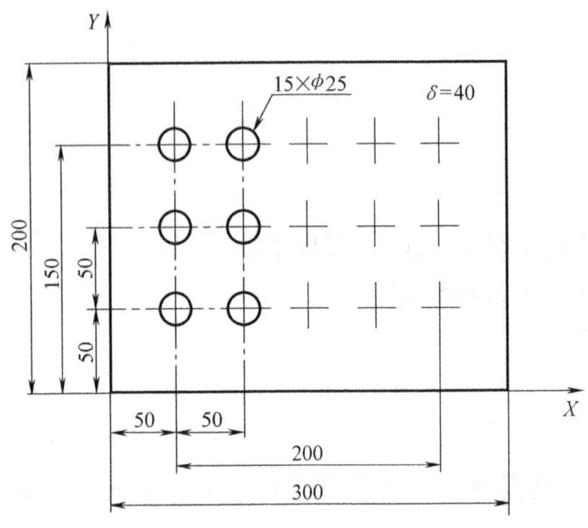

图 9-19 题图 1

9.7 加工如图 9-20 所示零件上的孔系，试编写其程序。

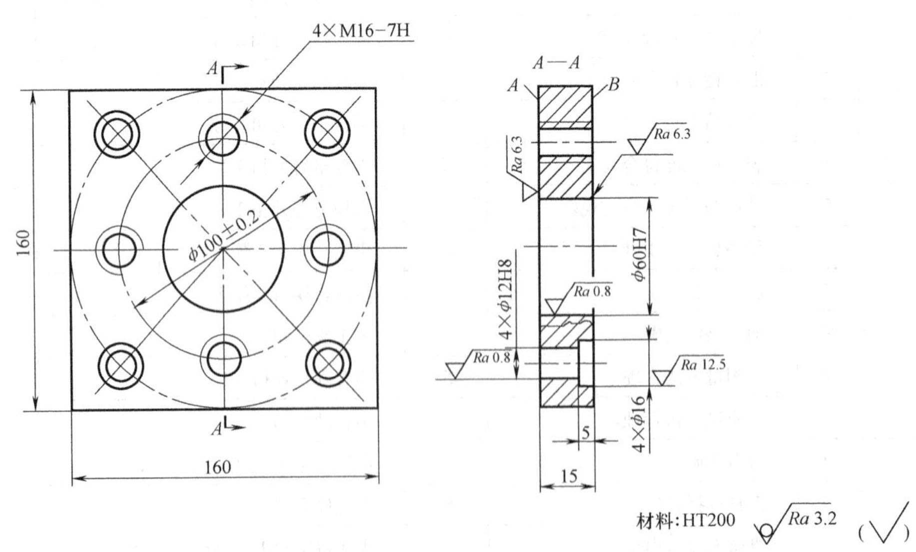

图 9-20 题图 2

任务 10　铣削组合件的数控编程及加工

学习目标

1. 掌握组合件数控铣削工艺分析及编程方法
2. 会进行组合件装夹与找正
3. 掌握组合件形位精度与配合精度的分析

一、任务引入

编写图 10-1 所示组合件的数控加工工艺文件及数控程序，并在数控铣床/加工中心上进

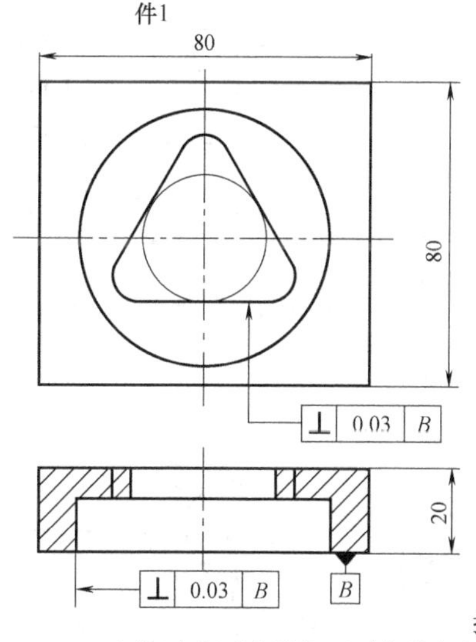

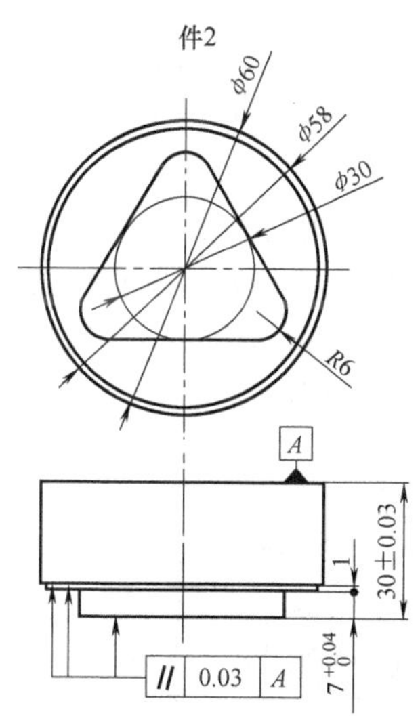

技术要求：

1. 件1由件2配作而成，配合间隙小于0.04mm，换位后配合间隙小于0.06mm。
2. 配合件组合总高为30±0.4mm，件2侧母线与件1上平面垂直度公差小于0.04mm。
3. 工件表面去毛棱角。
4. 材料为45钢。

Ra 3.2 (√)

a)

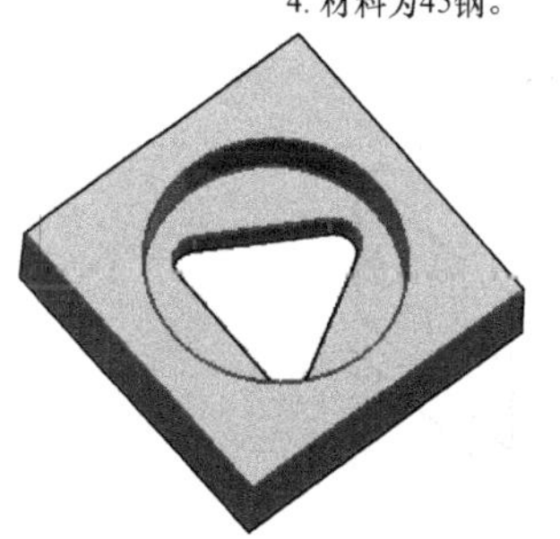

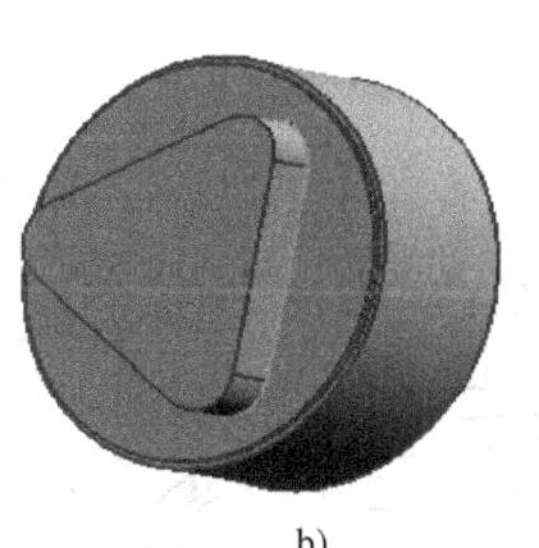

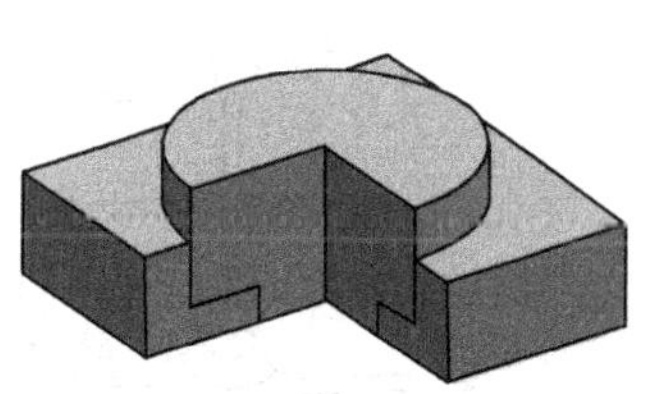

b)

图 10-1　铣削组合件
a）零件图　b）立体图

行加工。已知毛坯尺寸为80mm×80mm×30mm，材料为45钢。

二、任务分析

该组合件涉及内、外轮廓的加工，在加工过程中要注意选择合适的加工路线，并进行合理的结构工艺性分析。为了保证该工件的加工质量，加工前需选用合适的夹具装夹并仔细地找正，加工时应选用合适的精加工余量，加工后应及时进行质量分析，找出产生误差的原因。

三、相关知识介绍

1. 数控铣床/加工中心上工件的找正

工件在空间有了确定的位置之后，为了保证零件的几何形状和相互位置正确，还必须使工件相对于数控铣床和铣刀有一个正确的位置，因此就需要进行找正。数控铣床/加工中心进行工件的找正装夹时，必须将工件的基准表面，即工件坐标系的 X 轴或 Y 轴，找正到与数控铣床/加工中心的 X 轴或 Y 轴重合。

2. 找正方法

与普通铣床上工件的找正方法相同，一般为打表找正。通过调整卡爪，使得工件坐标系的 X 轴或 Y 轴与数控铣床的 X 轴或 Y 轴重合。

下面是铣床常用的找正方法，图10-2所示是工件平面上线印找正，图10-3所示是用直角尺找正，图10-4所示是用划线盘找正，图10-5所示是用划针夹紧在刀轴上找正，图10-6所示是用百分表找正 。

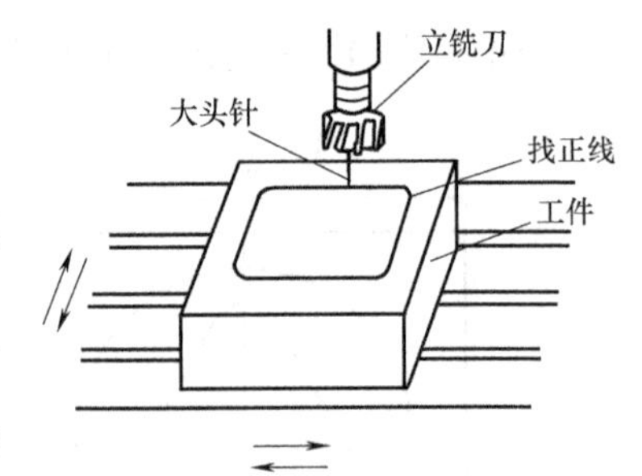

图10-2 工件平面上线印找正

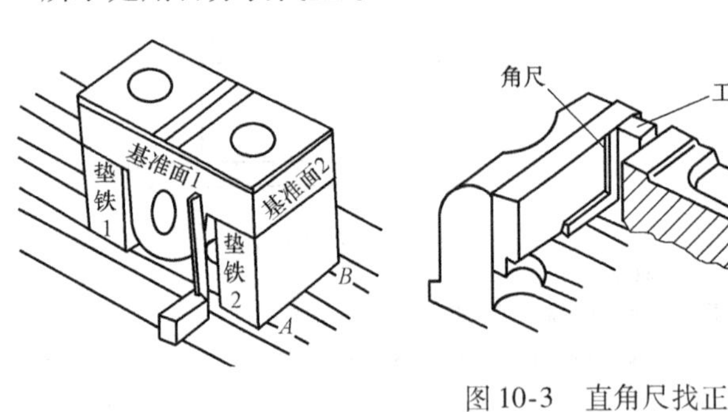

图10-3 直角尺找正

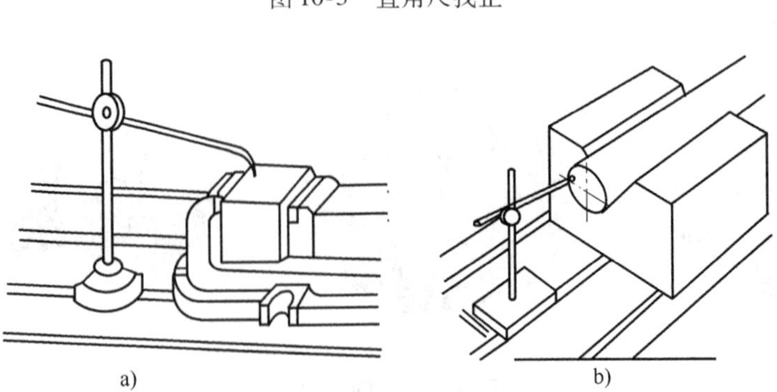
a)
b)

图10-4 划线盘找正

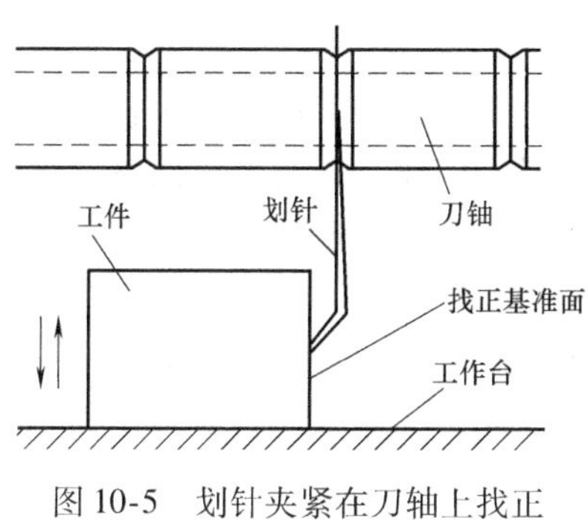

图 10-5 划针夹紧在刀轴上找正

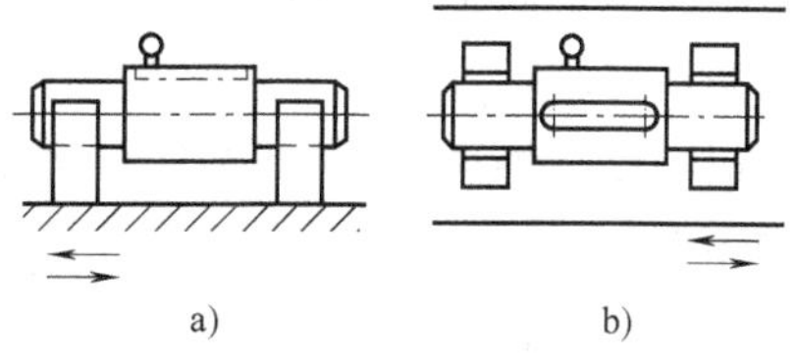

图 10-6 百分表找正

3. 数控铣床/加工中心的对刀

（1）对刀内容 加工中心的对刀内容包括基准刀具的对刀和各个刀具相对偏差的测定两部分。对刀时，先从某零件加工所用到的众多刀具中选取一把作为基准刀具，进行对刀操作；再分别测出其他各个刀具与基准刀具刀位点的位置偏差值，如长度、直径等，这样就不必把每把刀具都做对刀操作。如果某零件的加工仅需一把刀具就可以，则只要对该刀具进行对刀操作即可。如果所要换的刀具是加工暂停时临时手工换上的，则该刀具的对刀也只需要测定出其与基准刀具刀位点的相对偏差，再将偏差值存入刀具数据库即可。

（2）对刀操作 当工件以及基准刀具（或对刀工具）都安装好后，可按下述步骤进行对刀操作。先按下“回参考点”按钮，别按“+X”、“+Y”、“+Z”方向按键令机床进行回参考点操作，此时屏幕将显示对刀参照点在机床坐标系中的坐标。若机床原点与参考点重合，则坐标显示为（0，0，0）。

1）以毛坯孔或外形的对称中心为对刀位置点进行对刀。

① 以定心锥轴找小孔中心，如图 10-7 所示。根据孔径大小选用相应的定心锥轴，手动操作使锥轴逐渐靠近基准孔的中心，手压移动 Z 轴，使其能在孔中上下轻松移动，记下此时机床坐标系中的 X、Y 坐标值，即为所找孔中心的位置。

② 用百分表找孔中心，如图 10-8 所示，用磁性表座将百分表固定在机床主轴端面上，手动或低速旋转主轴，然后手动操作使旋转的表头依 X、Y、Z 的顺序逐渐靠近被测表面，用步进移动方式逐步降低步进增量倍率，调整移动 X、Y 位置，使得表头旋转一周时，其指针的跳动量在允许的对刀误差内（如 0.02mm），记下此时机床坐标系中的 X、Y 坐标值，即

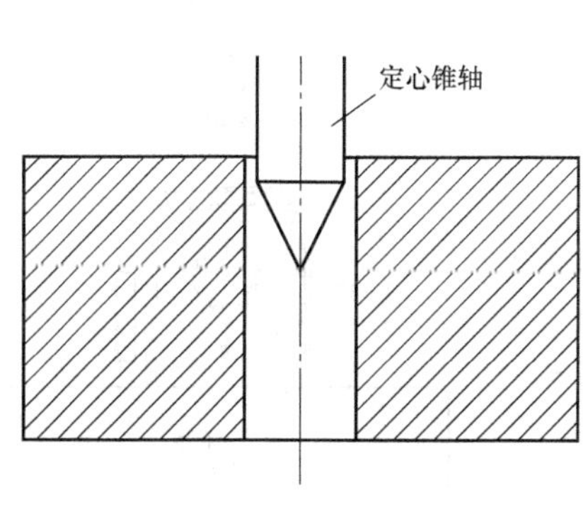

图 10-7 定心锥轴找小孔中心

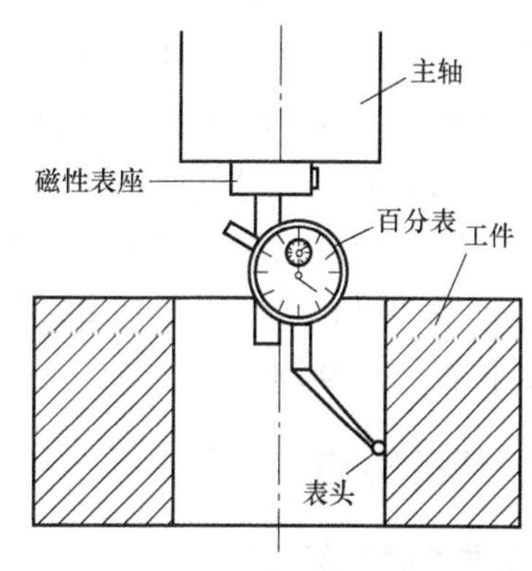

图 10-8 百分表找孔中心

为所找孔中心的位置。

③ 用寻边器找毛坯对称中心。将电子寻边器和普通刀具一样装夹在主轴上，其柄部和触头之间有一个固定的电位差，当触头与金属工件接触时，即通过床身形成回路电流，寻边器上的指示灯就被点亮；逐步降低步进增量，使触头与工件表面处于极限接触（进一步即点亮，退一步则熄灭），即认为定位到工件表面的中心位置处。

如图 10-9 所示，先后定位到工件正对的两侧表面，记下对应的 X_1、X_2、Y_1、Y_2 坐标值，则对称中心在机床坐标系中的坐标应是$((X_1+X_2)/2,(Y_1+Y_2)/2)$，将得到的 X、Y 机械坐标值输入机床 G54 坐标系中。

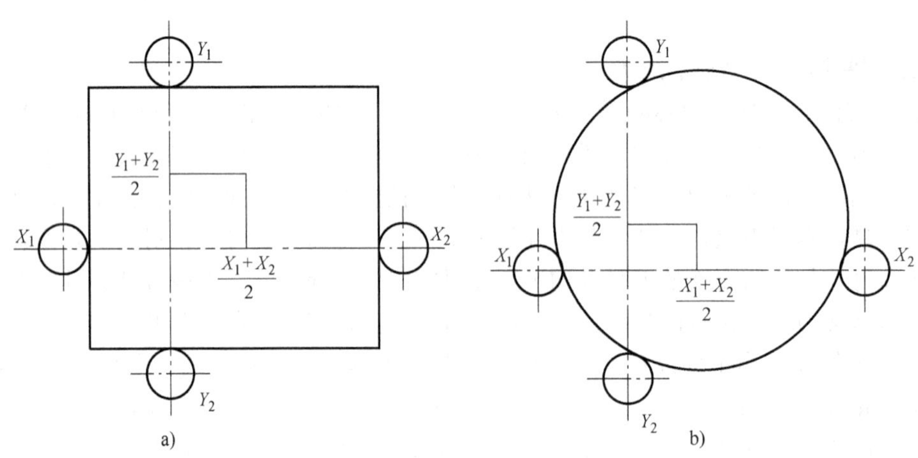

图 10-9 寻边器找对称中心

a）找矩形对称中心 b）找圆形对称中心

2）刀具 Z 向对刀。当对刀工具中心（即主轴中心）在 X、Y 方向上的对刀完成后，可取下对刀工具，换上基准刀具，进行 Z 向对刀操作。Z 向对刀点通常都是以工件的上、下表面为基准的，这可利用 Z 向设定器进行精确对刀，其原理与寻边器相同。如图 10-10 所示，若以工件上表面为 $Z=0$ 的工件零点，则当刀具下表面与 Z 向设定器接触致指示灯亮时，刀具在工件坐标系中的坐标应为 $Z=100$，即可使用“G92 Z100.0”来处理。若将工件上表面为 $Z=0$ 的工件零点坐标输入 G54 加工坐标系中，则 G54 中 Z 值为 $Z=Z_{机械坐标}-100.0$。

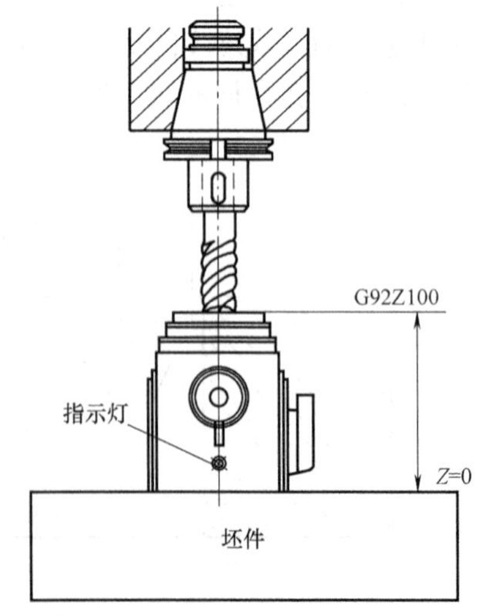

图 10-10 刀具 Z 向对刀

在实际操作中，当需要用多把刀具加工同一工件时，常常是在不装刀具的情况下进行对刀的。这时，常以刀座底面中心为基准刀具的刀位点先进行对刀；然后，分别测出各刀具实际刀位点相对于刀座底面中心的位置偏差，填入刀具数据库即可；执行程序时由刀具补偿指令功能来实现各刀具位置的自动调整。

四、任务实施

1. 工件的装夹与找正

（1）装夹方案的选择 件 1 采用机用虎钳装夹。装夹时，钳口内垫上合适高度的高精度平行垫铁，垫铁间留出加工型腔时的落刀间隙，装夹后的工件如图 10-11 所示，然后进行工件的找正。件 2 采用自定心卡盘或万能分度头装夹，如图 10-12a 所示。

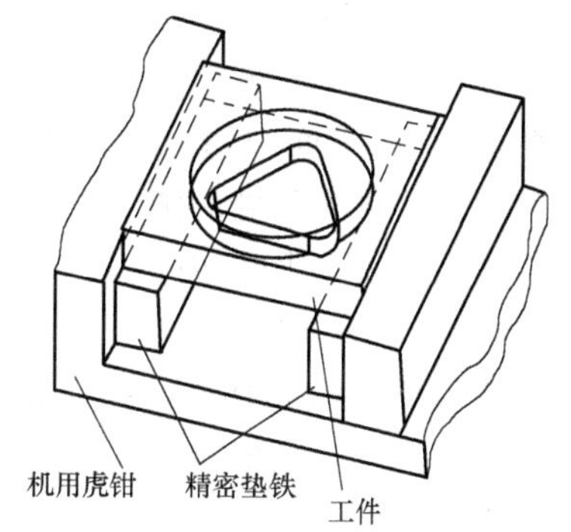

图 10-11 件 1 的装夹

（2）自定心卡盘的找正 在数控铣床上使用自定心卡盘时，通常用压板将卡盘压紧在工作台面上，使卡盘轴线与主轴平行。用自定心卡盘装夹圆柱形工件后找正时，将百分表固定在主轴上，触头接触外圆侧母线，上下移动主轴，根据百分表的读数用铜棒轻敲工件进行调整，当主轴上下移动过程中百分表读数不变时，表示工件母线平行于 Z 轴，如图 10-12b 所示。

当找正工件外圆圆心时，可手动旋转主轴，根据百分表的读数值在 ZY 平面内手摇移动工件，直至手动旋转主轴时百分表读数值不变。此时，工件中心与主轴轴线同轴，记下此时的机床坐标系 X、Y 轴的坐标值，可将该点（圆柱中心）设为工件坐标系 X、Y 平面的工件坐标系原点。内孔中心的找正方法与外圆圆心找正方法相同，但找正内孔中心时通常使用杠杆式百分表，如图 10-13 所示。

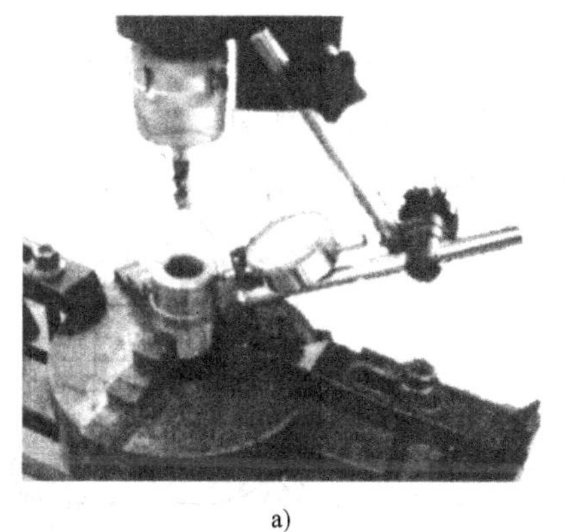
a)

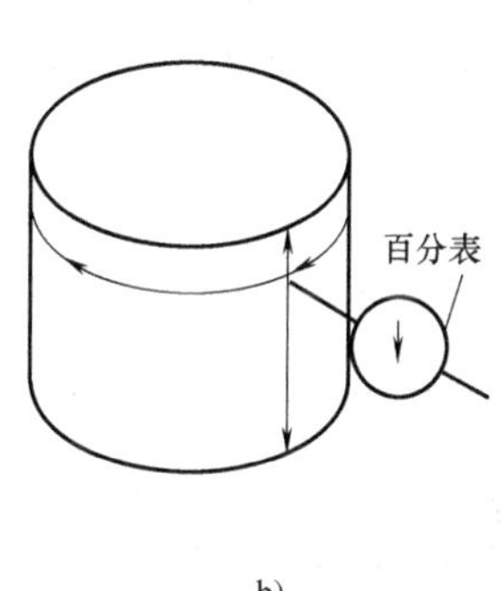

b)

图 10-12 用自定心卡盘的装夹与找正

a）用自定心卡盘装夹 b）找正

用分度头装夹工件（工件水平）的找正方法如图 10-14 所示。首先，分别在 A 点和 B 点处前后移动百分表，调整工件，保证两处百分表的最大读数相等，以找正工件与工作台面的平行度；其次，找正工件侧母线与工件进给方向平行。在操作中，应注意工件装夹后所处

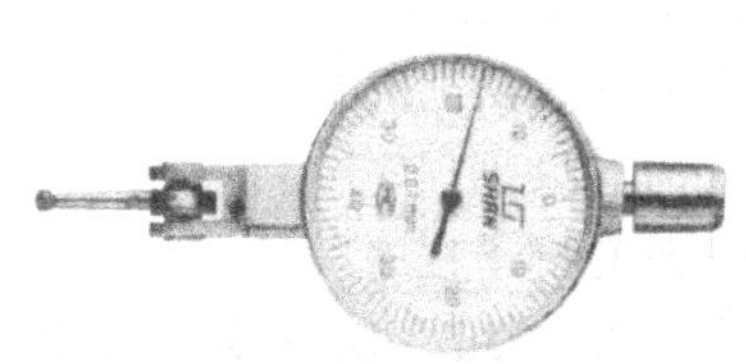
图 10-13 杠杆百分表

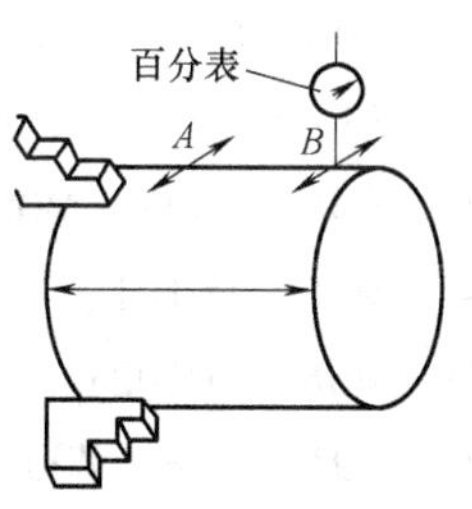

图 10-14 用分度头水平装夹工件的找正

的坐标位置应与编程中的工件坐标位置相同。

2. 工艺分析

（1）刀具的选择 加工件2时，由于*XY*平面最大加工余量为15mm，因此，为了一次性切削*XY*平面内的粗加工余量，立铣刀直径选择ϕ16mm。刀尖圆弧半径$r_\varepsilon<0.5$mm，以避免加工垂直交角处的圆角半径影响配合精度。加工件1时，为避免增加换刀次数，选用加工件2的立铣刀加工内圆弧。加工内三角形时，由于其最小圆弧半径是*R*6mm，因此选用*R*5mm立铣刀加工。

（2）切入与切出 本任务采用切向切入与切出的加工路线。外轮廓加工如图10-15所示，当加工三角形轮廓时，以*CB*延长线上的点*A*作为切入点；当整圆加工时，以切线*ME*的*M*点作为切入点，而以切线*EN*的*N*点作为切出点。内轮廓加工如图10-16所示，当加工内圆弧时，以圆弧*OP*作为切入过渡圆弧，而以圆弧*PO*作为切出过渡圆弧；加工内三角形轮廓时，以交点*Q*作为切入与切出点。

（3）轮廓切削方法与精加工余量的确定 加工外轮廓时，应一次性去除粗加工余量。加工内轮廓时，在工件圆心位置*Z*向进刀，采用环切法（环切2次）去除加工余量。精加工余量取0.3mm（单边），采用修改刀补的方法保留精加工余量。

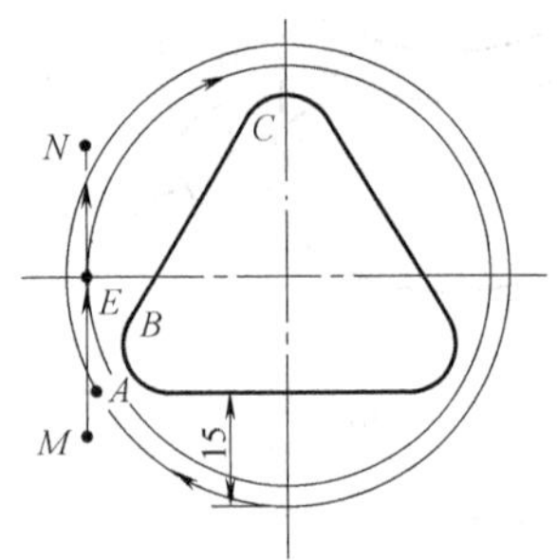

图10-15 外轮廓加工路线

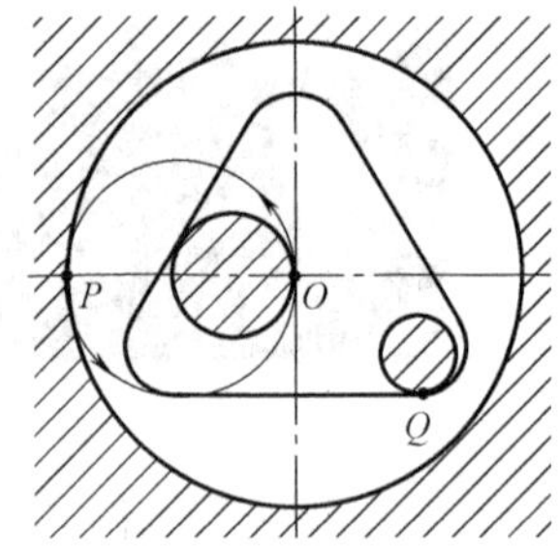

图10-16 内轮廓加工路线

3. 参考程序

（1）件2的精加工主程序 件2精加工使用的刀具为ϕ16mm立铣刀，精加工主程序如下：

```
O0010;                                  程序号
N10  G00  G94  G40  G21  G17  G54;      程序初始化
N20  G91  G28  Z0;                      返回Z向参考点
N30  G90  G00  X-40.0  Y-40.0;          XY平面定位到毛坯左下角外侧
N40  Z30.0;                             Z向降至安全高度
N50  S600  M03  M08  F100;              主轴正转，切削液开
N60  M98  P0101;                        加工外轮廓子程序
N70  M98  P0102;                        加工外轮廓子程序
N80  G91  G28  Z00  M09;                Z向回参考点，切削液关，拆卸工件
N90  M30;                               主轴停转，程序结束
```

（2）件2三角形凸台轮廓加工子程序 加工件2的三角形←凸台轮廓所用刀具为

ϕ16mm 立铣刀，精加工程序如下：

```
O0101;                                          程序号
N10  G01  Z-7.0;                                Z 向一次性切削至深度要求
N20  G41 G01 X-25.98  Y-15.0  D01;              刀补建立在轮廓切线延长线上
N30  X-5.20  Y21.0;                             加工三角形圆弧凸台轮廓
N40  G02  X5.20  R6.0;
N50  G01  X20.78  Y-6.0;
N60  G02  X15.58  Y-15.0  R6.0;
N70  G01  X-15.58;
N80  G02  X-20.78  Y-6.0  R6.0;
N90  G40  G01  X-40.0  Y-40.0;                  取消刀补
N100  G00  Z5.0;                                Z 向抬刀至 Z=5.0 位置
N110  M99;                                      返回主程序
```

（3）件 2 圆弧凸台轮廓加工子程序

```
O0102;                                          程序号
N10  G01  Z-8.0;                                Z 向一次性切削至深度要求
N20  G41  G01  X-29.0  Y-10.0  D01;             沿切线切入，图 10-15 所示的 M 点
N30  Y0;                                        圆弧凸台轮廓加工，用 I、J 编程
N40  G02  I29.0  J0;
N50  Y10.0;                                     沿切线切出，图 10-15 所示的 N 点
N60  G40  G01  X-50.0  Y-50.0;
N70  M99;
```

（4）件 1 内圆柱轮廓加工主程序　加工件 1 的内圆柱轮廓时所用刀具为 ϕ16mm 立铣刀，其主程序如下：

```
O0020;                                          程序号
N10  G00  G94  G40  G21  G17  G54;              程序初始化
N20  G91  G28  Z0;                              返回 Z 向参考点
N30  G90  G00  X0  Y0;                          XY 平面定位到工件中心
N40  Z30.0;                                     Z 向降至安全高度
N50  S600  M03  M08;
N60  G01  Z-8.0  F100;                          Z 向一次性切削至深度要求
N70  G41  G01  X0  Y0  D01;                     建立刀具半径补偿
N80  G03  X-30.0  R15.0;                        过渡圆弧切入，图 10-16 中的 OP
N90  G03  I30.0  J0;                            加工内圆柱轮廓
N100  G03  X0  R15.0;                           过渡圆弧切出，图 10-16 中的 PO
N110  G40  G01  X-10.0;                         取消刀具半径补偿
N120  G00  Z50.0  M09;
N130  M30;                                      程序结束
```

（5）件 1 内三角形圆弧轮廓加工主程序　加工件 1 的内三角形圆弧轮廓时所用刀具为

ϕ10mm 立铣刀，其主程序如下：

```
O0030;
N10  G00  G94  G40  G21  G17  G54;           程序初始化
N20  G91  G28  Z0;                           返回 Z 向参考点
N30  G90  G00  X0  Y0;                       XY 平面定位到工件中心
N40  Z30.0;                                  Z 向降至安全高度
N50  S600  M03  M08;
N60  G01  Z-20  F100;
N70  G41  G01  X15.58  Y-15.0  D02;          刀补建立在轮廓交点，图 10-16 中 Q 点
N80  G03  X-20.78  Y-6.0  R6.0;              加工内三角形圆弧轮廓…
N90  G01  X5.20  Y21.0;
N100  ……
N110  G01  X15.58;
N120  G40  G01 X0  Y0;                       取消刀具补偿
N130  G00  Z50.0  M09;                       程序结束
N140  M03;
```

注意，编程时各基点的坐标请自行计算并验证。加工内轮廓时，由于使用了两种刀具，所以采用两个不同的主程序加工。在编写本任务加工程序时，要综合运用刀具半径补偿、子程序等方面的知识，并注意编程过程中的加工工艺知识。切入与切出点的选择将对工件加工的表面粗糙度产生直接的影响。

4. 精度及误差分析

（1）形位精度及其误差分析　本任务中，主要形位精度有各加工表面与基准面的垂直度、平行度以及正三角形的角度精度等。垂直度采用百分表或直角尺来检测，平行度采用百分表来检测，而角度则采用游标万能角度尺来检测。在外轮廓的加工过程中，造成组合件形位精度误差的原因分析见表 10-1。

表 10-1　组合件形位精度误差的原因分析

影响因素	产 生 原 因
装夹与校正	工件装夹不牢固，加工过程中产生松动与振动
	夹紧力过大，产生弹性变形，切削完成后变形恢复
	工件找正不正确，造成加工面与基准面不平行或不垂直
刀具	刀具刚性差，刀具加工过程中产生振动
	对刀不正确，产生位置精度误差
加工	切削深度过大，导致刀具发生弹性变形，加工面呈锥形
	切削用量选择不当，导致切削力过大，而产生工件变形
工艺系统	夹具装夹找正不正确（如本任务中钳口找正不正确）
	机床几何误差
	工件定位不正确或夹具与定位元件的制造误差

注：形位精度对配合精度有直接影响。

（2）配合精度及其误差分析　本任务常见配合质量问题及其原因分析见表10-2。

表10-2　配合质量问题及其原因分析

现象	产生原因
工件不能配合或配合得太紧	单件轮廓尺寸精度不正确
	三角形凸台与外圆不同轴
	工件找正不正确，造成加工面与基准面不平行或不垂直
配合后总高度不正确	工件加工面交角处圆角过大，工件落不到底
	单件高度尺寸加工不正确
件1与件2不垂直	加工面与基准面不垂直
配合间隙过大或配合喇叭口	加工面呈倒锥形；上大下小，造成配合间隙过大
	件1配作不合理
	精加工余量过大或刀具刚性差
配合不能互换	三角形与圆的轴线不同轴

表中仅列出了配合误差的部分现象，在实际加工过程中，配合误差情况要复杂得多，请读者自己加以分析总结。

5. 学习评价

组合件数控铣削编程及加工任务评价内容和标准见表10-3。

表10-3　组合件数控铣削编程及加工任务评价表

工件编号		技术要求	配分	总得分		
项目与权重	序号			评分标准	检测记录	得分
加工操作（50%）	1	尺寸精度符合要求	10	不合格每处扣2分		
	2	形位精度符合要求	10	不合格每处扣2分		
	3	表面粗糙度符合要求	10	不合格每处扣2分		
	4	配合后各项精度符合要求	20	不合格每处扣4分		
程序与工艺（25%）	5	程序格式规范	5	不规范每处扣2分		
	6	子程序合理、正确	5	出错每处扣2分		
	7	加工参数正确	5	参数错误每处扣2分		
	8	加工路线正确	10	不正确全扣		
机床操作（15%）	9	工件装夹与找正正确	5	出错每次扣2分		
	10	对刀及坐标系设定正确	5	不正确全扣		
	11	机床操作不出错	5	出错每次扣2～5分		
文明生产（10%）	12	安全操作	5	出错全扣		
	13	工作场所整理	5	不合格全扣		

五、训练

10.1　在数控铣床/加工中心上加工零件时，为什么要进行找正，常用的找正方法有哪些？

10.2 数控铣削加工中，影响尺寸精度的因素有哪些？

10.3 简要说明自定心卡盘的找正过程。

10.4 完成图 10-17 所示零件的数控编程与加工，完成后将其组合成圆柱体。

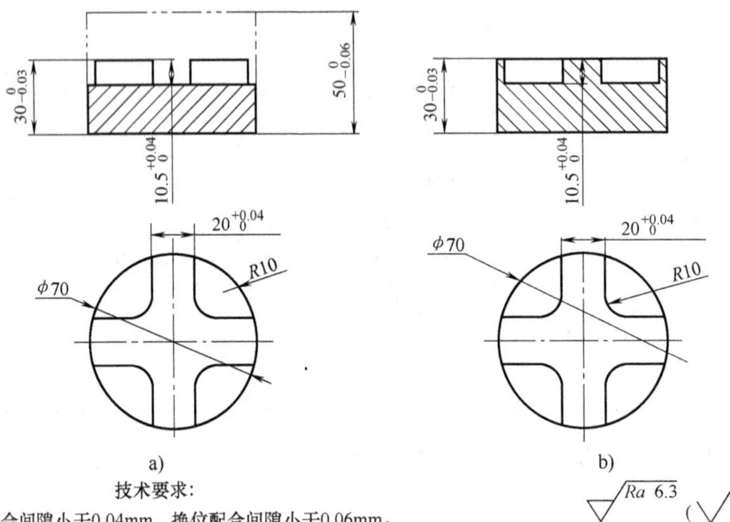

图 10-17 题图 1

a）件 1 b）件 2

模块 3　数控线切割机床的编程及加工

任务 11　冲裁模具凸模类零件的数控编程及加工

学习目标

1. 掌握数控线切割的工艺分析及编程方法
2. 掌握数控线切割机床的特点、功能
3. 正确调整机床，合理进行数控线切割加工参数的设置
4. 能进行数控线切割机床零件的装夹与找正
5. 会使用3B或4B代码编制冲裁模具凸模类零件的加工程序

一、任务引入

加工如图 11-1 所示凸模零件，试编制其加工程序，在数控切割机床上完成零件加工。零件材料为 Cr12MoV。

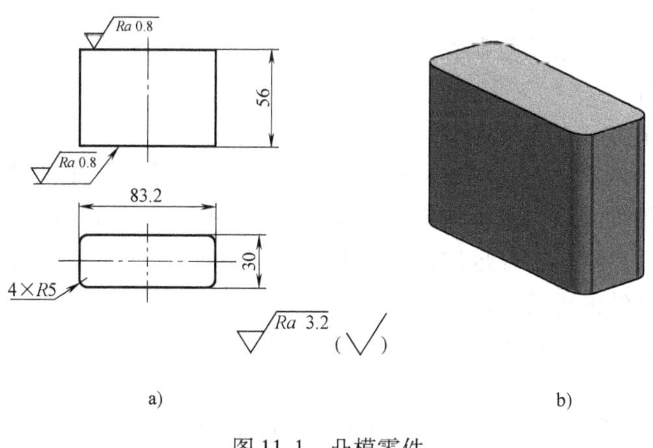

图 11-1　凸模零件
a）零件图　b）立体图

二、任务分析

本任务是数控线切割加工的基本内容，要完成该加工任务，首先需要学习相关的线切割加工工艺知识和常用线切割加工的编程指令，然后完成加工任务。

三、相关知识介绍

（一）数控电火花线切割加工工艺

数控电火花线切割机床利用电蚀加工原理，是用线状电极（铜丝或钼丝）靠火花放电对工件进行切割，故称为电火花线切割。数控电火花线切割机床通过数字控制系统，可按加工要求，自动切割任意角度的直线和圆弧，主要适用于切割淬火钢、硬质合金等金属材料，特别适用于一般金属切削机床难以加工的细缝槽或形状复杂的零件的加工，在模具行业的应用尤为广泛。

1. 电火花加工概述

（1）电火花加工的物理本质　电火花加工是建立在“电蚀现象”基础上，在一定介质中，通过工具电极和工件之间脉冲性火花放电的电腐蚀作用来蚀除多余的金属，从而获得所需零件的尺寸、形状及表面质量。

图 11-2 所示是电火花加工的原理图。由脉冲电源 2 输出的电压加在液体介质中的工件 1 和工具电极（亦称电极）4 上，自动进给调节装置 3（图中仅为该装置的执行部分）使电极和工件间保持一定的放电间隙。当电压升高时，会在某一间隙最小处或绝缘强度最低处击穿介质，产生火花放电，瞬时高温使电极和工件表面都被蚀除（熔化或气化）掉一小块材料，各自形成一个小凹坑。电火花加工实际上是电极和工件间的连续不断的火花放电，电极和工件由于电腐蚀不同程度的损耗，电极不断地向工件进给，工件不断产生电腐蚀，就可将电极的形状复制在工件上，加工出所需要的零件。

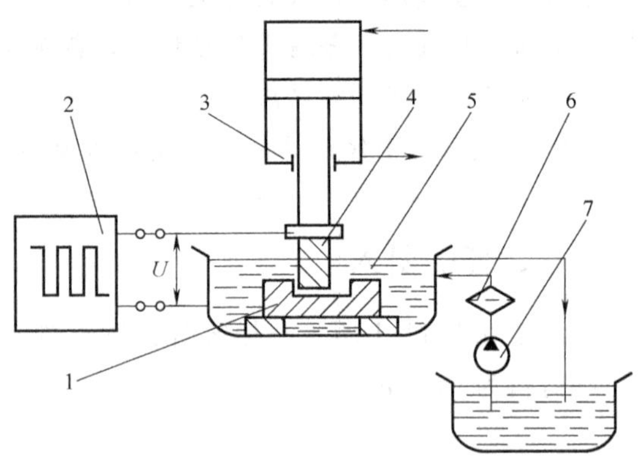

图 11-2　电火花加工原理图

1—工件　2—脉冲电源　3—自动进给调节装置　4—工具电极　5—工作液　6—过滤器　7—泵

（2）实现电火花加工的基本条件

1）电火花加工必须采用直流脉冲电源。为了使电火花放电产生的热量来不及传导扩散出去，形成极小范围的瞬时高温，使金属局部熔化、气化，放电时间必须极其短促，一般小于 1ms，放电之后，为使介质有足够的时间恢复到绝缘状态，还需要有一定的放电停歇时间，不然，会引起持续的电弧放电。

2）脉冲放电能量应足够大。放电通道要有很大的电流密度，脉冲放电产生的热量应足使金属局部熔化、气化。

3）工件与工具之间必须保持合理的距离（即放电间隙）。如果两极间距离大于放电间隙，介质不能被击穿，无法产生火花放电；如果两极间距离小于放电间隙，会导致积炭，甚至发生电弧放电。

4）两极间必须充入绝缘介质。电火花成形加工一般采用煤油作介质，电火花线切割一般采用去离子水或乳化液。绝缘介质是实现电火花放电的必要条件，它还有利于排除放电间隙中的电蚀产物，对工件和工具电极起到冷却作用。

（3）脉冲电源　电火花加工用脉冲电源即脉冲发生器，它的作用是把普通 50Hz 的交流电转化成频率较高的单向脉冲电流，使电极间产生火花放电，蚀除金属。脉冲电源对放电加工的加工速度、表面质量、加工过程的稳定性和工具电极的损耗等技术经济指标有很大影响。

2. 数控电火花线切割的工作原理及特点

（1）数控电火花线切割的工作原理　数控线切割加工的基本原理是利用移动的细金属丝（铜丝或钼丝）作为工具电极（接高频脉冲电源的负极），对工件（接高频脉冲电源的正极）进行脉冲火花放电而切割成所需的工件形状与尺寸。如图 11-3 所示，电极丝 3 穿过工件 5 上预先钻好的小孔（穿丝孔），经导轮由走丝机构 2 带动进行轴向走丝运动。工件通过绝缘板安装在工作台上，由数控装置 7 按加工程序指令控制沿 X、Y 两个坐标方向移动而合成所需的直线、圆弧等平面轨迹。在移动的同时，电极和工件间不断地产生放电腐蚀现象，工作液通过喷嘴注入，将电蚀产物带走，最后在金属工件上留下电极丝切割形成的细缝轨迹线，从而达到了使一部分金属与另一部分金属分离的加工要求。

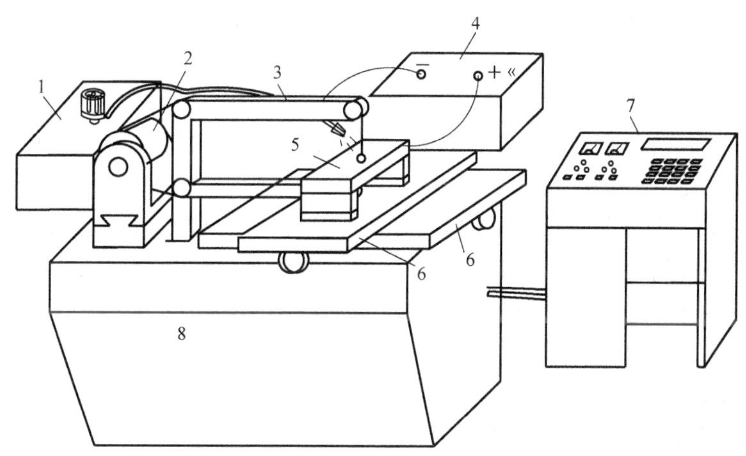

图 11-3　快走电极丝线切割加工原理

1—供液系统　2—走丝机构　3—电极丝　4—高频脉冲电源
5—工件　6—十字滑板　7—数控装置　8—机床本体

（2）数控电火花线切割的特点　和电火花成形机床不同，电火花线切割是利用电极丝来进行加工的。由于电火花线切割的切缝较小，可以对工件进行套裁，有效地利用工件材料，特别适合模具加工。但是，电火花线切割加工主要是对通孔的加工，较适合于冷冲模；而电火花成形机床则主要是对不通孔进行加工，较适合于模具型腔的加工。

电火花成形加工和线切割加工具有电火花加工的共性，金属材料的硬度和韧性并不影响加工速度，常用来加工淬火钢和硬质合金。对于非金属材料的加工研究也正在开展。当前绝大多数的电火花线切割机，都采用数字程序控制，其工艺特点为：

1）不像电火花成形加工那样制造特定形状的工具电极，而是采用直径不等的细金属丝（铜丝或钼丝等）作工具电极，因此切割用的刀具简单，大大降低生产准备工时。

2）利用计算机辅助制图自动编程软件，可方便地加工复杂形状的直纹表面。

3）电极丝直径较细（ϕ0. 025mm ~ ϕ0. 3mm），切缝很窄，这样不仅有利于材料的利用，而且适合细小零件的加工。

4）电极丝在加工中是移动的，不断更新（慢速走丝）或往复使用（快速走丝），可以完全或短时间不考虑电极丝损耗对加工精度的影响。

5）依靠计算机对电极丝轨迹的控制和偏移轨迹的计算，可方便地调整凹、凸模具的配合间隙，依靠锥度切割功能，有可能实现凹、凸模具一次加工成形。

6）对于粗、中、精加工，只需调整电参数即可，操作方便，自动化程度高。

7）加工对象主要是平面形状，台阶不通孔型零件还无法进行加工，但是当机床上加上能使电极丝作相应倾斜运动的功能后，可实现锥面加工。

8）当零件无法从周边切入时，工件上需钻穿丝孔。

3. 数控电火花线切割的用途

数控电火花线切割加工为新产品的试制、精密零件及模具加工开辟了一条新的途径，主要应用于以下几个方面：

（1）模具加工 数控电火花线切割适用于各种形状的冲模加工。调整不同的间隙补偿量，只需一次编程就可以切割凸模、凸模固定板、凹模及卸料板等。它还可以用于加工挤压模、粉末冶金模、弯曲模和塑料模等通常带锥度的模具。

（2）电火花成形加工用的电极加工 一般穿孔加工用的电极以及带锥度型腔加工用的电极，以及铜钨、银钨合金之类的电极材料，都可以用电火花线切割机来加工。另外，它也适用于加工微细、复杂形状的电极。

（3）零件加工 在试制新产品时，用线切割在板料上直接割出零件，由于不需另行制造模具，可大大缩短制造周期，降低成本。用数控电火花线切割机加工薄件时，还可多片叠在一起加工。在零件制造方面，数控电火花线切割可用于加工品种多、数量少的零件，特殊难加工材料的零件，材料试验样件，各种型孔、凸轮、样板、成形刀具，同时还可以进行微细加工和异形槽加工等。

4. 数控电火花线切割机床的种类

根据电极丝的运行速度，数控线切割机床通常分为两大类：一类是快速走丝数控线切割机床，这类机床的电极丝作高速往复运动；另一类是慢速走丝数控线切割机床，这类机床的电极丝作低速单向运动。下面就这两类机床的特点和应用作简要叙述。

（1）快速走丝电火花线切割机床 快速走丝数控线切割机床通常使用钼丝作为电极，线切割速度可达 $300mm^2/min$，即单位时间（每分钟）内电极丝中心线在工件上切过的面积总和为 $300mm^2$；切割零件的表面粗糙度值一般为 $Ra1.25 \sim Ra2.5\mu m$，最低的只有 $Ra1\mu m$ 左右；线切割零件的加工精度在 0.01 ~0.02mm。

快速走丝数控线切割机床结构简单，但快走丝容易造成电极丝抖动；而且电极丝换向时，放电和进给停止，使加工表面出现凹凸不平的斑马形条纹。此外，由于电极丝的导向采用导轮机构，导轮的磨损大；而且电极丝反复使用，电极丝也有损耗，因此，快速走丝数控线切割机床难以达到高精度和高表面质量的要求，故一般采用较高的加工速度一次切割成形。

（2）慢速走丝数控线切割机床 慢速走丝数控线切割机床使用铜丝作为加工电极，且铜丝仅使用一次，不重复使用。其线切割速度为 $40 \sim 80mm^2/min$，即单位时间（每分钟）内电极丝中心线在工件上切过的面积总和为 $40 \sim 80mm^2$；所加工的工件表面粗糙度值一般可达 $Ra1.25\mu m$，最低可达 $Ra0.2\mu m$ 左右；零件的加工精度在 0.002 ~0.005mm。因铜丝经放电加工后不再使用，避免了电极丝损耗给加工精度带来的影响。此外，还配备了电极丝张力调节机构，使电极丝在慢速运动过程中，平稳、均匀、抖动小，所以在加工高精度零件时，慢速走丝数控线切割机床得到了广泛的应用。

在选择数控线切割机床时，一般都选快速走丝数控线切割机床，只有在加工高精度零件时，才选择慢速走丝数控线切割机床。快、慢速走丝电火花线切割加工特点的比较见表11-1。

表11-1　快、慢速走丝电火花线切割加工特点比较

项目	类型	
	快速走丝	慢速走丝
走丝速度	2～12 m/s	1～8 m/min
电极丝材料	钼丝、钨钼丝	黄铜丝、铜合金及其镀覆材料
精度保持	丝抖动大，精度较难保持	走丝平稳，精度容易保持
电极丝的工作状态	循环重复使用	一次性使用
工作液	特制乳化油水溶液	去离子水
工作液绝缘强度/（kΩ·cm）	0.5～50	10～100
最高切割速度/（mm^2/min）	300	300
最高尺寸精度/mm	±0.01	±0.005
表面粗糙度值 *Ra*/μm	0.63	0.16
数控装置	开环 、步进电动机形式	闭环、半闭环、伺服电动机
程序形式	3B、4B程序，国际ISO代码程序	国际ISO代码程序

5. 数控线切割加工工艺

数控线切割加工时，为了使工件达到图样规定的尺寸、形状位置精度和表面粗糙度要求，必须合理制订数控线切割加工工艺。只有工艺合理，才能高效率地加工出质量好的工件。下面就数控线切割加工工艺分析的主要问题进行讨论。

（1）工艺分析

1）分析零件图。分析零件图对保证工件加工质量和工件的综合技术指标是有决定意义的第一步。

首先，对零件图进行分析以明确加工要求。其次，对工件上已加工表面进行分析，确定哪些面可以作为工艺基准，采用什么方法定位。在确定工艺基准时，除了遵循基准选择原则外，还应从数控加工的特点出发，使工序尺寸的标注便于编程。确定工艺基准后，要对零件进行安装和调整。除此以外，还要分析零件的形状及材料热处理后的状态，考虑会不会在加工过程中发生变形，哪些部位最容易变形。线切割加工往往是最后一道工序，如果发生变形往往难以弥补，应在加工中采取措施，从而制订出合理的加工路线。

2）选择工艺基准。

① 选择主要定位基准，以保证将工件正确、可靠地装夹在机床或夹具上。应尽量使定位基准与设计基准重合。

② 选择某些工艺基准作为电极丝的定位基准，用来将电极丝调整到相对于工件正确的位置。对于以底平面作主要定位基准的工件，当其上具有相互垂直而且又同时垂直于底平面的相邻侧面时，应选择这两个侧面作为电极丝的定位基准。

3）装夹工件。装夹工件时，必须保证工件的切割部位位于机床工作台纵向、横向进给的允许范围之内，避免超出极限；同时应考虑切割时电极丝的运动空间。夹具应尽可能选择通用（或标准）件，所选夹具应便于装夹，便于协调工件和机床的尺寸关系。

① 工件装夹的一般要求：工件的基准表面应清洁无毛刺，经热处理的工件，在穿丝孔内及扩孔的台阶处，要清除热处理残留物及氧化皮；夹具应具有必要的精度，将其稳固地固定在工作台上，拧紧螺钉时用力要均匀；工件装夹的位置应有利于工件找正，并应与机床行程相适应，工作台移动时工件不得与丝架相碰；对工件的夹紧力要均匀，不得使工件变形或翘起；大批零件加工时，最好采用夹具，以提高生产效率；细小、精密、薄壁的工件应固定在不易变形的辅助夹具上。

② 支撑装夹方法主要有以下几种：

a）悬臂式装夹如图11-4所示。这种方式装夹方便、通用性强；但由于工件一端悬伸，易出现切割表面与工件上、下平面间的垂直度误差。悬臂式装夹仅用于加工要求不高或悬臂较短的情况。

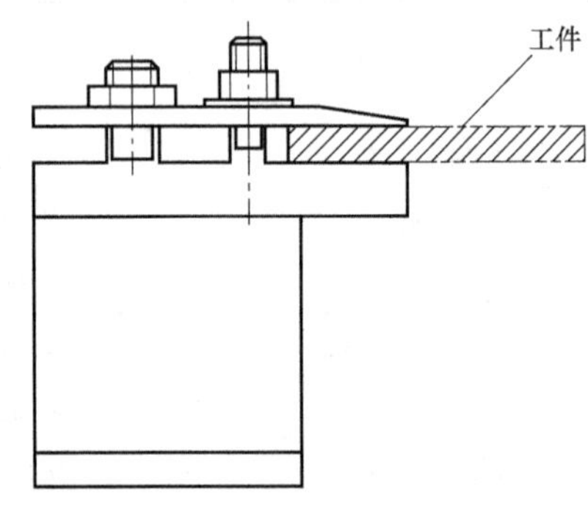

图11-4 悬臂式装夹

b）两端支撑方式装夹如图11-5所示。这种两端支撑方式装夹工件，装夹方便、稳定，定位精度高，但不适于装夹较大的零件。

c）桥式支撑方式装夹如图11-6所示。这种方式是在通用夹具上放置垫铁后再装夹工件，装夹方便，对大、中、小型工件都能采用。

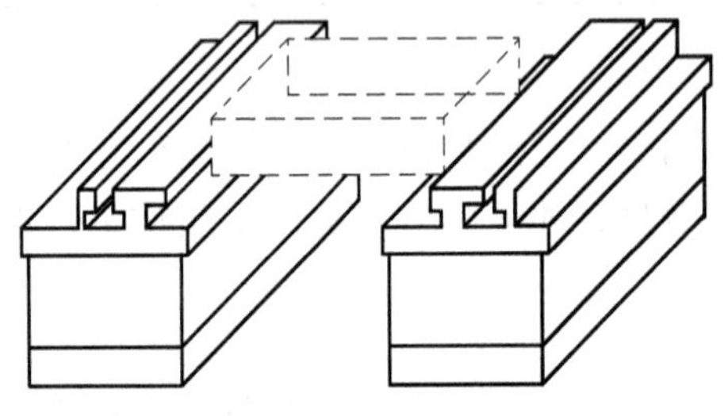

图11-5 两端支撑方式装夹

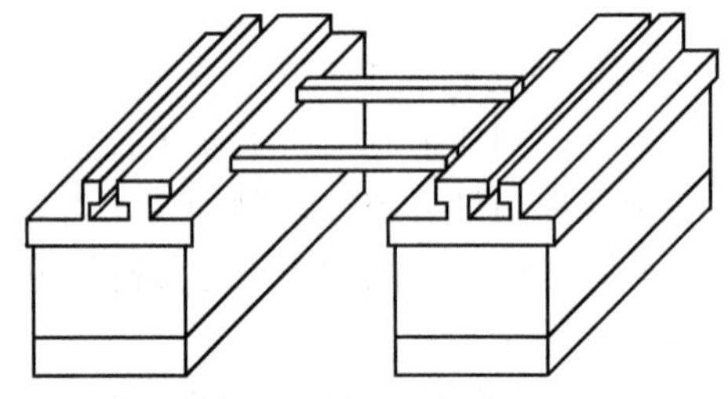

图11-6 桥式支撑方式装夹

d）板式支撑方式装夹如图11-7所示。这种方式是根据常用的工件形状和尺寸，采用有通孔的支撑板装夹工件，夹精度高，但通用性差。

e）复式支撑方式如图11-8所示。这种方式是由桥式夹具上再装上专用夹具组合而成，装夹方便，特别适合于成批零件加工，可节省工件找正和调整电极丝相对位置等辅助工时，易保证工件加工的一致性。

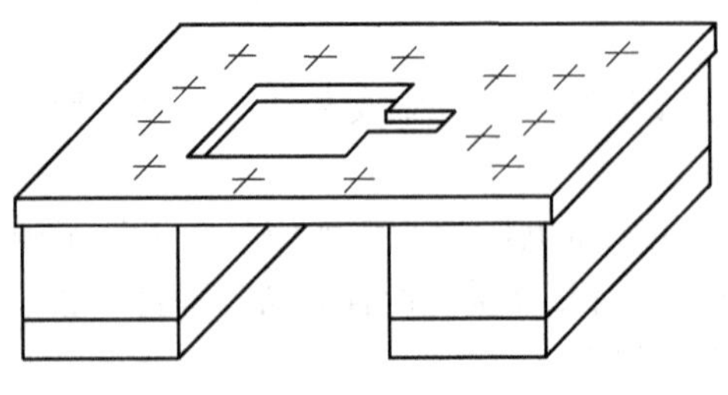

图11-7 板式支撑方式装夹

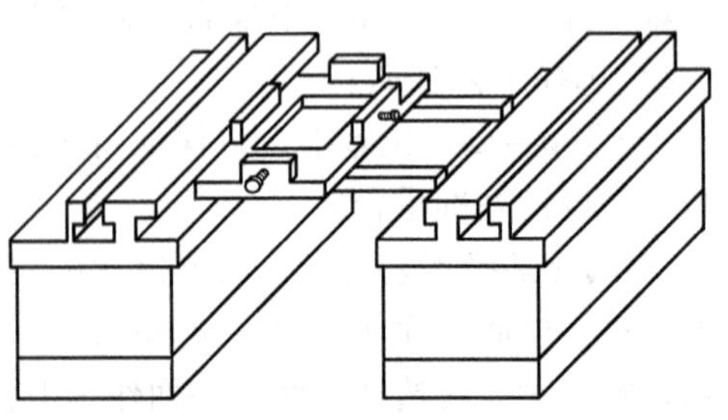

图11-8 复式支撑方式装夹

4）选择加工路线。在加工中，工件内部应力的释放要引起工件的变形，所以在选择加工路线时，尽量避免破坏工件或毛坯结构刚性。因此，选择加工路线时要注意以下几点：

① 避免从工件端面由外向里开始加工，破坏工件的强度，引起变形。应从穿丝孔开始加工，如图11-9所示。

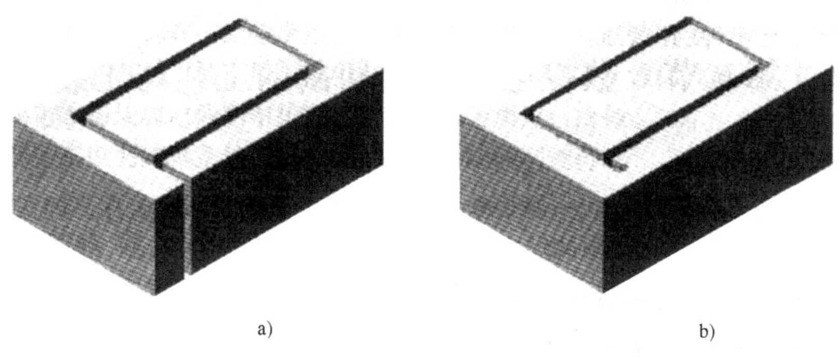

图11-9　加工路线选择之一

a）错误　b）正确

② 不能沿工件端面加工，否则放电时电极丝因为单向受电火花冲击力，会使电极丝运行不稳定，难以保证尺寸和表面精度。

③ 加工路线距端面距离应大于5mm，以保证工件结构强度少受影响而发生变形。

④ 加工路线应向远离工件夹具的方向进行加工，以避免加工中因内应力释放引起工件变形，待最后再转向工件夹具处进行加工。

⑤ 在一块毛坯上要切出两个以上零件时，不应该连续一次切割出来，而应从不同穿丝孔开始加工，如图11-10所示。

图11-10　加工路线选择之二

a）错误　b）正确

（2）电极丝的选择和调整

1）选择电极丝。电极丝应具有良好的导电性和抗电蚀性，抗拉强度高，材质均匀。常用的电极丝有钼丝、钨丝、黄铜丝和包芯丝等。钨丝抗拉强度高，直径在0.03～0.1mm范围内，一般用于各种窄缝的精加工，但价格昂贵。黄铜丝加工表面粗糙度和平直度较好，蚀屑附着少，但抗拉强度差，损耗大，直径在0.1～0.3mm范围内，一般用于慢速单向走丝加工。钼丝抗拉强度高，适于快速走丝加工，所以我国快速走丝机床大都选用钼丝作电极丝，直径在0.08～0.2mm范围内。此外，包芯丝直径在0.1～0.3mm范围内。电极丝直径的选择应根据切缝宽窄、工件厚度和拐角尺寸大小来选择。若加工带尖角、窄缝的小型模具宜选用较细的电极丝；若加工大厚度工件或大电流切割时应选较粗的电极丝。

2）确定穿丝孔的位置。

① 当切割凸模需要设置穿丝孔时，位置可选在加工轨迹的拐角附近，以简化编程。

② 切割凹模等零件的内表面时，将穿丝孔设置在工件对称中心，对编程计算和电极丝定位都较为方便，但切入行程较长，不适合大型工件采用。

③ 在加工大型工件时，穿丝孔应设置在靠近加工轨迹边角处或选在已知坐标点上，使运算简便，缩短切入行程。

④ 在加工大型工件时，还应沿加工轨迹设置多个穿丝孔，以便发生断丝时能就近重新穿丝，切入断丝点。

穿丝孔的设置具有一定灵活性，应根据具体情况确定。

（3）配合间隙$\delta_{配}$和间隙补偿量f的确定

① 当加工冲孔模具时，凸模的间隙补偿量$f_{凸}=r_{丝}+\delta_{电}$，凹模的间隙补偿量$f_{凹}=r_{丝}+\delta_{电}-\delta_{配}$。

② 当加工落料模时，凸模的间隙补偿量$f_{凸}=r_{丝}+\delta_{电}-\delta_{配}$，凹模的间隙补偿量$f_{凹}=r_{丝}+\delta_{电}$。

③ 凸模固定板的间隙补偿量$f_{固}=r_{丝}+\delta_{电}+\delta_{固}$，卸料板的间隙补偿量$f_{卸}=r_{丝}+\delta_{电}-\delta_{卸}$。

④ 型芯和型芯板的加工中，间隙补偿量与冲孔模相同。

（4）工艺参数的确定　工艺参数主要包括脉冲宽度、脉冲间隙、脉冲频率、峰值电流等脉冲电参数和进给速度、走丝速度等机械参数。在电火花加工中，提高脉冲频率或增加单个脉冲的能量都能提高生产率，但工件加工表面的粗糙度值和电极丝损耗也随之增大。因此，应综合考虑各参数对加工的影响，合理地选择加工参数，在保证工件加工精度的前提下，提高生产率，降低加工成本。

1）选择脉冲电参数。

① 脉冲宽度。脉冲宽度是指脉冲电流的持续时间。在其他加工条件相同的情况下，切割速度随着脉冲宽度的增加而增加；但是，电蚀物也随之增加。当脉冲宽度增加到使电蚀物来不及排出时，就会使加工不稳定、表面粗糙度值增大，反而使切割速度降低。

② 脉冲间隙。其他条件不变，减小相邻两个脉冲之间的时间，相当于提高了脉冲频率，增加了单位时间内的放电次数，使切割速度提高。但是，当脉冲间隙减小到一定程度之后，电蚀物不能及时排出，加工间隙的绝缘强度来不及恢复，破坏了加工的稳定性，也会使切割速度下降。

③ 峰值电流。峰值电流是指放电电流的最大值。峰值电流对切割速度的影响也就是单个脉冲能量对加工速度的影响，它和脉冲宽度对切割速度和表面粗糙度的影响相似，但程度更大些。因此，合理增大脉冲电流的峰值，对提高切割速度是最为有效的，但电极丝的损耗也随之增大，容易造成断丝，欲速而不达。

2）选择机械参数。

① 走丝速度。走丝速度影响加工速度。走丝速度提高，加工速度也提高。提高走丝速度有利于脉冲结束时放电通道的迅速消电离；同时，高速运动的金属丝将工作液带入厚度较

大的工件放电间隙中，有利于电蚀产物的排出和放电加工的稳定。但走丝速度过高，将引起机械振动，易造成断丝。走丝速度应根据工件厚度和切割速度选择。快速走丝线切割机床走丝速度一般采用6～12m/s。

② 进给速度。进给速度要维持接近工件被蚀除的线速度，使进给均匀平稳。进给速度太快，超过工件的蚀除速度，会出现频繁的短路现象；进给速度太慢，滞后于工件的蚀除速度，极间将偏于开路。这两种情况都不利于线切割加工，影响加工速度指标。

在数控电火花线切割设备中，进给是由变频电路控制的。放电间隙脉冲电压幅值经分压后作为检测信号，按其大小转变为相应的频率，驱动步进电动机进给从而控制进给速度。通过线切割机床控制台的板面开关或计算机相应的菜单按键即可调整变频工作点。如果变频工作点调节不当，出现忽快忽慢的进给现象，加工电流急剧变化，不能稳定加工，不但加工速度低，且易断丝。因此，线切割加工时，要将变频电路调整到合理的工作状态。

在电火花线切割中，进给速度对表面粗糙度的影响较大。进给速度过高，间隙偏于短路，实际进给量小，加工表面呈褐色，工件的上、下端面均有过烧现象。进给速度过低，间隙将时而开路时而短路，加工表面和工件上、下端面也出现过烧现象。只有进给速度适宜时，工件蚀除速度与进给速度相匹配，加工丝纹均匀，能得到表面粗糙度值小、精度高的加工效果，生产率也较高。

在采用快速走丝方式和乳化液介质的情况下，通常切割铜、铝、淬火钢等材料比较稳定，切割速度也较快；而切割不锈钢、磁钢、硬质合金等材料时，加工不太稳定，切割速度较慢。对淬火后低温回火的工件用电火花线切割进行大面积去除金属和切断加工时，会因材料内部残余应力发生变化而产生很大变形，影响加工精度，甚至在切割过程中造成材料突然开裂。

（5）工作液的选配　工作液对切割速度、表面粗糙度、加工精度等都有较大影响，加工时必须正确选配。常用的工作液主要有乳化液和去离子水。

1）慢速走丝线切割加工目前普遍使用去离子水，即将水通过离子交换树脂净化器，去除水中的离子。采用去离子水作工作液，冷却速度快，流动容易，不易燃，但去离子水电阻率大小对加工性能有一定影响。为了提高切割速度，在加工时还要加进有利于提高切割速度的导电液，以增加工作液的电阻率。加工淬火钢时，电阻率在$2\times10^4\Omega\cdot cm$左右；加工硬质合金时，电阻率在$30\times10^4\Omega\cdot cm$左右。

2）快速走丝线切割加工中，由于快速走丝能自动排除短路现象，因此目前最常用的是介电强度较低的乳化液。乳化液是由乳化油和工作介质配制（浓度为5%～10%）而成的。工作介质可用自来水，也可用蒸馏水、高纯水和磁化水。

3）工作液具有的性能：①具有一定的绝缘性能；②具有较好的洗涤性能；③具有较好的冷却性能；④对环境无污染，对人体无危害。

此外，工作液还应具有配置方便、使用寿命长、乳化充分、冲制后不能油水分离、储存时间较长及不应有沉淀或变质现象等。

（6）加工过程的控制　在加工过程中，调整变频进给旋钮，在调整到最佳状态时，其电压表指针和电流表指针的摆动都比较小，甚至不动，这时加工最稳定。加工过程中如果电流表指针经常向小的方向摆动，表示有瞬时开路，可提高变频进给速度；反之，如果电流表指针经常向大的方向摆动，表示有瞬时短路，应减慢变频进给速度。若以电压表来判断则相反。在换向切断脉冲电源的瞬时，电压达到最大值，电流为零，是正常现象。

1）快速走丝机床加工过程中突然断丝时，应先关闭高频电源和加工开关；然后，关闭水泵电动机、走丝电动机，把变频粗调放置在“手动”一边；开启加工开关，让十字滑板继续按规定程序走完，直到回到起始点位置；接着去掉断丝。若剩下的电极丝还可使用，则直接在工件预孔中重新穿丝，并在人工紧丝后重新进行加工。若在加工工件即将完成时断丝，也可考虑从末尾进行切割，但是这时必须重新编制程序，且在两次切割的相交处及时关闭高频电源和机床，以免损坏已加工表面，然后把电极丝松下，取下工件。

2）在加工过程中，有时会出现控制台故障或电源突然被切断的现象。若是控制台出现故障，则切割的图形就与要求不相符合。如果割错的部分是在废料上，则工件还可挽救；否则，工件只得报废。若是突然断电，则此时控制台面板上的数据已全部清除，但是工件仍可挽救。在上述这两种可以挽救的情况下，首先应松下电极丝，然后按断丝方法处理，并返回起始点后重新加工。

（7）线切割加工的生产率　单位时间内所切割工件的面积为线切割加工的切割速度，亦即生产率，也就是通常所说的加工快慢。因此，也有用电极丝沿加工轨迹的进给速度作为电火花线切割加工的切割速度。但是，即便加工参数相同，对不同的工件厚度，这个进给速度是不一样的。因此，采用电极丝沿加工轨迹的进给速度乘以工件厚度来表示电火花线切割加工的速度是比较科学的，其公式为

$$V_A = v_f H = A/t = HL/t$$

式中　V_A——电火花切割加工的切割速度（mm^2/s）；

v_f——加工进给速度（mm/s）；

H——工件厚度（mm）；

A——切割面积（mm^2）；

t——切割时间（s）；

L——切割轨迹长度（mm）。

6. 线切割机床的加工步骤

快速走丝线切割机床的加工步骤如下：

1）根据图样尺寸及工件的实际情况来计算坐标点并编程，或采用自动编程方法编出程序。在编程安排工艺上，应考虑工件的装夹方法，如在加工跳步模的凹模时，应先加工较小的型孔，再加工较大的型孔，以避免最后加工小孔时将孔距误差带到小孔上，形成小孔的穿丝预孔不在小孔有效范围内，从而导致无法加工的现象产生。此外，当采用编程补偿时，还应检查钼丝的实际直径。

2）将编好的程序输入到机床数控装置中，并进行空程校验或用薄料试切以校对程序。

3）把工件装夹在机床的十字滑板上，必须注意装夹位置，使加工型孔与图样要求及编程安排相符。工件坯料上应根据需要，在适当的位置上预先打好穿丝孔，穿丝孔及引入引出线应安排在废料位置处。

4）将钼丝盘安装在上丝电动机轴上，接通上丝电动机电源，将钼丝顺次通过导电块、上挡丝块、上导轮、工件上的穿丝预孔、下导轮、下挡丝块，再引到储丝筒上，固定在储丝筒一端的螺钉上。开启上丝电动机电源开关，此时钼丝被张紧，调节机床上的电压旋钮，使张紧力适中；用手柄摇动储丝筒，使钼丝顺次绕上储丝筒；到所需要的钼丝长度后，关闭电源，掐断钼丝，固定于储丝筒另一端的螺钉上。调节储丝筒下面的两个换向开关，保证储丝

筒轴向行走的行程在丝长范围内，以防因惯性而拉断钼丝。绕丝时，钼丝应尽量置于储丝筒的中间部位，并注意不能出现叠丝现象。

5）调节好换向开关的位置，开启走丝电动机，检查走丝情况，并注意对钼丝的预紧。

6）进行起始位置的调整操作，如对中心、找端面等，记下起始位置的 *X*、*Y* 坐标值，以便在应急处理和检查时用。

7）开启机床电源和走丝电动机、水泵电动机，再开启高频电源；接着，开启控制台的进给开关，检查步进电动机是否吸住，并复查十字滑板起点的 *X*、*Y* 坐标值；然后，把控制台变频粗调放在“自动”一边，开启控制台加工开关，调整变频细调和机床电压，使机床切割状态稳定后开始正式加工。

8）加工结束后，先后关闭加工开关、高频电源、水泵电动机和走丝电动机，并检查加工结束时十字滑板的 *X*、*Y* 坐标值，封闭加工时应与起点坐标值相一致。在加工多孔模或内、外都要切割的凸、凹模时，切割好了一个型孔后，应先将钼丝松下；然后控制机床走到下一个型孔的起始位置，再穿上钼丝，进行下一个型孔的加工，如此直至全部型孔都加工完毕；最后，拆下工件进行检查。

慢速走丝线切割机床的加工操作步骤也基本类同，其电极丝的挂接比快速走丝更简单，不需要预紧，丝挂好后，设置并加载张力即可。这类机床还具有空运行调试功能，可以很快地完成程序检查的操作。此外，还有自动找端面、找中心等比较方便的其他功能。

由于线切割切削加工可以切割很硬的金属材料，所以在模具零件等的加工工序安排上，通常都将线切割切削工序放在热处理淬火之后进行，这也正是线切割加工的优势所在。对热处理后的坯料进行电火花线切割加工时，由于大面积去除金属和切断加工，会使材料内部残余应力的相对平衡受到破坏，从而产生很大的变形，破坏了零件的加工精度，甚至在切割过程中，材料会突然开裂。为了消除这些影响，除要选择锻造性能好、淬透性好、热处理变形小的材料外，在线切割加工工艺上也要作合理安排。

（二）数控线切割机床的程序编制

数控电火花线切割机床的编程主要采用以下三种格式编写：3B 格式、4B 格式、ISO 代码格式。3B 格式、4B 格式是较早的线切割系统的编程格式，通过一段时间的过渡，将逐步被淘汰；而 ISO 代码格式是国际标准代码格式，将成为数控电火花线切割编程的主流格式。但是，由于 3B、4B 代码格式应用仍然比较广泛，目前生产的数控电火花线切割机床一般都能接受这几种格式的程序。

1. 3B 格式的程序编制

（1）程序格式　3B 格式无间隙补偿的程序格式见表 11-2。

表 11-2　3B 无间隙补偿的程序格式

B	X	B	Y	B	J	G	Z
分隔符号	X 坐标值	分隔符号	Y 坐标值	分隔符号	计数长度	计数方向	加工指令

1）因为 X、Y、J 均为数字，用分隔符号“B”将其隔开，以免混淆。

2）对于坐标值 X、Y，一般规定只输入坐标的绝对值，其单位为 μm，小数点后的数值应四舍五入。对于直线（斜线），坐标原点移至直线起点，X、Y 为终点坐标值，允许将 X

和 Y 的值按相同的比例放大或缩小。对于圆弧，坐标原点移至圆心，X、Y 为圆弧起点的坐标值。对于平行于 *X* 轴或 *Y* 轴的直线，即当 X 或 Y 为零时，X 或 Y 值均可不写，但分隔符号必须保留。

3）对于计数方向，当计 X 时，选取 *X* 方向进给总长度进行计数，用 GX 表示；当计 Y 时，选取 *Y* 方向进给总长度进行计数，用 GY 表示。

加工直线时，计数方向按图 11-11 所示选取。以直线的起点为切割坐标系的原点，直线终点坐标（X_e、Y_e）落在阴影区域内，计数方向取 GY；直线终点坐标（X_e、Y_e）落在阴影区域外，计数方向取 GX；直线终点正好在 45°线上时，计数方向可任意选取。

加工圆弧时，计数方向按图 11-12 所示选取。以圆弧的圆心为切割坐标系的原点，圆弧的终点坐标（X_e、Y_e）落在阴影区域内，计数方向取 GX；圆弧终点坐标（X_e、Y_e）落在阴影区域外，计数方向取 GY；圆弧终点正好在 45°线上时，计数方向可任意选取。

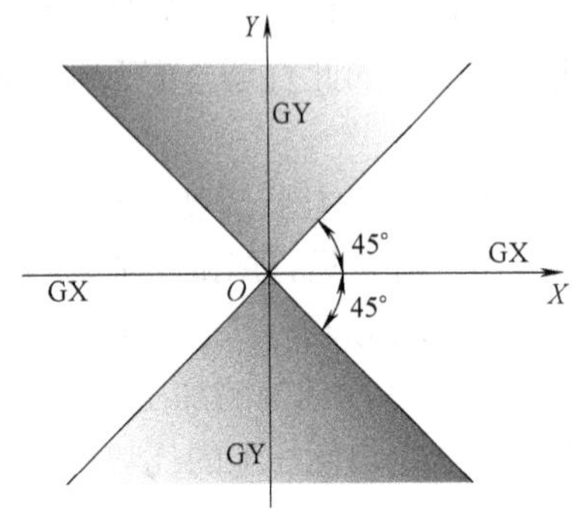

图 11-11　直线加工的计数方向

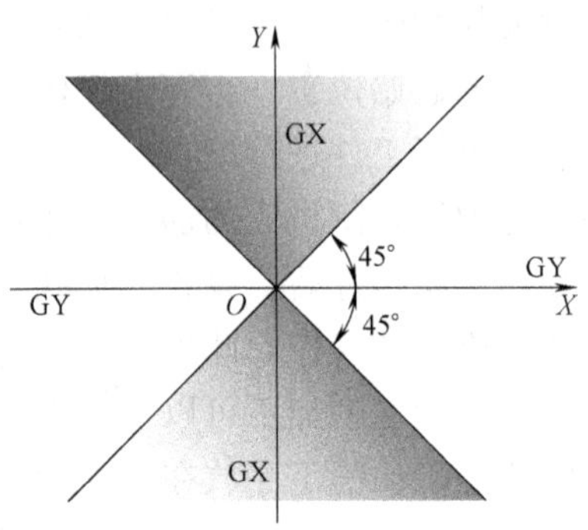

图 11-12　圆弧加工的计数方向

4）计数长度，其指被加工图形在计数方向上的投影长度（即绝对值）的总和，以 μm 为单位。编程时，计数长度应补足六位数，如计数长度为 1988μm，应写成 001988。

加工直线时，计数长度等于该直线在计数方向上的投影长度。例如，加工图 11-13 所示直线 *OA*，其终点为 *A*（X_e，Y_e），*OA* 直线与 *X* 轴夹角大于 45°，故计数方向取 GY，直线 *OA* 在 *Y* 轴上的投影长度为 Y_e，即 J = Y_e。

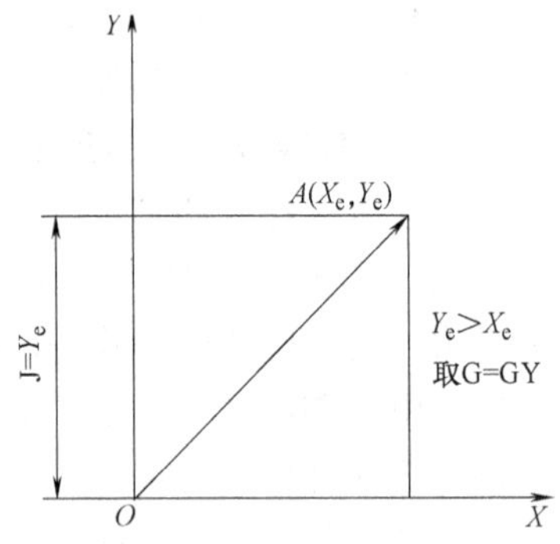

图 11-13　直线的计数长度确定

加工圆弧时，应将该圆弧以坐标象限分段，计数长度等于各分段圆弧在计数方向上的投影长度的总和。例如，加工图 11-14a 所示的圆弧，加工起点 *A* 在第四象限，终点 *B*（X_e，Y_e）在第一象限，因为 $|Y_e| > |X_e|$，故计数方向取 GX，计数长度为各象限中的圆弧段在 *X* 轴上投影长度的总和，即 $J = J_{X1} + J_{X2}$。加工图 11-14b 所示圆弧，因 $|X_e| > |Y_e|$，故计数方向取 GY，J 为各象限的圆弧段在 *Y* 轴上投影长度的总和，即 $J = J_{Y1} + J_{Y2} + J_{Y3}$。

5）加工指令 *Z* 是用来表达被加工图形的形状、所在象限和加工方向等信息的。加工指令共 12 种，如图 11-15 所示。

① 加工直线的加工指令按直线走向和终点所在象限分别用 L1、L2、L3、L4 表示，如图 11-15a 所示。

② 与坐标轴相重合的直线，根据进给方向，其加工指令可按图 11-15b 选取。

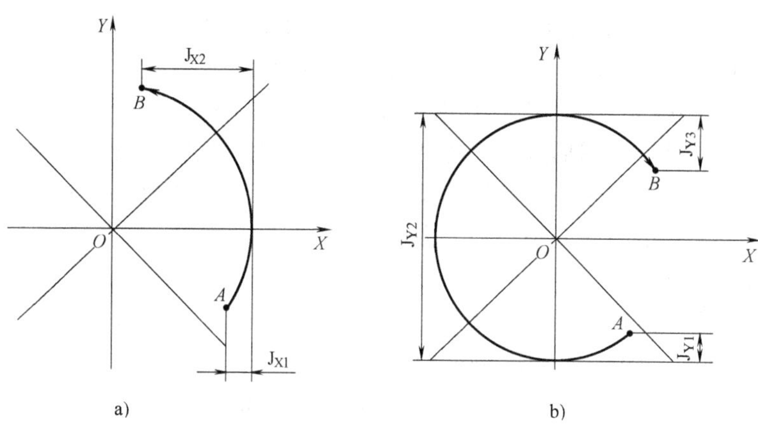

图 11-14　圆弧的计数长度确定

a）GX 方向上计数的圆弧加工　b）GY 方向上计数的圆弧加工

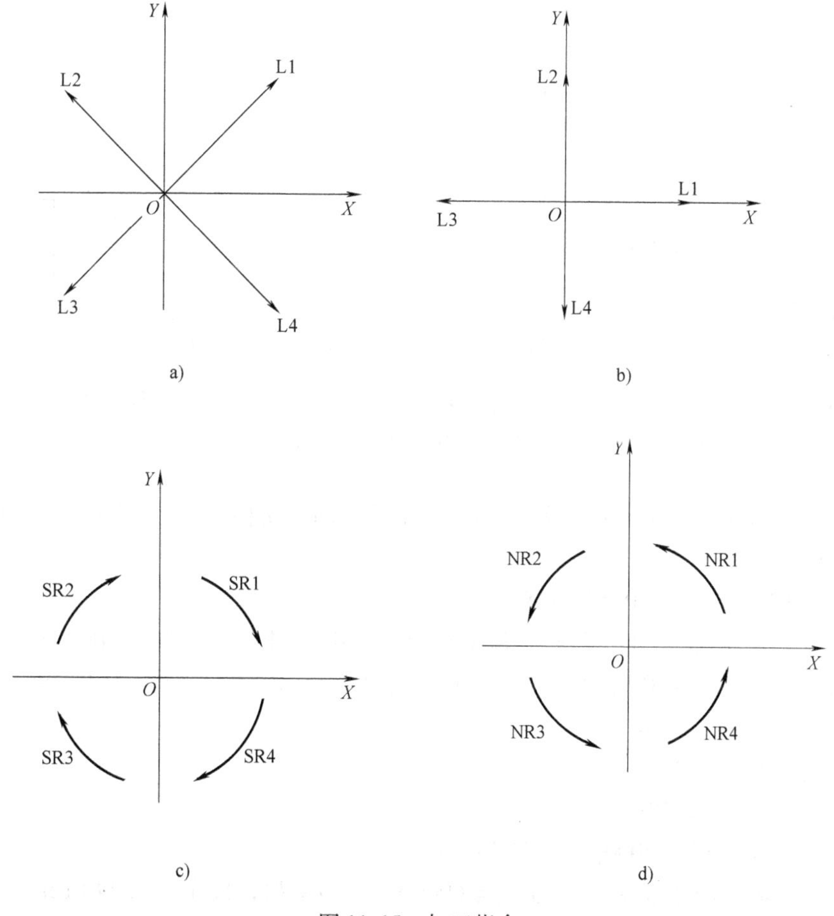

图 11-15　加工指令

a）直线加工指令　b）坐标轴上直线加工指令

c）顺时针圆弧加工指令　d）逆时针圆弧加工指令

③ 加工圆弧时，若被加工圆弧的加工起点分别在坐标系的四个象限中，并按顺时针插

补，如图 11-15c 所示，加工指令分别用 SR1、SR2、SR3、SR4 表示；按逆时针方向插补时，分别用 NR1、NR2、NR3、NR4 表示，如图 11-15d 所示 。

④ 如加工起点刚好在坐标轴上，其指令可选相邻两象限中的任何一个。

编程时，应将工件加工图形分解成各圆弧与各直线段，然后逐段编写程序。由于大多数机床通常都只具有直线和圆弧插补运算的功能，所以对于非圆曲线段，应采用数学的方法，将非圆曲线用一段一段的直线或小段圆弧去逼近。

(2) 程序应用举例

例 11.1 加工图 11-16 所示斜线 OA。

程序为：B17000 B5000 B017000GXL1；

例 11.2 加工图 11-17 所示直线 OA，其长度为 21.5mm。

程序为：BBB021500GYL2

例 11.3 加工图 11-18 所示圆弧，加工起点的坐标为 A （-5，0）。

程序为：B5000 BB010000GYSR2；

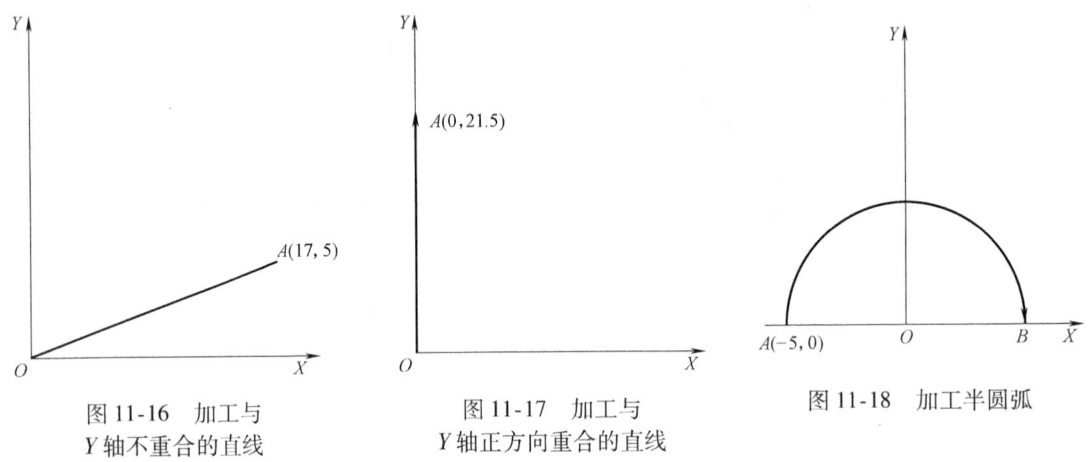

图 11-16 加工与 Y 轴不重合的直线

图 11-17 加工与 Y 轴正方向重合的直线

图 11-18 加工半圆弧

例 11.4 加工图 11-19 所示的 1/4 圆弧，加工起点 A（0.707，0.707），终点为 B（-0.707，0.707）。

程序为 B707 B707 B001414GXNR1；

由于终点恰好在 45°线上，故也可取 GY，则程序为：B707 B707 B000586GYNR1

例 11.5 加工图 11-20 所示圆弧，加工起点为 A（-2，9），终点为 B（9，-2）。

圆弧半径：$R = 9220\mu m$

计数长度：$J_{YAC} = 9000\mu m$

$J_{YCD} = 9220\mu m$

$J_{YDB} = R - 2000\mu m = 7220\mu m$

则 $J_Y = J_{YAC} + J_{YCD} + J_{YDB} = (9000 + 9220 + 7220)\mu m = 25440\mu m$

程序为：B2000 B9000 B025440GYNR2；

应注意的是，实际编程时，通常不按零件轮廓线编程，而应按加工切割时电极丝中心所走的轨迹进行编程，即还应该考虑电极丝的半径和工件间的放电间隙。这在线切割加工中称之为线径补偿量，其值通常为 f = 丝半径 + 单边放电间隙（+精加工余量）。

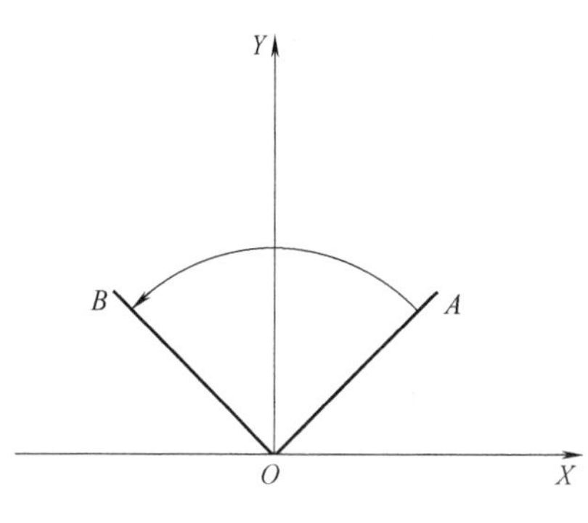

图 11-19 加工 1/4 圆弧

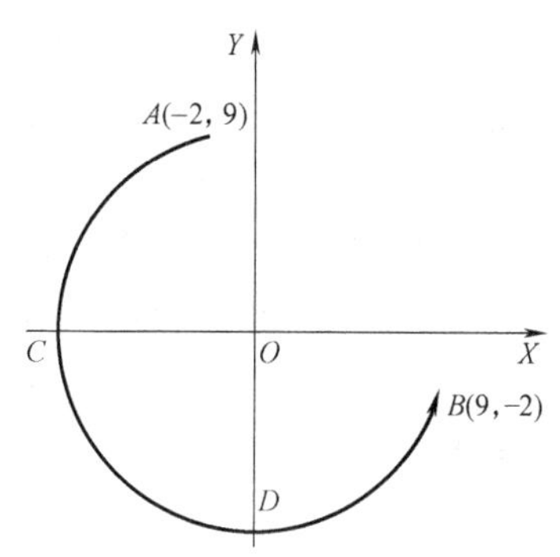

图 11-20 加工圆弧段

2. 数控线切割加工案例——凸模类零件

例 11.6 图 11-21a 所示为凸模零件图，试编制其加工程序。

分析：该凸模由三段直线与一段圆弧组成，编程时还应增加钼丝从工件外部切入到轮廓线的引入段和从轮廓结束顺原路径引出（图 11-21b）的程序段。若不考虑线径补偿（图 11-21a），直接按图形轮廓编程，则所编加工程序如下：

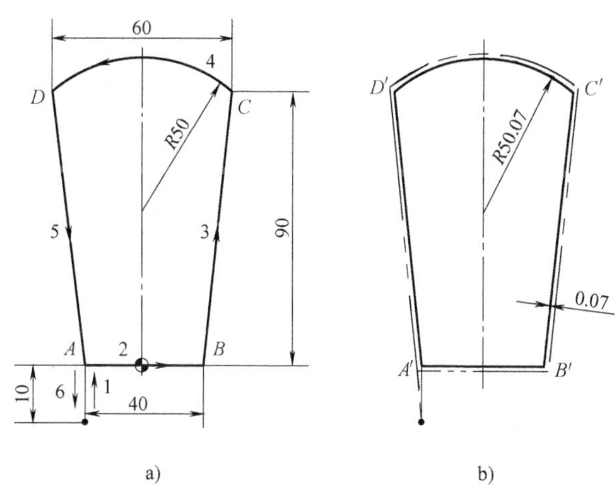

a) b)

图 11-21 凸模的加工

a）零件图 b）加工路线图

B0 B0 B010 000 GY L2；	引入直线段
B0 B0 B040000 GX L1；	直线 *A*—*B*
B1 B9 B90000 GY L1；	直线 *B*—*C*
B30000 B40000 B60000 GX NR1；	圆弧 *C*—*D*
B1 B9 B90000 GY L4；	直线 *D*—*A*
B B B10000 GY L4；	引出直线段
D	停机结束

若考虑线径补偿，设所用钼丝直径为 ϕ0. 12mm，单边放电间隙为 0. 01mm，则应将整个零件图形轮廓沿周边均匀增大一个(0. 01 +0. 12/2) mm = 0. 07mm 的值，得到图 11-21b 中双

点画线所示的轮廓后，按双点画线轮廓（即丝中心轨迹）编程，所编加工程序清单如下：

B63 B9930 B009930 GY L2；	引入直线段
B0 B0 B040125 GX L1；	直线 $A'—B'$
B10011 B90102 B090102 GY L1；	直线 $B'—C'$
B30074 B40032 B060148 GX NR1；	圆弧 $C'—D'$
B10011 B90102 B090102 GY L4；	直线 $D'—A'$
B63 B9930 B009930 GY L4；	引出直线段
D	停机结束

3. 4B 格式的程序编制

（1）间隙补偿原理 为了减少数控线切割加工编程的工作量，目前已广泛采用带有间隙自动补偿功能的数控系统。所谓间隙补偿，是指切割加工时，电极丝中心运动轨迹能按照要求由编程轨迹自动向内或向外偏移一个补偿距离。

图 11-22 所示是带补偿切割凸形和凹形轮廓的情况。为使图形不出现尖角，常在图形尖角处用半径 $r<0.1$mm 的小圆弧平滑过渡，可以认为工件的形状几乎无改变。

图 11-22 所示实线为编程轨迹，双点画线为补偿后的电极丝中心轨迹。由此可见，对于直线段，补偿后电极丝中心轨迹的长度和方向与编程轨迹相同，即用 3B 格式对编程轨迹编制的程序与对补偿后电极丝中心轨迹编制的程序相同；对于圆弧段，电极丝中心轨迹的圆弧半径与各自对应的编程轨迹的圆弧半径相差 ΔR，如果仍然用对编程轨迹编制的程序加工，则需要增加编程轨迹的圆弧半径 r，偏移补偿量 ΔR 和偏移方向（可由切割的凸模还是凹模、凸曲线还是凹曲线所决定）等信息。

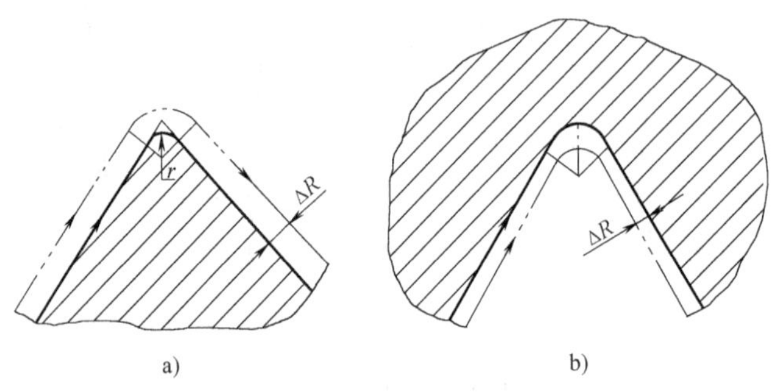

图 11-22 带补偿切割原理图
a）外圆弧加工 b）内圆弧加工

（2）4B 程序格式 带有补偿功能的电火花线切割机床，可以单独输入偏移补偿量 ΔR，用面板上的凸、凹开关来选择切割的凸模还是凹模。这样，为了用按编程轨迹编制的 3B 格式程序来切割补偿后的电极丝中心轨迹，只要在切割圆弧时增加切割圆弧半径 R 和图形凸、凹信息即可，形成 4B 程序格式，见表 11-3。

表 11-3 4B 程序格式

B	X	B	Y	B	J	B	R	G	D 或 DD	Z
分隔符号	X 坐标值	分隔符号	Y 坐标值	分隔符号	计数长度	分隔符号	圆弧半径	计数方向	曲线形式	加工指令

在带补偿的线切割加工中，通常把半径增大称为正补偿，半径减小称为负补偿。因此，加工凸模时的凸曲线为正补偿，加工凸模的凹曲线为负补偿；加工凹模则相反。

（3）间隙补偿的引入、引出程序　对于线切割加工，一般都需要一个引入、引出程序。用4B格式编程，可以编制不加过渡圆弧的引入、引出程序。方法是：将电极丝沿加工图形的法线方向引入到切割起点，同时在4B格式的程序中，取 $J=R=a$（a 为引入点到起始切割段的法向距离），此时数控装置会自动将计数长度J修改为 $J-(J\times\Delta R)/R=a-\Delta R$，从而使电极丝正确地引入到加工轨迹上。

四、任务实施

1. 工艺分析

（1）毛坯准备　工件材料为Cr12MoV，零件精度要求高，加工数量少，因模具材料的特殊要求，无法用数控铣床加工，因此将上述零件的加工方法定为数控快速走丝线切割加工。采用100mm×40mm×56mm毛坯（工件表面已磨）。

（2）数控线切割加工工艺的制订　采用直径为0.18mm钼丝，安装并校正钼丝（从 X、Y 轴两个方向），采用悬臂支撑方式装夹工件，用百分表找正、调整工件，使工件的底平面和工作台平行，工件的直角侧面和工作台 X、Y 轴互相平行。上丝、紧丝和调垂直度，电极丝的松紧适宜，调整电极丝使其与工件的底平面（装夹面）垂直，确定线切割方案。

2. 参考程序

（1）间隙补偿量的确定

1）根据技术要求，钼丝的直径选为0.18mm，单边放电间隙为0.01m。

2）因为冲孔模具，凸模的间隙补偿量 $f_{凸}=r_{丝}+\delta_{电}=0.18/2\text{mm}+0.01\text{mm}=0.1\text{mm}$。

（2）参考程序

```
B100   B10000   B010000   GY   L2;
B0   B0   B078300   GX   L1;
B0   B5100   B005100   GY   NR4;
B0   B0   B020000   GY   L2;
B5100   B0   B005100   GX   NR1;
B0   B0   B073200   GX   L3;
B0   B5100   B005100   GY   NR2;
B0   B0   B020000   GY   L4;
B5100   B0   B005100   GX   NR3;
B0   B0   B005100   GX   L3;
B100   B10000   B010000   GY   L4;
D;
```

3. 线切割加工

（1）加工电参数的选择　根据工件的厚度为56mm，表面粗糙度值为 $Ra0.8\mu m$，选择电参数见表11-4。

（2）切割　准备工作都结束后可进行切割。切割有两种方向：正向和反向。正向切割和编程的切割方向一致，反向切割正好和编程的切割方向相反。切割过程中，可调节工作液的流量大小，使工作液始终包住电极丝，保证切割稳定。切割过程中，可随时调整电参数，在保证尺寸精度和表面粗糙度的前提下，提高加工效率。

表 11-4　加工电参数

峰值电流 i_s/A	脉冲宽度 T_{on}/μs	脉冲间隔 T_{off}/μs	加工速度（mm/min）
1～4	≤4	3～4	2～5

（3）加工的注意事项

1）在加工过程中发生短路时，控制系统会自动发出回退指令，开始沿原切割路线作回退运动，直到脱离短路状态，重新进入正常切割加工。

2）加工过程中，若发生断丝，此时控制系统立即停止运丝和工作液，控制系统发出两种执行方法的指令：一是回到切割起始点，重新穿丝，这时可选择反向切割；二是在断丝位置穿丝，继续切割。

3）跳步切割过程中穿丝时，一定要注意电极丝是否在导轮的中间，否则会发生断路，引起不必要的麻烦。

4. 学习评价

凸模类零件数控线切割编程及加工任务评价内容及标准见表 11-5。

表 11-5　凸模类零件数控线切割编程及加工任务评价表

工件编号		技术要求	配分	总得分		
项目与权重	序号			评分标准	检测记录	得分
加工操作（35%）	1	尺寸精度符合要求	10	不合格每处扣 2 分		
	2	形状精度符合要求	10	不合格每处扣 2 分		
	3	位置精度符合要求	5	不合格每处扣 2 分		
	4	表面粗糙度符合要求	10	不合格每处扣 4 分		
程序与工艺（35%）	5	程序格式规范	10	不规范每处扣 2 分		
	6	程序合理、正确	10	出错每处扣 2 分		
	7	加工参数正确	5	参数错误每处扣 2 分		
	8	加工路线正确	10	不正确全扣		
机床操作（20%）	9	电极丝选择正确	5	出错每次扣 2 分		
	10	电极丝安装正确	5	不正确全扣		
	11	机床操作不出错	10	出错每次扣 2～5 分		
文明生产（10%）	12	安全操作	5	出错全扣		
	13	工作场所整理	5	不合格全扣		

五、训练

11.1　简述线切割加工的工作原理。

11.2　何谓快速走丝和慢速走丝线切割机床，试说明它们之间的特点有何不同？

11.3　快速走丝的循环走丝机构的工作原理如何？为何要换向机构？如何实现换向动作？

11.4 快、慢速走丝时为何要给丝加上张力？如何施加张力？

11.5 如何保证电极丝与工作台面的垂直度？

11.6 线切割机床找端面和找孔中心是如何进行的？这对零件加工有何意义？

11.7 若要加工图 11-23 所示凸模零件，试用 3B、4B 格式编制其线切割程序。

11.8 编制图 11-24 所示凸模的数控线切割程序，电极丝为 ϕ0.18mm 的钼丝，单边放电间隙为 0.01mm。

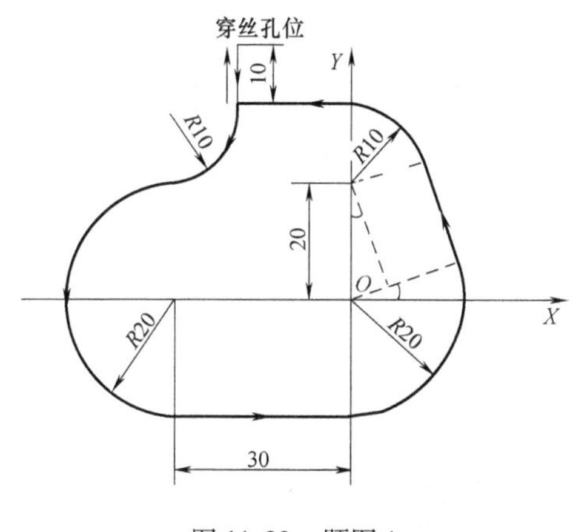

图 11-23 题图 1

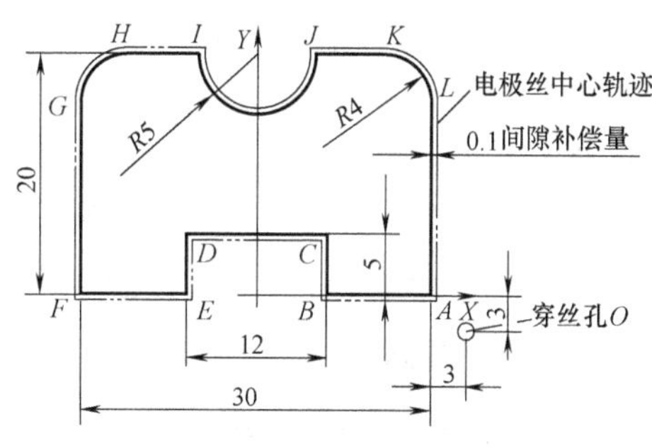

图 11-24 题图 2

任务 12　冲裁模具凹模类零件的数控编程及加工

学习目标

1. 能读懂冲裁模具凹模零件的工作图，能自主绘制加工工艺卡，确定加工路线
2. 会ISO格式编程，能合理依据加工工艺编制加工程序，实施线切割加工
3. 掌握数控线切割加工的安全操作规程
4. 按照工艺文件独立完成凸模及凹模零件的数控编程及加工
5. 能够对加工零件进行质量保证与监控

一、任务引入

加工图 12-1 所示凹模零件，试编制其加工程序，在数控线切割机床上完成零件加工。材料为 Cr12MoV。

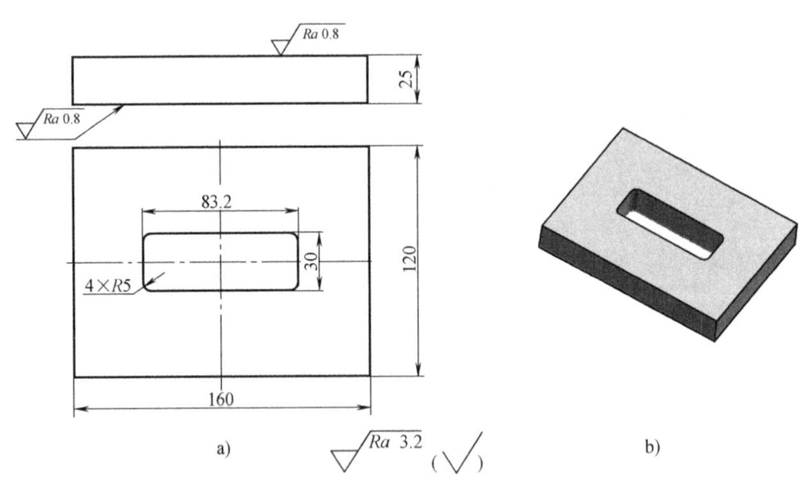

图 12-1　凹模零件

a）零件图　b）立体图

二、任务分析

此次任务是加工简单凹模零件，根据前面学习的数控线切割机床的结构特点以及加工原理，使学生能够从零件的结构、材质、加工要求等方面进行分析；同时掌握 ISO 格式程序编制的方法，正确编写加工程序，合理安排加工路线，完成工件的加工。

三、相关知识介绍

1. ISO 格式程序简介

我国快速走丝数控电火花线切割机床常用的 ISO 代码指令，与国际上使用的标准基本一致，其常用地址字母见表 12-1。

表 12-1　地址字母表

地址	意义	地址	意义
N、O	顺序号	C	指定加工条件号
G	准备功能	M	辅助功能
X、Y、Z、U、V	坐标轴移动指令	A	指定加工锥度
I、J	指定圆弧中心坐标	R_I、R_J	图形旋转的中心坐标
T	机械设备控制	R_X、R_Y	图形或坐标旋转的角度角度 = arctan（R_Y/R_X）
H	指定补偿偏移值		
R	转角功能	R_A	图形或坐标旋转的角度

这里，以汉川机床厂生产的 HCXK250A 型快速走丝数控线切割机床为例，介绍数控线切割机床的 ISO 格式程序编制。

线切割加工机床的常用指令格式符合 ISO 标准，与数控铣床的指令格式基本相同。但有以下特殊性：

1）线切割加工编程中的坐标值一般采用不带小数点的格式，单位是 μm，而不是 mm。如 X1000 表示 X 的坐标为 1000μm，即 1mm。

2）X，Y 为工作台的运动坐标，U，V 为斜度切割装置的运动坐标，采用不带小数点的格式，单位是 μm。

3）D 为丝半径补偿值，采用不带小数点的格式，单位是 μm。

4）A 为锥角，单位为（°），采用带小数点的格式，最小单位为 0.001°。

5）C 为加工条件，用两位数字规定，共 100 个，C0 ~ C99。

6）W、S、H 为切割锥度时必须给出的机床参数，同样采用不带小数点的格式，单位是 μm。

7）E 为加工延时，单位为 ms，采用不带小数点的格式，如 E100 表示延时 100ms。

2. ISO 格式常用的编程指令

（1）工件起始点设置指令 G92　用于设置加工程序在所选坐标系中的起始点坐标，其指令格式与数控铣削加工中的 G92 指令格式完全相同。G92 后面直接写 *X* 和 *Y* 坐标值，设定当前位置在所选坐标系中的起始点坐标值，该坐标值一般作为加工程序的起始点。与数控铣削加工不同的是：对于线切割加工，在用 G54 ~ G59 设定的工件坐标系中，依然需要用 G92 设置加工程序在所选坐标系中的起始点坐标。例如，工件坐标系已用 G54 指令设置，加工程序的起始点坐标设置为（10，10），用直线插补移动到（30，30）的位置，其程序为：

G54;

G90;　　绝对坐标编程（绝对坐标和相对坐标编程指令格式与数控铣削加工完全相同）

G92　X10000　Y10000;　　设定电极丝当前位置在所选坐标系中的坐标值为（10，10），相当于确定工件原点

G01　X30000　Y30000　　直线插补移动到（30，30）

（2）快速定位指令 G00 或 G0　在线切割机床不放电的情况下，使指定的坐标轴以快速运动方式从当前所在位置移动到指令给出的目标位置。该指令只能用于快速定位，不能用于切削加工。

例 12.1　“G90　G00　X1000　Y2000;”使电极丝快速移动到（1，2）坐标的位置。

注意，G00 指令有效时，一般还没有穿丝。如果在一条快速定位指令中包含 X、Y、U、V，机床将按 X、Y、U、V 的顺序移动各坐标轴。

（3）直线插补指令 G01 或 G1

编程格式：

G01　X＿　Y＿;　　平面二维轮廓的直线插补

G01　X＿　Y＿　U＿　V＿;　　锥度轮廓的直线插补

与数控铣削加工不同的是，线切割加工中的直线插补和圆弧插补不要求进给速度指令。

（4）圆弧插补指令 G02 或 G2、G03 或 G3　指令格式与数控铣削加工中的圆弧插补指令格式完全相同。但应注意以下问题：

1）数控线切割加工没有坐标平面选择功能，只有 G02（或 G03）X＿Y＿I＿J＿一种格式，其中 I、J 是圆心在 X、Y 轴上相对于圆弧起点的坐标。

2）一个整圆不能只用一条圆弧插补指令来描述，编程时需要将圆分成两段以上的圆弧才行。

（5）镜像和交换指令 G05、G06、G07、G08、G09、G10、G11、G12　对于加工一些对称性好的工件，利用原来的程序加上上述指令，很容易产生一个与之对应的新程序，如图 12-2 所示。各指令含义及对应函数关系如下：

G05 指令表示 X 镜像，函数关系式为 $X=-X$;

G06 指令表示 Y 镜像，函数关系式为 $Y=-Y$;

G07 指令表示 X、Y 交换，函数关系式为 $X=Y$，$Y=X$;

G08 指令表示 X、Y 镜像，函数关系式为 $X=-X$，$Y=-Y$ 即 G08 = G05 + G06;

G09 指令表示 X 镜像，X、Y 交换，即 G09 = G05 + G07;

G10 指令表示 Y 镜像，X、Y 交换，即 G10 = G06 + G07;

G11 指令表示 X 镜像，Y 镜像，X、Y 交换，即 G11 = G05 + G06 + G07;

G12 指令表示取消镜像，每个程序镜像结束后都要加上该指令。

（6）电极丝半径补偿指令 G40、G41、G42　这些指令的意义与数控铣削加工中的刀具半径补偿指令的意义完全相同，但指令格式不同。其指令格式可参考例 12.2 所列程序段。

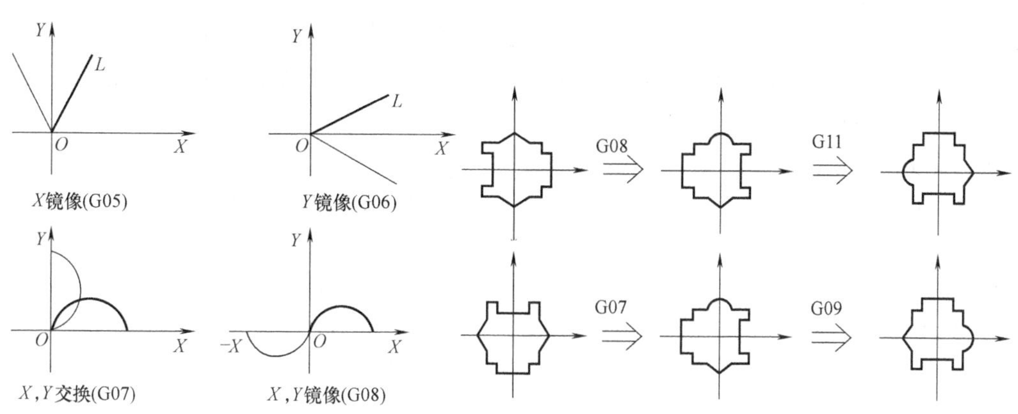

图 12-2 镜像和交换举例

例 12.2

G92 X0 Y0；	
G41 D100；	电极丝半径左补偿，D100 为补偿值，表示 100μm. 此程序段须放在进刀线之前
G01 X5000 Y0	进刀路线，建立丝半径补偿
……	
G40	G40 须放在退刀线之前
G01 X0 Y0	退刀路线，退出丝半径补偿

（7）锥度加工指令 G50、G51、G52 线切割加工带锥度的零件一般采用锥度加工指令，G51 为锥度左偏加工指令，G52 为锥度右偏加工指令，G50 为取消锥度加工。这是一组模态加工指令，默认状态为 G50。按顺时针方向进行线切割加工时，采用 G51（锥度左偏）指令加工出来的工件为上大下小，如图 12-3a 所示；采用 G52（锥度右偏）指令加工出来的工件

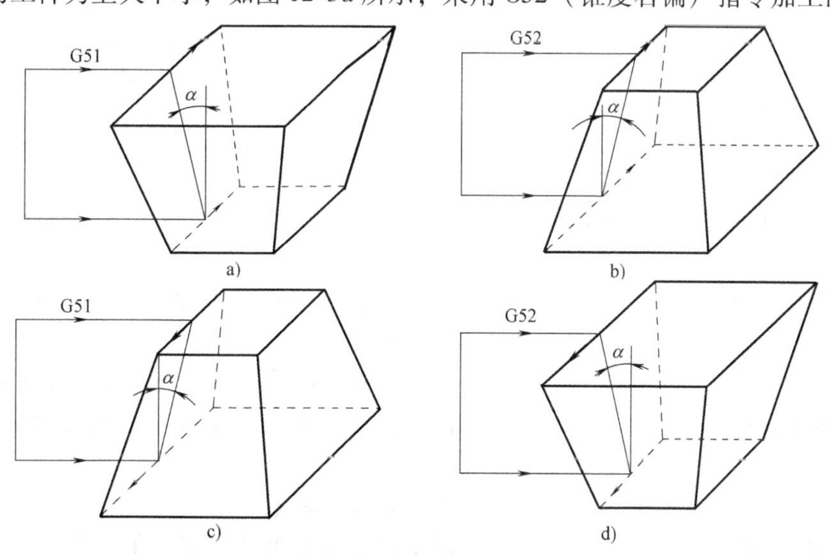

图 12-3 锥度加工指令的意义

a）用 G51 指令顺时针方向加工 b）用 G52 指令顺时针方向加工
c）用 G51 指令逆时针方向加工 d）用 G52 指令逆时针方向加工

为上小下大，如图 12-3b 所示。按逆时针方向进行线切割加工时，采用 G51（锥度左偏）指令加工出来的工件为上小下大，如图 12-3c 所示；采用 G52（锥度右偏）指令加工出来的工件为上大下小，如图 12-3d 所示。

编程格式：

G52　A6；　　设定锥度为 6

……

G50；　　取消锥度加工

锥度加工与上导轮中心到工作台面的距离 S、工件厚度 H、工作台面到下导轮中心的距离 W 有关。进行锥度加工编程之前，要求给出 W、H、S 值。

例 12.3　锥度加工应用，如图 12-4 所示。其程序如下：

程序	说明
G92　X0　Y0；	
W60000；	工作台面到下导轮中心的距离 $W=60$mm
H40000；	工件厚度 $H=40$mm
S100000；	上导轮中心到工作台面的距离 $S=100$mm
G52 A3；	在进刀路线之前，设定锥度为 3°
……	
G50；	G50 须放在退刀路线之前
M02；	

（8）工件坐标系指令 G54、G55、G 56、G57、G58、G59　通过这些指令可建立 6 个工件坐标系。在采用 G92 指令设定起始点坐标之前，可以用 G54 指令～G59 指令选择坐标系。

例 12.4　工件坐标系应用，如图 12-5 所示，其程序如下：

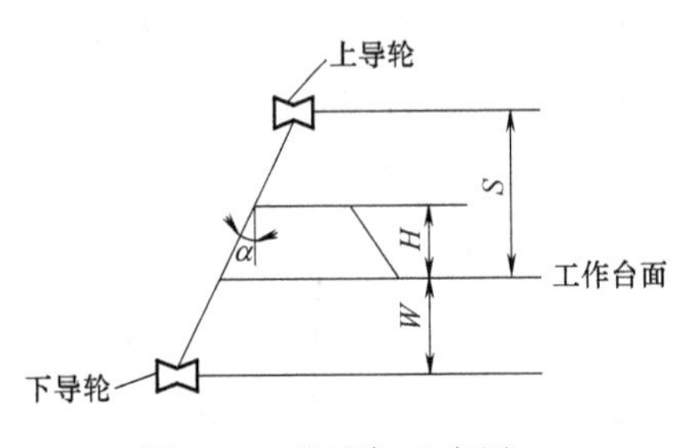

图 12-4　锥度加工应用

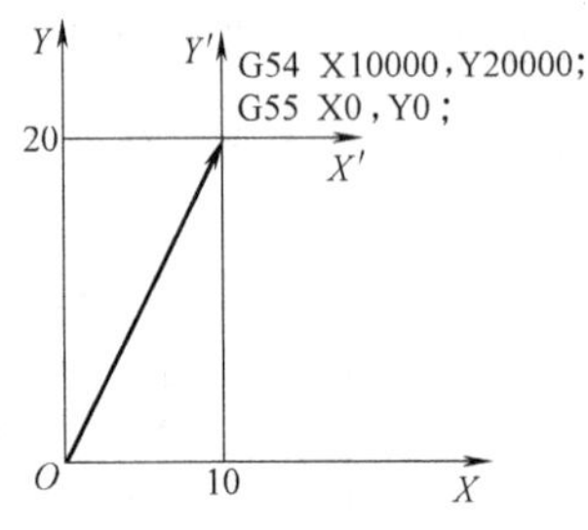

图 12-5　工件坐标系应用

程序	说明
G92　X0　Y0；	设定电极丝当前位置在所选坐标系中的位置为（0，0）
G54；	建立 G54 坐标系，原点为电极丝当前所在位置
G00　X10000　Y20000；	在 G54 坐标系，将电极丝快速移动到（10，20）的位置
G55；	建立 G55 坐标系
G92　X0　Y0；	设定原点为电极丝当前所在位置，即 G54 坐标系中(10，20)位置

后面的程序如果不选择工作坐标系，则当前坐标系被自动设定为本程序的工作坐标系。

（9）接触感知指令 G80　利用接触感知 G80 指令，可以使电极丝从当前位置沿某个坐标轴运动，接触工件，然后停止。该指令只在“手动”加工方式时有效。

（10）半程移动指令 G82　利用半程移动 G82 指令，使电极丝沿指定坐标轴移动指令路径一半的距离。该指令只在“手动”加工方式时有效。

（11）找正电极丝指令 G84　找正电极丝 G84 指令的功能是通过微弱放电，找正电极丝，使之与工作台垂直。在进行加工之前，一般要先进行找正。此功能有效后，开丝筒，高频钼丝接近导电体会产生微弱放电。该指令只在“手动”加工方式时有效。

（12）程序暂停指令 M00　执行 M00 指令以后，程序停止，机床信息将被保存，按回车键继续执行下面的程序。

（13）程序结束指令 M02　主程序结束，加工完毕返回菜单。

（14）接触感知解除指令 M05　解除接触感知。

（15）子程序调用指令 M96　调用子程序，其编程格式为“M96　SUB1.;”功能是调用子程序 SUB1，数字“1”后面要求加圆点。

（16）子程序结束指令 M97　使用该指令时，表示主程序调用子程序结束。

3. ISO 格式的编程举例

例 12.5　加工简单图形——线切割加工正方形，如图 12-6 所示，其程序如下：

程序	说明
G92　X0　Y0;	设定电极丝当前位置在所选坐标系中的坐标值为（0，0），确定工件原点
G01　X5000　Y0;	设定进刀路线
G01　X5000　Y5000;	直线插补
G01　X15000　Y5000;	
G01　X15000　Y－5000;	
G01　X5000　Y－5000;	
G01　X5000　Y0;	
G01　X0　Y0;	退刀路线
M02;	加工结束

例 12.6　加工简单图形——线切割加工一个整圆，如图 12-7 所示，其程序如下：

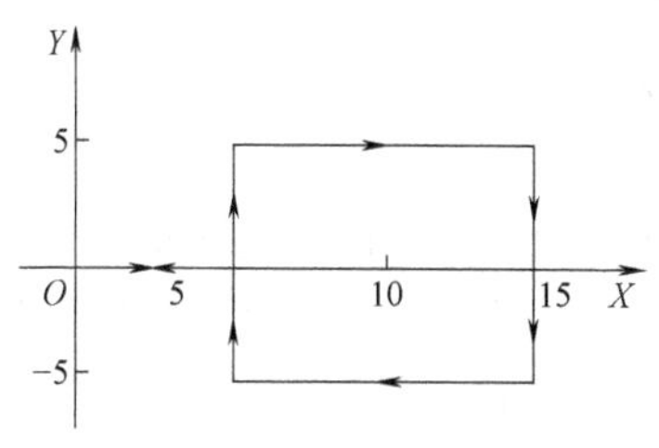

图 12-6　线切割加工正方形

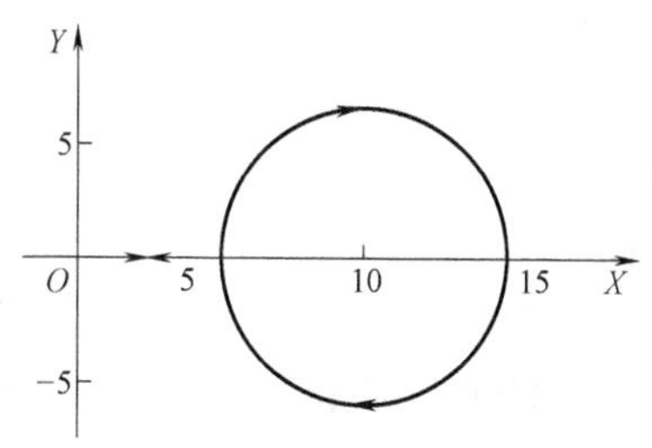

图 12-7　线切割加工整圆

程序	说明
G92　X0　Y0;	设定电极丝当前位置在所选坐标系中的坐标值为（0，0），确定工件原点
G01　X5000　Y0;	设定进刀路线
G02　X15000　Y0　I5000　J0;	圆弧插补，将一个整圆分成两个半圆进行加工

```
G02 X5000 Y0 I -5000 J0;
G01  X0  Y0;                        退刀路线
M02;                                加工结束
```

例 12.7　采用电极丝半径补偿加工简单图形——线切割加工正方形，如图 12-8 所示，其程序如下：

```
G92  X0  Y0;
G41  D100;              丝半径左补偿，D100 表示半径补偿值 = 钼丝半径 + 放电间隙
                        =0.1mm
G01  X5000  Y0;         设定进刀路线，并在进刀线程序段内建立丝半径左补偿
G01  X5000  Y5000;
G01  X15000  Y5000;
G01  X15000  Y -5000;
G01  X5000  Y -5000;
G01  X5000  Y0;
G40;                    取消丝半径补偿
G01  X0  Y0;            退刀路线，并在退刀线程序段内取消半丝径左补偿
M02;
```

说明：

1）此例加工的零件为凸模。

2）采用电极丝半径补偿切割时，进刀路线和退刀路线不能与程序的第一条边或最后一条边重合或平行。切多边形时进刀线应该选择45°方向或垂直进刀，如果选择平行或重合或极小角度进刀，则容易出错。

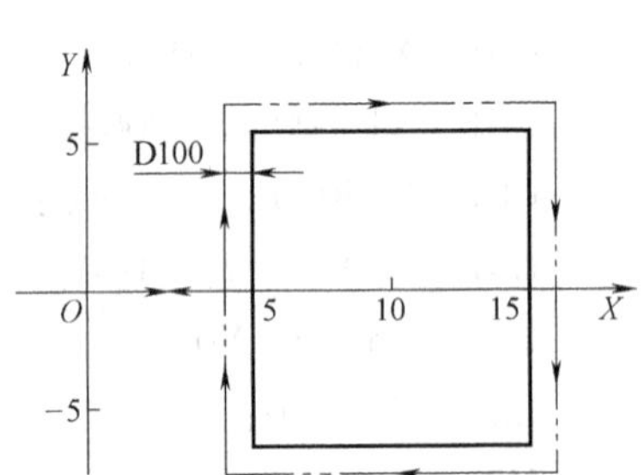

图 12-8　采用丝半径补偿线切割加工正方形

例 12.8　线切割加工四棱台工件，如图 12-9 所示，其程序如下：

```
G92  X0  Y0;
W60000;                 下导轮中心与工作台
                        面之间的距离为 60mm
H40000;                 工件厚度为 40mm
S100000;                上导轮中心到工作台面之间的距离为 100mm
G52  A4;                锥度为 4°，形状为上小下大，顺时针方向切割
G01  X5000  Y0;         进刀路线，建立锥度加工
G01  X5000  Y5000;      工件下表面的实际加工路径，直线插补
G01  X15000  Y5000;
G01  X15000  Y -5000;
G01  X5000  Y -5000;
G01  X5000  Y0;
G50;                    取消锥度加工
G01  X0  Y0;            退刀路线，执行取消锥度加工
```

M02;

注意，对于方锥，由于棱角是一个复合角，如果复合角大于6°时，将不能加工。

例12.9　线切割加工圆锥台工件，如图12-10所示，其程序如下：

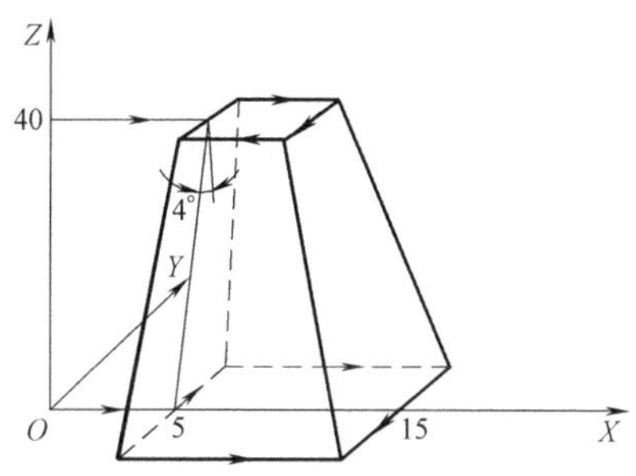

图12-9　线切割加工四棱台工件

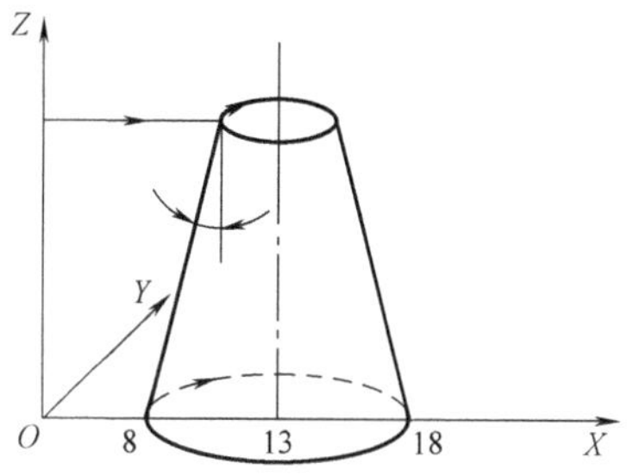

图12-10　线切割加工圆锥台工件

```
G92   X0    Y0;
W60000;
H40000;
S100000;
G52   A6;                        锥度为6°，形状为上小下大，顺时针方向切削
G01   X8000    Y0;               进刀路线，建立锥度加工
G02   X18000   Y0   I5000   J0;  工件下表面的实际加工路径，半圆的顺时针圆弧插补
G02   X8000    Y0   I-5000  J0;  另一半圆的圆弧插补
G50;                             取消锥度加工
G01   X0    Y0;                  退刀路线，执行取消锥度加工
M02;
```

例12.10　采用电极丝半径补偿线切割加工带锥度的复杂工件，如图12-11所示，其程序如下：

```
G92   X0    Y0;
W60000;
H40000;
S100000;
G52   A3;                        锥度为3°
G41   D100;                      顺时针加工，丝半径（0.1mm）左补偿
G01   X10000   Y0;               进刀路线，建立丝半径补偿，建立锥度加工
G01   X10000   Y10000;           工件下表面的实际加工路径
G01   X20000   Y10000;
G02   X30000   Y10000   I5000   J0;
G01   X40000   Y10000;
G02   X40000   Y-10000   I0   J-10000;
G03   X30000   Y-10000   I-5000   J0;
```

G02 X20000 Y－10000 I－5000 J0;
G01 X10000 Y－10000;
G01 X10000 Y0;
G50; 取消锥度加工
G40; 取消电极丝半径补偿
G01 X0 Y0; 退刀路线，执行取消锥度加工，执行取消丝半径补偿
M02;

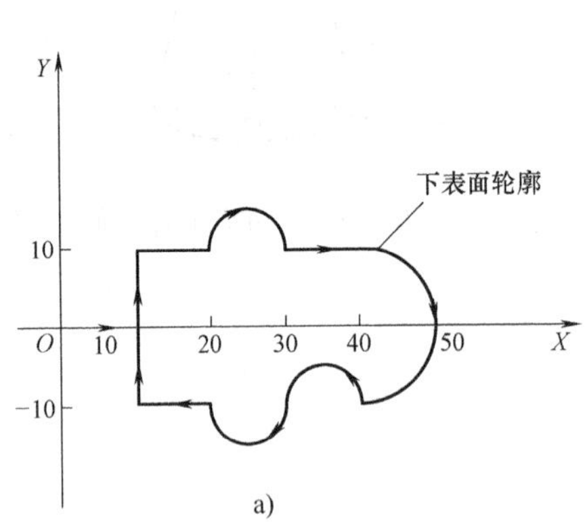

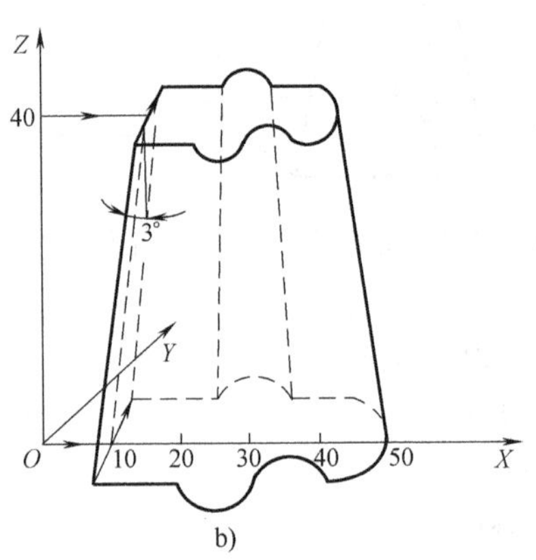

图 12-11 采用电极丝半径补偿线切割加工带锥度的复杂零件
a）下表面轮廓加工路线 b）带锥度零件立体图

例 12.11 采用子程序进行跳步模加工，如图 12-12 所示。

主程序：

G90; 绝对坐标编程
G54; 建立主坐标系 G54
G92 X0 Y0; 主坐标系的原点为（0，0）
G00 X 10000 Y 10000; 这时还没有穿丝，快速移动到（10，10）的位置，在该位置一定要有一个穿丝孔
M00; 程序暂停，用于穿丝
M96 B：TU111.; 调用子程序 TU111，加工第一个图形，B 为驱动器名称
M00; 程序暂停，用于抽丝
G54; 回到主坐标系，这一条指令必须有
G00 X50000 Y20000; 这时还没有穿丝，快速移动到（50，20）的位置，在该位置也要有一个穿丝孔
M00; 程序暂停，用于穿丝
M96 B：TU112.; 调用子程序 TU112，加工第二个图形，B 为驱动器名
M00; 程序暂停，用于抽丝
G54; 回到主坐标系，这一条指令必须有
G00 X70000 Y－13000; 这时还没有穿丝，快速移动到（70，－13）的位置，

```
                              在该位置也要一个穿丝孔
M00;                          程序暂停，用于穿丝
M96 B：TU113.;                调用子程序 TU113，加工第三个图形，B 为驱动器名
M97;                          调用子程序结束
M02;                          主程序结束
```

子程序①的程序名为 TU111，加工第一个图形——四方形凹模，如图 12-13 所示，其程序如下：

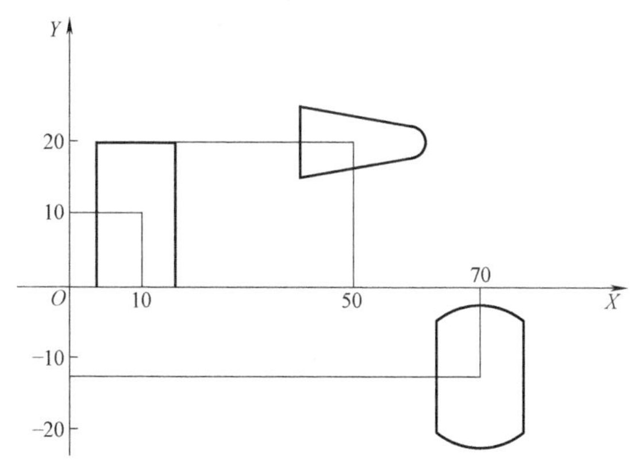

图 12-12　跳步模加工

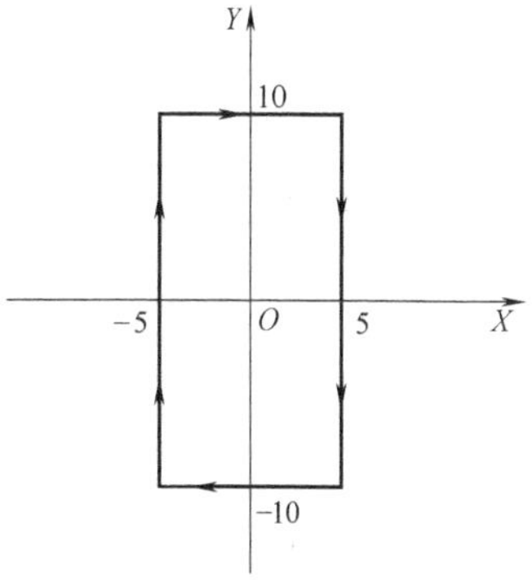

图 12-13　第一个图形 TU111

```
G55;                      定义坐标系
G92  X0  Y0;              原点位于当前位置，图形的中心，有穿丝孔
G01  X-5000  Y0;
G01  X-5000  Y10000;
G01  X5000  Y10000;
G01  X5000  Y-10000;
G01  X-5000  Y-10000;
G01  X-5000  Y0;
G00  X0  Y0;              回 G55 指令建立的坐标原点，即图形中心
M02;
```

子程序②的程序名为 TU112，加工第二个图形，如图 12-14 所示，其程序如下：

```
G55;          定义坐标系，可以与第一个子程序的坐标系同名，因为只在该子程序有效
G92  X0  Y0;
G01  X-5000  Y0;
G01  X-5000  Y-5000;
G01  X5590  Y-2429;
G03  X7500  Y0  I-590  J2429;
G03  X5590  Y2429  I-2500  J0;
G01  X-5000  Y5000;
G01  X-5000  Y0;
```

G00 X0; Y0;
M02;

子程序③的程序名为 TU113，加工第三个图形，如图 12-15 所示，其程序如下：

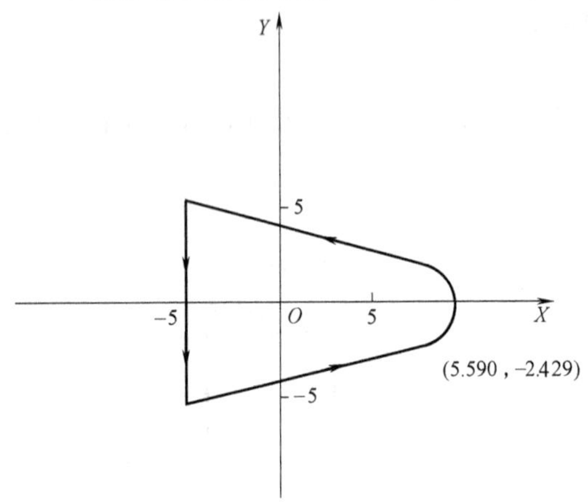

图 12-14 第二个图形 TU112

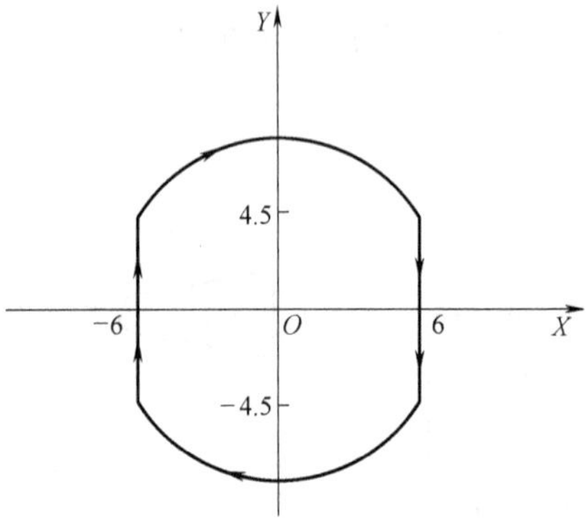

图 12-15 第三个图形 TU113

G55;
G92 X0 Y0;
G01 X6000 Y0;
G01 X6000 Y－4500;
G02 X－6000 Y－4500 I－6000 J4500;
G01 X－6000 Y4500;
G02 X6000 Y4500 I6000 J－4500;
G01 X6000 Y0;
G00 X0 Y0;
M02;

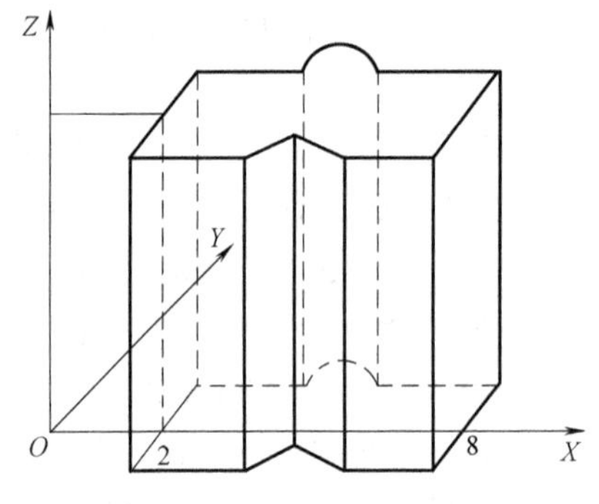

图 12-16 立体图

例 12.12 要在一个毛坯上加工如图 12-17 所示两个相同的凸模（立体图如图 12-16 所示），可以利用镜像加工编程指令进行编程。

程序：

G05; *X* 镜像，加工左边的图形；假如没有该指令，则加工右边的图形
G92 X0 Y0;
G01 X2000 Y0;
G01 X2000 Y2000;
G01 X4000 Y2000;
G02 X6000 Y2000 I1000 J0;
G01 X8000 Y2000;
G01 X8000 Y－2000;
G01 X6000 Y－2000;
G01 X5000 Y－1000;

```
G01  X4000  Y-2000;
G01  X2000  Y-2000;
G01  X2000  Y0;
G01  X0  Y0;
G12;                 取消镜像，与第一条指令G05相对应
M02;
```

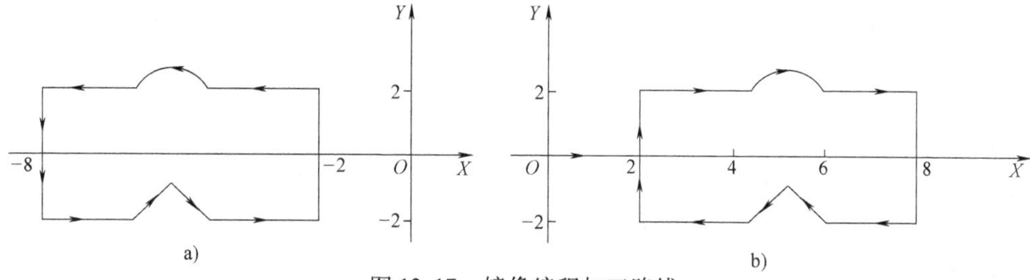

图12-17　镜像编程加工路线

a）镜像后的图形轨迹　b）原始图形轨迹

4. 数控线切割加工案例——凸、凹模类零件

例12.13　图12-18所示为一落料零件，用ISO格式编写该零件的凹模与凸模的线切割加工程序。已知该模具要求单边配合间隙为0.01mm，电极丝直径为ϕ0.18mm，单边放电间隙为0.01mm。

（1）凹模程序的编写　如图12-19所示，双点画线为电极丝中心轨迹。因该模具为落料模，冲件的尺寸由凹模决定，模具配合间隙应在凸模上扣除，所以凹模的间隙补偿量为

$$D=(0.18/2+0.01)\text{mm}=0.1\text{mm}$$

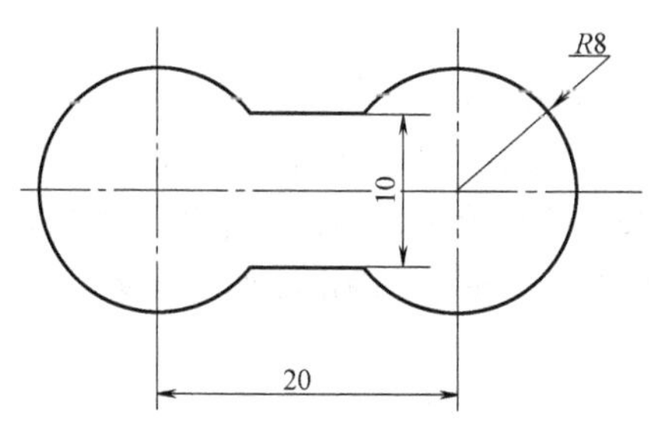

图12-18　零件图

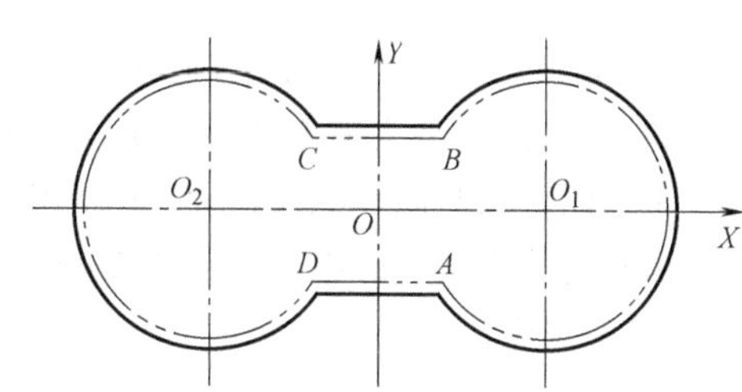

图12-19　凹模电极丝中心轨迹

穿丝孔在O点，按$O\to A\to B\to C\to D\to A\to O$的顺序切割，程序如下：

```
G92  X0  Y0;
G41  D100;
G01  X3755  Y-5000;
G03  X3755  Y5000  I6245  J5000;
G01  X-3755  Y5000;
G03  X-3755  Y-5000  I-6245  J-5000;
G01  X3755  Y-5000;
G40;
```

```
G01  X0  Y0;
M02;
```

（2）凸模程序的编写　如图12-20所示，双点画线为电极丝中心轨迹。由于模具配合间隙在凸模上扣除，所以凸模的间隙补偿量为

$$D=(0.18/2+0.01-0.01)\text{mm}=0.9\text{mm}$$

穿丝孔在E点，按$E\to A\to B\to C\to D\to A\to E$的顺序切割，程序如下：

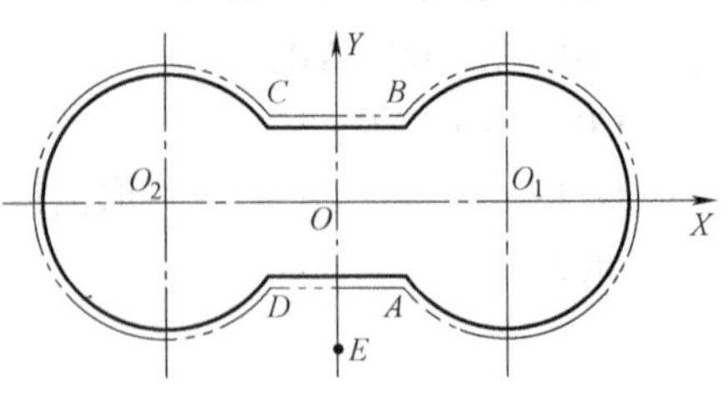

图12-20　凸模电极丝中心轨迹

```
G92  X0  Y-1000;
G42  D90;
G01  X3755  Y-5000;
G03  X3755  Y5000  I6245  J5000;
G01  X-3755  Y5000;
G03  X-3755  Y-5000  I-6245  J-5000;
G01  X3755  Y-5000;
G40;
G01  X0  Y0;
M02;
```

四、任务实施

1. 工艺分析

（1）毛坯准备　工件材料为Cr12MoV，采用尺寸为160mm×120mm×25mm的毛坯（工件表面已磨）。

（2）数控线切割加工工艺的制订　采用直径为0.18mm钼丝，安装并校正钼丝（从X、Y两个方向），采用悬臂支撑方式装夹工件，用百分表找正调整工件，使工件的底平面和工作台平行，工件的直角侧面和工作台X、Y互相平行。上丝、紧丝和调垂直度，电极丝的松紧适宜，调整电极丝的垂直度，即电极丝与工件的底平面（装夹面）垂直，确定线切割方案。

2. 参考程序

（1）间隙补偿量的确定

1）根据技术要求，钼丝的直径选为0.18mm，单边放电间隙为0.01mm，配合间隙为0.01mm。

2）因为是冲孔模具，凹模的间隙补偿量

$$f_{凹}=r_{丝}+\delta_{电}-\delta_{配}=0.18\text{mm}/2+0.01\text{mm}-0.01\text{mm}=0.09\text{mm}$$

（2）参考程序　取工件的中心为坐标原点，参考程序如下：

```
G92  X0  Y0;
G41  D90;
G01  X-41600  Y-10000;
G03  X-36600  Y-15000  I5000  J0;
G01  X36600  Y-15000;
```

```
G03   X41600   Y－10000   I0   J5000;
G01   X41600   Y10000;
G03   X36600   Y15000   I－5000   J0;
G01   X－36600   Y15000;
G03   X－41600   Y10000   I0   J－5000;
G01   X－41600   Y－10000;
G40;
G01   X0   Y0;
M02;
```

3. 线切割加工

1）开机。

2）安装电极丝。

3）安装工件。

4）调整电极丝初始坐标位置。

5）输入与运行程序。

6）检测零件。

7）关机。

4. 学习评价

凹模类零件数控线切割编程及加工任务评价内容和标准见表12-2。

表12-2　凹模类零件数控线切割编程及加工任务评价表

工件编号		技术要求	配分	总得分		
项目与权重	序号			评分标准	检测记录	得分
加工操作（35%）	1	尺寸精度符合要求	10	不合格每处扣2分		
	2	形状精度符合要求	10	不合格每处扣2分		
	3	位置精度符合要求	5	不合格每处扣2分		
	4	表面粗糙度符合要求	10	不合格每处扣4分		
程序与工艺（30%）	5	程序格式规范	10	不规范每处扣2分		
	6	程序合理、正确	10	出错每处扣2分		
	7	加工参数正确	5	参数错误每处扣2分		
	8	加工路线正确	5	不正确全扣		
机床操作（25%）	9	电极丝选择正确	10	出错每次扣2分		
	10	电极丝安装正确	5	不正确全扣		
	11	机床操作不出错	10	出错每次扣2～5分		
文明生产（10%）	12	安全操作	5	出错全扣		
	13	工作场所整理	5	不合格全扣		

五、训练

12.1　线切割加工用程序有哪些格式？各常用于哪些机床？

12.2 什么是电极丝半径补偿？电极丝半径补偿如何计算？加工内孔和外形时偏移方向如何确定？

12.3 冲裁模零件的加工有何特点？如何在加工时保证模具零件的配合间隙？

12.4 利用 ISO 格式编制图 12-21 所示凹模和凸模的线切割程序，其中图 12-21a、图 12-21b、图 12-21c 所示为凹模，图 12-21d、图 12-21e 所示为凸模。电极丝为 ϕ0.2mm 的钼丝，单边放电间隙为 0.01mm。

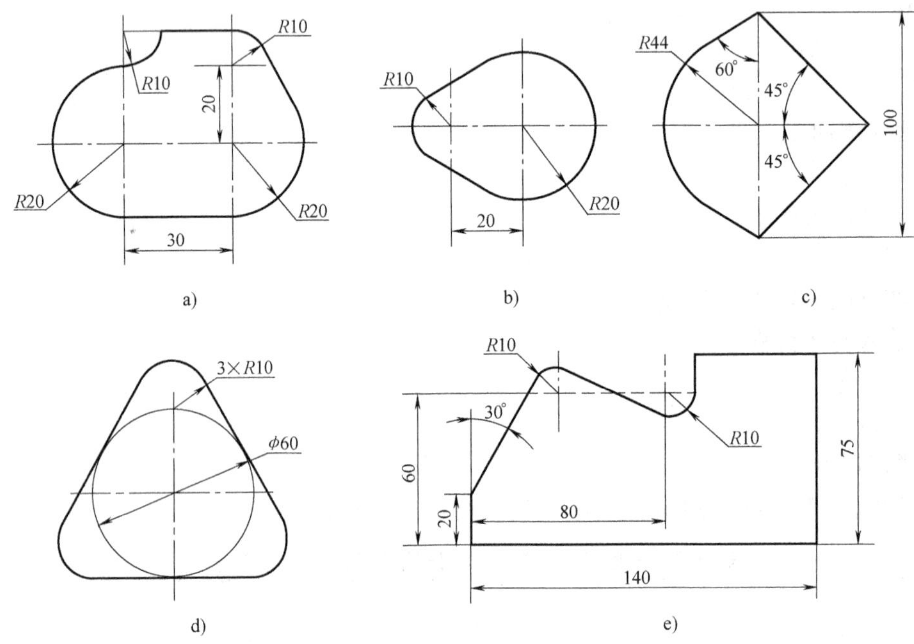

图 12-21 题图 1

a)、b)、c) 凹模 d)、e) 凸模

参考文献

[1] 刘雄伟. 数控机床操作与编程培训教程 [M]. 北京：机械工业出版社，2003.

[2] 余英良. 数控加工编程及操作 [M]. 北京：高等教育出版社，2004.

[3] 顾京. 数控加工编程及操作 [M]. 北京：高等教育出版社，2003.

[4] 李华志. 数控加工工艺与装备 [M]. 北京：清华大学出版社，2005.

[5] 周虹. 数控加工工艺与编程 [M]. 北京：人民邮电出版社，2004.

[6] 王贵明. 数控实用技术 [M]. 北京：机械工业出版社，2000.

[7] 北京第一机床厂职工技术协会. 数控机床及加工中心编程与操作 [M]. 北京：机械工业出版社，2000.

[8] 刘虹. 数控设备与编程 [M]. 北京：机械工业出版社，2002.

[9] 刘虹. 数控加工编程与操作 [M]. 西安：西安电子科技大学出版社，2007.

[10] 钟富平. 模具数控加工实训 [M]. 北京：清华大学出版社，2006.

[11] 赵正文. 数控铣床/加工中心加工工艺与编程 [M]. 北京：中国劳动社会保障出版社，2006.

[12] 任国兴. 数控铣床华中系统编程与操作实训 [M]. 北京：中国劳动社会保障出版社，2006.

[13] 胡协忠. 数控车工 [M]. 北京：化学工业出版社，2008.